纺织服装"十三五"部委级规划教材

CorelDRAW 女装款式设计

贺小红 著

东华大学出版社·上海

图书在版编目（CIP）数据

CorelDRAW女装款式设计/贺小红著. —上海：东华大学出版社, 2019.7

ISBN 978-7-5669-1608-2

Ⅰ.①C… Ⅱ.①贺… Ⅲ.①女服－计算机辅助设计－图形软件－教材 Ⅳ.①TS941.717-39

中国版本图书馆CIP数据核字(2019)第140709号

责任编辑 谢 未
版式设计 王 丽 赵 燕

CorelDRAW女装款式设计
CorelDRAW Nüzhuang Kuanshi Sheji

著 者：贺小红
出 版：东华大学出版社
（上海市延安西路1882号 邮政编码：200051）
出版社网址：dhupress.dhu.edu.cn
天猫旗舰店：http://dhdx.tmall.com
营销中心：021-62193056 62373056 62379558
印 刷：上海万卷印刷股份有限公司
开 本：889 mm×1194 mm 1/16
印 张：14
字 数：493千字
版 次：2019年7月第1版
印 次：2024年8月第3次印刷
书 号：ISBN 978-7-5669-1608-2
定 价：79.00元

前言
Preface

　　本教材通过分析服装款式与人体的关系，结合编者多年来辅导技能大赛的心得，运用CorelDRAW X8软件为不同类别女装款式设计一个基本模型，在模型的基础上通过各种设计手法进行丰富的款式设计。本教材立足于说明款式模型设计的依据和软件绘制的方法，基于时尚、美观的要求，联系实际学习和运用，力求内容精简扼要，易于自学，可供服装院校学生或零基础的服装爱好者使用。

　　为全面、系统阐述女装各类别款式的特点和绘制方法，本教材共分成了9个项目，项目一主要对软件进行概述；项目二讲解半身裙款式的绘制；项目三讲解裤子款式的绘制；项目四讲解针织T恤款式的绘制；项目五讲解衬衫款式的绘制；项目六讲解外套款式的绘制；项目七讲解连衣裙款式的绘制；项目八讲解内衣款式的绘制；项目九简单讲解服装款式中的一些效果处理方法。各项目分别按模型绘制、局部变化、案例绘制、系列呈现、课后练习款式等方面编排。

　　在撰写过程中，特别感谢同行及专家对本教材的整体布局和修改提出的指导性意见，特别感谢教学一线的老师和企业设计师参与了部分内容的编写：曾任奥丽侬内衣有限公司设计师幸正平，香港丰恒科技有限公司设计师江东媚，服装设计师吴燕萍，服装设计师蔡海燕，湖南耒阳师范学校教师向瑛。东华大学出版社谢未女士对本教材提出了许多宝贵意见和建议，在格式、排版方面进行了细致的审定和校对，在此一并表示衷心的感谢。

　　近年来，利用CorelDRAW软件绘制服装款式的相关书籍越来越多，新方法、新技巧层出不穷。在本教材的编写过程中，笔者时时感到自己的知识储备和技能水平有限，语言能力有待提高。虽经仔细修改，书中错误之处仍在所难免，希望读者多多指教。

编者

2019年6月

目录
contents

目录
contents

目录
contents

快速入门指南

项目一　概　述

任务1 软件简介

CorelDRAW® Graphics Suite X8（下简称CorelDRAW X8）提供完全集成的应用程序和互补插件, 从矢量插图和页面布局到照片编辑、位图, 到矢量跟踪以及网站设计, 无所不包。

1.1 CorelDRAW X8 工作区

图1-1为CorelDRAW X8的工作示意图。

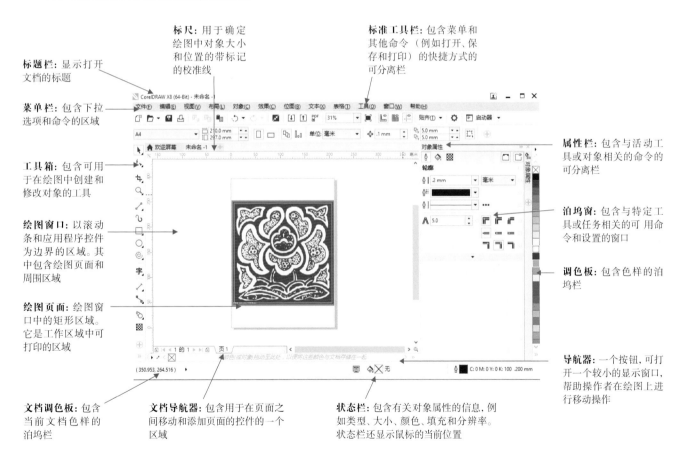

标题栏: 显示打开文档的标题

标尺: 用于确定绘图中对象大小和位置的带标记的校准线

标准工具栏: 包含菜单和其他命令（例如打开、保存和打印）的快捷方式的可分离栏

菜单栏: 包含下拉选项和命令的区域

属性栏: 包含与活动工具或对象相关的命令的可分离栏

工具箱: 包含可用于在绘图中创建和修改对象的工具

泊坞窗: 包含与特定工具或任务相关的可用命令和设置的窗口

绘图窗口: 以滚动条和应用程序控件为边界的区域。其中包含绘图页面和周围区域

调色板: 包含色样的泊坞栏

绘图页面: 绘图窗口中的矩形区域。它是工作区域中可打印的区域

导航器: 一个按钮, 可打开一个较小的显示窗口, 帮助操作者在绘图上进行移动操作

文档调色板: 包含当前文档色样的泊坞栏

文档导航器: 包含用于在页面之间移动和添加页面的控件的一个区域

状态栏: 包含有关对象属性的信息, 例如类型、大小、颜色、填充和分辨率。状态栏还显示鼠标的当前位置

图1-1

1.2 CorelDRAW X8 工具箱

    CorelDRAW X8 工具箱中的许多工具都包含在展开工具栏中。如需访问这些工具，可单击按钮右下角的小箭头。图1-2显示了"默认"工作区中的工具箱和展开工具栏，可以方便地找到工具。如果仍找不到所需的工具，可单击工具箱底部的快速自定义按钮。借助"快速自定义"按钮，还可以隐藏不常用的工具。

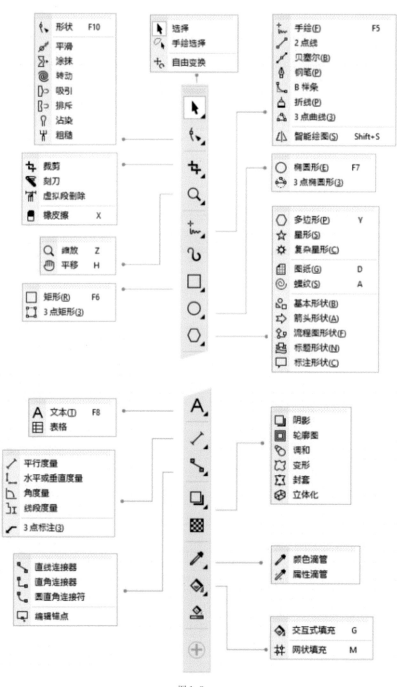

图 1-2

任务 2 软件常用键盘快捷键

要查看所有键盘快捷键，单击工具→自定义。在自定义类别列表中，依次单击命令、快捷键选项卡和查看全部；也可以使用对齐键盘快捷键在页面上快速放置对象。选择要对齐的对象，然后按快捷键。

F1: 帮助信息	F2: 缩小	F3: 放大
F4: 缩放到将所有对象置于窗口中	F5: 手绘工具	F6: 矩形工具
F7: 椭圆工具	F8: 美术字工具	F9: 切换全屏预览与编辑模式
F10: 形状工具(按住ALT键用F10圈选曲线物件节点)	F11: 渐变填充工具	F12: 轮廓笔工具
Ctrl+F2: 视图管理器卷帘窗	Ctrl+F3: 图层卷帘窗	Ctrl+F5: 样式卷帘窗
Ctrl+F7: 封套卷帘窗	Ctrl+F8: (PowerLine)卷帘窗	Ctrl+F9: 轮廓卷帘窗
Ctrl+F10: 节点编辑卷帘窗	Ctrl+F11: 符号卷帘窗	Ctrl+A: 对齐和分布卷帘窗
Ctrl+B: 混成卷帘窗	Ctrl+F: 使文本嵌合路径卷帘窗	Ctrl+E: 立体化卷帘窗
Ctrl+C: 拷贝到剪贴板	Ctrl+D: 再制对象	Ctrl+G: 组合对象
Ctrl+V: 粘贴	Ctrl+Z: 执行撤消操作	Ctrl+S: 保存
Ctrl+Shift+S: 另存为	Ctrl+J: 选项对话框	Ctrl+Spacebar: 选取工具
Ctrl+T: 编辑文字对话框	Ctrl+K: 将连在一起的对象断开	Ctrl+L: 联合对象
Ctrl+R: 重复上次命令	Ctrl+Pgup: 向前移动	Ctrl+Pgdn: 向后移动
Ctrl+End: 到页面背面	Ctrl+Q: 将对象转换成曲线	Ctrl+U: 解除对象组合
Shift+F8: 段落文本	Shift+F9: 模式切换	Shift+F11: 标准填充
Shift+F12: 轮廓色	Shift+FPgup: 将对象放在前面	Shift+FPgdn: 将对象放在后面
Ctrl+Shift+A: 对齐与分布	Ctrl+Shift+B: 颜色平衡	Ctrl+Shift+D: 步长与重复
Ctrl+Shift+Q: 将轮廓转换为对象	Ctrl+Shift+U: 色相/饱和度/亮度	Alt+F2: 线性尺度卷帘窗
Alt+F3: 透镜卷帘窗	Alt+F4: 退出	Alt+F5: 预设卷帘窗
Alt+F7: 位置卷帘窗	Alt+F8: 旋转卷帘窗	Alt+F9: 比例和镜像卷帘窗
Alt+F10: 大小卷帘窗	Alt+F11: 斜置卷帘窗	Alt+Enter: 对象属性
Spacebar: 转换当前工具和Pick工具		Tab: 循环选择对象
Shift+Tab: 按绘图顺序选择对象		Delete: 删掉一个选中的对象或节点

"+"键：在移动、拉伸、映射、旋转或缩放一个对象时留下原来的对象，同时在被选中对象的后面产生一个复制对象。

画图形时按Ctrl键：画正圆或正方形。画图形时按Shift键：按比例缩放。移动时按Ctrl键：限制为水平或垂直方向移动。转动或倾斜时按Ctrl键：限制移动增量为15%（缺省值）。拉伸、缩放时按Ctrl键：限制移动增量为100%。画图时按Shift键：当鼠标沿曲线往回走时擦除以前的部分。拖动一个对象的同时单击鼠标右键：留下原对象的同时再复制一个对象。在页边双击鼠标：弹出页面设置对话框。在标尺上双击鼠标：弹出网格与标尺设置对话框。用形状工具在一个字符节点上双击鼠标：弹出字符属性对话框。

任务3 关于本书

　　本书采用图解方式，对各种类型服装款式特点进行简单概述，利用最前沿的图片和款式简图分析各款式的变化手段和方法，绘制每一个类别款式的基本款式图；根据设计灵感来源的主要形式，在基本款式图基础上，结合分解步骤图详细讲解每一个案例的绘制，课后f附形式变化多样的练习作业（图1-3）。

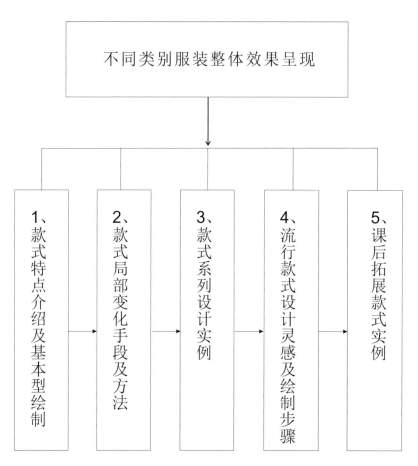

图1-3

项目二 半身裙款式设计

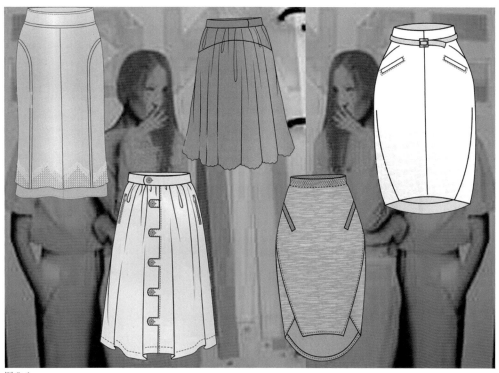

图 2-1

图 2-2

任务 1 半身裙基本原型绘制

1.1 半身裙款式特点

半身裙,是一种围于下体的服装,略呈环状,为下装的两种基本形式之一,多为女子着装(图2-1)。

半身裙按裙腰在腰节线的位置可分为无腰裙、中腰裙、低腰裙、高腰裙;按长度可分为长裙(裙摆至胫中以下)、中裙(裙摆至膝以下、胫中以上)、半身裙(裙摆至膝以上)和超半身裙(裙摆仅及大腿中部);按外形轮廓可分为简裙、斜裙、节裙、缠绕裙等。

1.2 半身裙绘制步骤

步骤1 新建文件:单击文件→新建文件,文件名为"半身裙原型",图纸大小为A4横向,颜色模式为CMYK,分辨率设置为100dpi(图2-2)。

步骤2 设置图纸标尺及绘图比例:单击工具→选项,选择文档下的标尺(快捷键Ctrl+J或双击标尺),弹出选项对话框,设置绘图单位为cm,绘图比例为1:5(图2-3)。

水平辅助线设置:a点为前中心点(坐标原点);a—b的距离为臀高点(人台一般为18cm);a—c的距离为裙长(根据款式长短进行设定);a—f的距离为腰宽(一般为3cm)(图2-4)。

垂直辅助线设置:a—d的距离为侧腰大小(腰围/4-4cm厚度);a—e的距离为臀围宽(臀围/4~5cm厚度)(图2-5)。

步骤3 绘制外框:选择矩形工具口,设置线条粗细为1.5mm,并右键单击颜

11

图 2-3

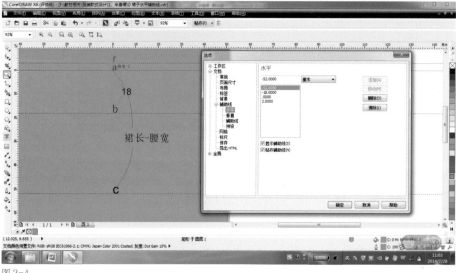

图 2-4

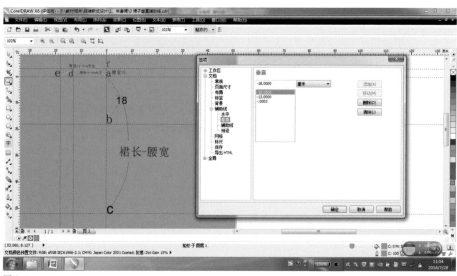

图 2-5

12

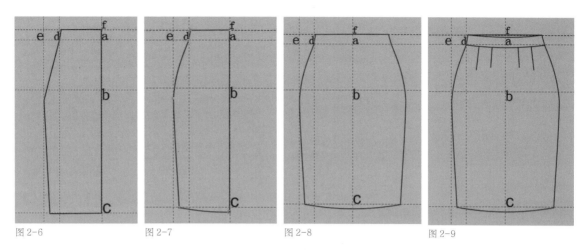

图 2-6　　　　　图 2-7　　　　　图 2-8　　　　　图 2-9

色色块设置线条的颜色，在辅助线范围内拉出一个矩形，然后单击转换为曲线图标 ↻（或右键选择，快捷键Ctrl+Q），利用形状工具 ▸、在合适的位置双击添加节点，调整成如图2-6所示的直线框图。

　　步骤4　调整半身裙轮廓：利用形状工具 ▸、，选择需要调整的线段，通过单击交互式属性栏的"转换为曲线"图标 ⇖，将其转换为曲线图形，按照人体形态调整贝塞尔曲线的两个拉杆，将其调整为所需形状（图2-7）。

　　步骤5　镜像：利用再制工具复制一个裙子轮廓，选中挑选工具 ▸，通过单击交互式属性栏的"水平镜像"图标 ◲ 进行镜像操作，并将其移动到合适的位置（快捷方法：挑选裙子轮廓，按住Ctrl键，移动到另一边合适的位置，按右键即可完成镜像）。然后选择右侧裙子和左侧裙子，在属性栏中选择合并图标 ▣，将左右裙片合并为一个整体（图2-8）。

　　步骤6　绘制腰头、腰省、下摆：利用3点曲线工具 ✍ 和形状工具 ▸、调整曲线所需的形状，绘制腰口弧线、腰省及下摆（图2-9）。

　　步骤7　绘制后片：将正面裙子轮廓进行复制，利用椭圆形工具 ◯ 绘制扣子，利用3点曲线工具 ✍ 和形状工具 ▸、调整曲线所需的形状，绘制裙子背面的后中线、后衩及腰省，并利用手绘工具 ▨，结合属性栏的轮廓样式选择器 ▭ᵥ，选择合适的虚线绘制拉链明线（图2-10）。

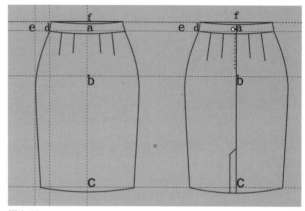

图 2-10

任务 2　半身裙拓展设计元素

2.1　廓形及裙长

　　1）廓形变化：通过改变臀围宽的辅助线可以进行A型、H型、倒三角型、斜裙、半圆裙、整圆裙的变化，结合3点曲线工具 ✍ 和形状工具 ▸、调整侧缝和下摆得到不同廓形的半身裙（图2-11~图2-16）。

　　2）长度变化：通过改变裙长的辅助线可以进行超半身裙、半身裙、中长裙、长裙、拖地裙的长度变化，结合3点曲线工具 ✍ 和形状工具 ▸、调整侧缝和下摆得到不同长度的半身裙（图2-17~图2-21）。

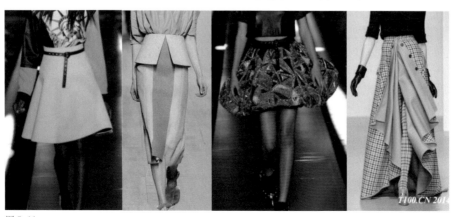

图 2-11

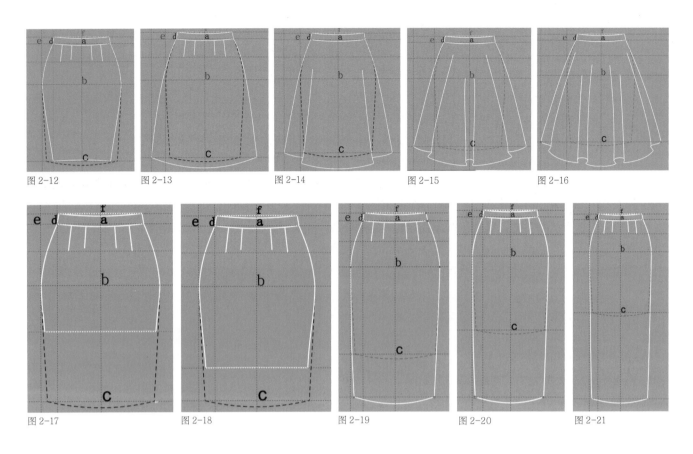

图 2-12 图 2-13 图 2-14 图 2-15 图 2-16

图 2-17 图 2-18 图 2-19 图 2-20 图 2-21

3）半身裙廓形、长度元素拓展设计范例绘制步骤（图2-22~图2-24）：

步骤1 设置图纸、原点和辅助线，绘制外框：设置图纸为A4，图纸方向为竖向摆放，绘图单位为cm，绘图比例为1:5，设置原点，根据款式将长度和臀宽的辅助线进行相应的移动。选择矩形工具，设置线条粗细为1.5mm，并右键单击颜色设置线条的颜色，绘制如下图所示的后裙片直线框图（图2-25~图2-26）。

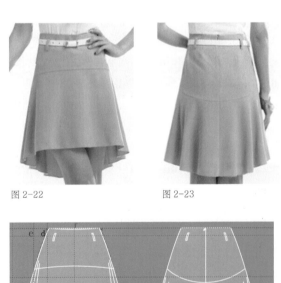

图 2-22 图 2-23

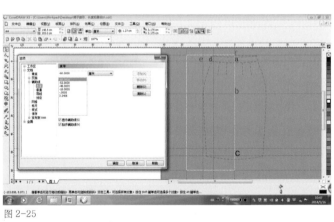

图 2-25

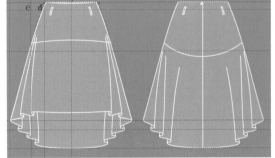

图 2-24

图 2-26

步骤2 调整后裙片右侧轮廓：单击转换为曲线工具 ⟳（快捷键Ctrl+Q；或选择矩形，右键单击选择转化为曲线选项），将矩形转化为曲线，利用形状工具 ↖，选择需要调整的线段，通过单击交互式属性栏的到曲线图标 ⌐，将其转换为曲线图形，按照人体形态和款式特点调整贝塞尔曲线的两个拉杆，将其调整为所需形状（图2-27~图2-29）。

步骤3 镜像、合并：利用再制工具将后裙片右侧裙子轮廓复制一个到左侧，选中挑选工具 ⬚，通过单击交互式属性栏的水平镜像图标 ⫿⫿ 进行镜像操作，并将其移动到合适的位置（快捷方法：挑选裙子轮廓，按住Ctrl键，移动到另一边合适的位置，按右键即可完成镜像）。选择右侧裙子和左侧裙子，在属性栏中选择合并图标 ⬚ 将左右裙片合并为一个整体（图2-30~图2-31）。

步骤4 绘制前裙片右侧框架图：利用矩形工具 □，在辅助线内绘制前裙片右侧框架图，然后单击转换为曲线工具 ⟳，将矩形转化为曲线，利用形状工具 ↖，选择需要调整的线段，通过单击交互式属性栏的到曲线图标 ⌐，将其转换为曲线图形，按照人体形态调整贝塞尔曲线的两个拉杆，将其调整为所需形状（图2-32）。

步骤5 镜像、合并：利用再制工具将前裙片右侧裙子轮廓复制一个到左侧，选中挑选工具 ⬚，通过单击交互式属性栏的水平镜像图标 ⫿⫿ 进行镜像操作，并将其移动到合适的位置（快捷方法：挑选裙子轮廓，按住Ctrl键，移动到另一边合适的位置，按右键即可完成镜像）。选择右侧裙子和左侧裙子，在属性栏中选择合并图标 ⬚，将前裙片左右裙片合并为一个整体（图2-33~图2-34）。

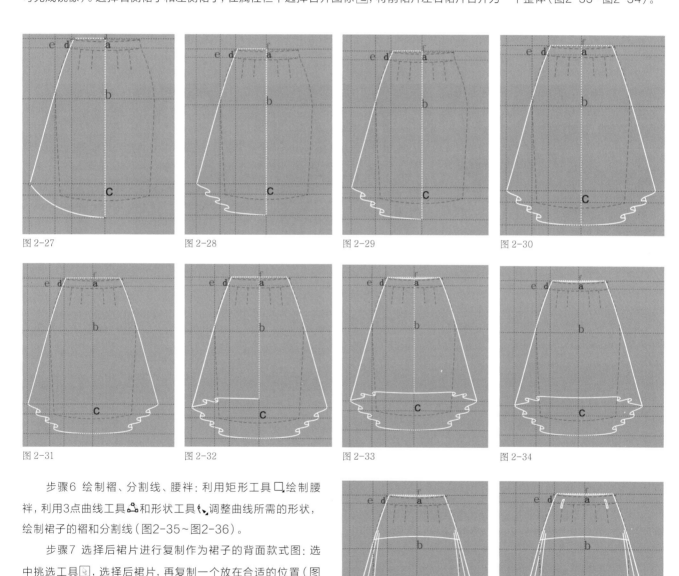

图 2-27   图 2-28   图 2-29   图 2-30

图 2-31   图 2-32   图 2-33   图 2-34

步骤6 绘制褶、分割线、腰袢：利用矩形工具 □ 绘制腰袢，利用3点曲线工具 ⌐ 和形状工具 ↖ 调整曲线所需的形状，绘制裙子的褶和分割线（图2-35~图2-36）。

步骤7 选择后裙片进行复制作为裙子的背面款式图：选中挑选工具 ⬚，选择后裙片，再复制一个放在合适的位置（图2-37）。

步骤8 绘制背面款式：选择形状工具 ↖，将裙子底摆褶裥线进行调整，将正面的腰带袢进行再制放在背面，并利用3点曲线工具 ⌐ 绘制后中缝和背面分割线，选择椭圆形工具 ○ 简易绘制后中隐形拉链头（图2-38）。

图 2-35   图 2-36

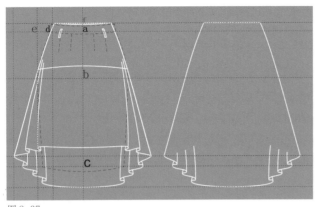

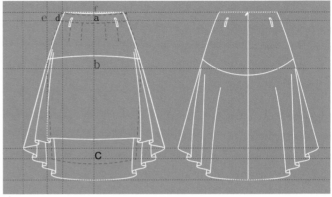

图 2-37   图 2-38

2.2 褶、裥及分割线

1）褶、裥变化：褶、裥是裙子款式变化的主要因素（图2-39），主要用来塑造形体和装饰。褶分为自然褶（波形褶、缩褶）和规律褶（普利特褶、塔克褶）（图2-40~图2-51）。

图 2-39

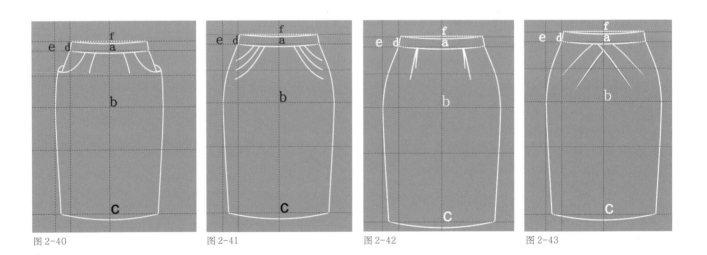

图 2-40   图 2-41   图 2-42   图 2-43

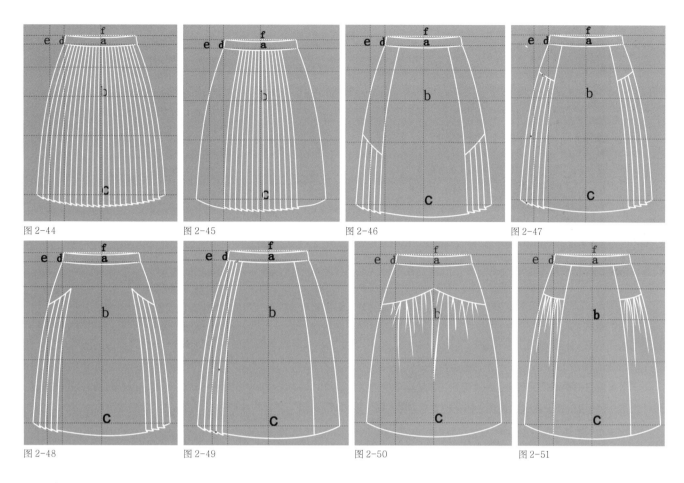

图 2-44　　　　　　　　图 2-45　　　　　　　　图 2-46　　　　　　　　图 2-47

图 2-48　　　　　　　　图 2-49　　　　　　　　图 2-50　　　　　　　　图 2-51

　　2）分割线变化：分割线分为竖分割线、横分割线（育克）、横竖分割线相结合、弧线分割等（图2-52~图2-55）。

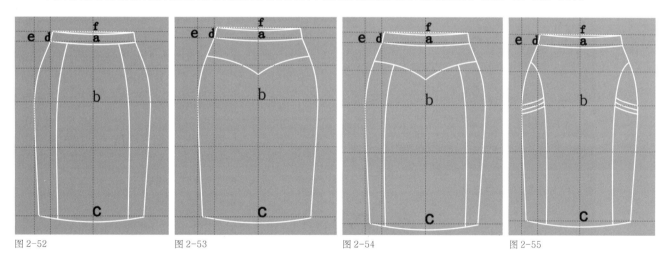

图 2-52　　　　　　　　图 2-53　　　　　　　　图 2-54　　　　　　　　图 2-55

　　3）半身裙褶、裥及分割线元素拓展设计范例绘制步骤：

　　范例一（图2-56~图2-57）：

　　步骤1 设置图纸、线条，在原型基础上绘制外框：设置图纸为A4，图纸方向为竖向摆放，绘图单位为cm，绘图比例为1:5，设置原点，根据款式将长度辅助线进行相应的移动。选择矩形工具口，设置线条粗细为1.5mm，并右键单击颜色设置线条的颜色（白色），绘制如图2-58所示的裙片直线框图（快捷方法：直接复制半身裙原型进行修改）。

　　步骤2 绘制分割线部分：选择矩形工具口绘制裙子分割部分的形状，并将矩形转化为曲线；利用形状工具，选择需要调整的线段，通过单击交互式属性栏的到曲线图标，将其转换为曲线图形；按照款式特点调整贝塞尔曲线的两个拉杆，将其调整为所需形状（为了单独填色，因此将上部分绘制成封闭的形状，也可直接利用贝塞尔曲线工具或钢笔工具绘制分割线的形状）（图2-59）。

图 2-56

图 2-57

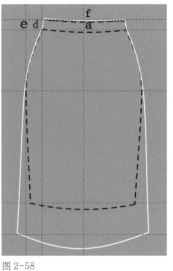
图 2-58

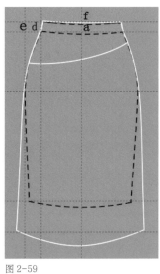
图 2-59

步骤3 绘制前片褶裥：单击3点曲线工具 🔩 绘制三个褶裥的位置及形状，并利用形状工具 🔩，选择需要调整的线段，通过单击交互式属性栏的到曲线图标 🔲，将其转换为曲线图形；按照款式特点调整贝塞尔曲线的两个拉杆，将其调整为所需形状（图2-60～图2-61）。

步骤4 调整褶裥的虚实效果：选择排列→将轮廓转换为对象工具（快捷键：Ctrl+Shift+Q），将褶的下部分转换为可填充颜色的对象，然后利用形状工具 🔩 调整褶裥消失的虚实效果（图2-62～图2-63）。

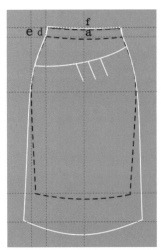
图 2-60

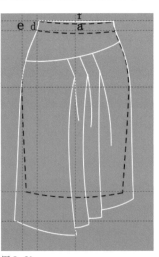
图 2-61

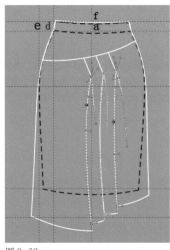
图 2-62

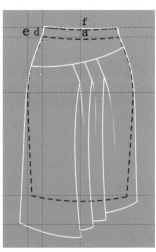
图 2-63

范例二（图2-64～图2-65）：

步骤1 设置图纸、线条，在原型基础上绘制外框：设置图纸为A4，图纸方向为竖向摆放，绘图单位为cm，绘图比例为1:5，设置原点，根据款式将长度辅助线进行相应的移动。选择矩形工具 □，设置线条粗细为1.5mm，并右键单击颜色设置线条的颜色（白色），绘制如图2-66所示的裙片直线框图（快捷方法：直接复制半身裙原型进行修改）。

图 2-64

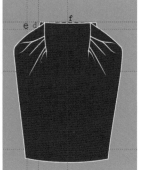
图 2-65

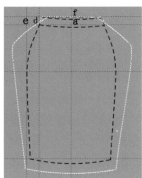
图 2-66

步骤2 绘制省和褶：选择3点曲线工具🎣绘制裙子左侧省和褶的形状，并利用形状工具⬛，选择需要调整的线段，通过单击交互式属性栏的到曲线图标🗒️，将其转换为曲线图形，按照款式特点调整贝塞尔曲线的两个拉杆，将其调整为所需形状（图2-67）。

步骤3 调整褶裥的虚实效果：选择排列→将轮廓转换为对象工具（快捷键：Ctrl+Shift+Q），将褶转换为可填充颜色的对象，然后利用形状工具⬛，通过删除节点和调整节点达到褶的虚实效果（图2-68~图2-69）。

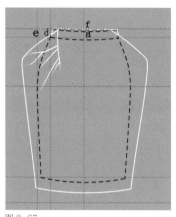 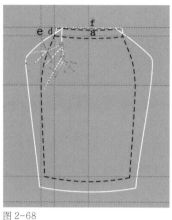 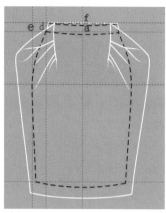

图 2-67　　　　　　　　图 2-68　　　　　　　　图 2-69

2.3 腰口、口袋等其他元素

1）腰口变化：以裙子的正常腰线位置为准上下浮动的腰线设计。按结构有连腰型和装腰型，在此基础上有高腰裙、低腰裙（图2-70~图2-73）。

图 2-70

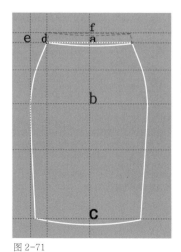 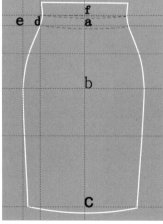 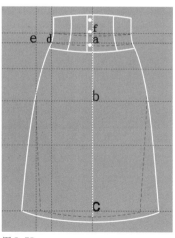

图 2-71　　　　　　　　图 2-72　　　　　　　　图 2-73

2）口袋等变化：半身裙的口袋变化主要有形式多样的贴袋、借缝开袋、各种插袋等（图2-74～图2-77）。

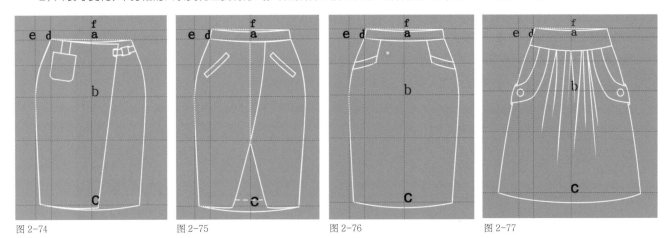

图 2-74　　　　　图 2-75　　　　　图 2-76　　　　　图 2-77

3）半身裙腰口、口袋等元素拓展设计范例绘制步骤：

范例一（图2-78～图2-79）：

步骤1 设置图纸、线条，在原型基础上绘制外框：设置图纸为A4，图纸方向为竖向摆放，绘图单位为cm，绘图比例为1:5，设置原点，根据款式将长度辅助线进行相应的移动。选择矩形工具▢，设置线条粗细为1.5mm，并右键单击颜色设置线条的颜色（白色），绘制如图2-80所示的裙片直线框图（快捷方法：直接复制半身裙原型进行修改）。

步骤2 绘制口袋形状：选择3点曲线工具♣绘制裙子一侧的口袋形状，并利用形状工具↖调整为所需形状。然后选择一侧的口袋形状进行复制粘贴，并移动到右侧，通过单击交互式属性栏的水平镜像图标◳ 进行镜像操作，并移动到合适的位置（图2-81）（快捷方法：挑选口袋形状，按住Ctrl键，拖动到右侧合适的位置，按右键即可完成复制粘贴，然后进行镜像处理）。

步骤3 调整裙子侧缝线形状：选择形状工具↖，在左右侧缝线上添加合适的节点，通过单击交互式属性栏的到曲线图标↗，将其转换为曲线图形，按照口袋形状调整贝塞尔曲线的两个拉杆，将其调整为所需形状（图2-82）。

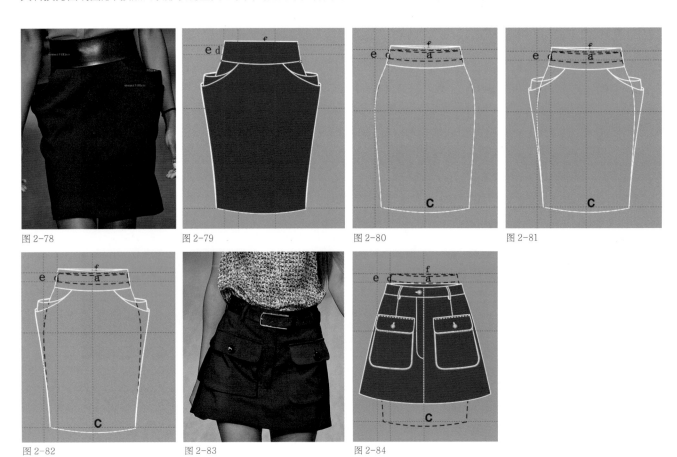

图 2-78　　　　　图 2-79　　　　　图 2-80　　　　　图 2-81

图 2-82　　　　　图 2-83　　　　　图 2-84

范例二（图2-83~图2-84）：

步骤1 设置图纸、线条，在原型基础上绘制外框：设置图纸为A4，图纸方向为竖向摆放，绘图单位为cm，绘图比例为1:5，设置原点，根据款式将长度辅助线进行相应的移动。选择矩形工具□，设置线条粗细为1.5mm，并右键单击颜色设置线条的颜色（白色），绘制如图图2-85~图2-86所示的裙片直线框图（快捷方法：直接复制半身裙原型进行修改），并选择贝塞尔曲线工具绘制腰头、门襟、前中线。

步骤2 绘制口袋：选择矩形工具□绘制口袋和袋盖，在属性栏设置合适的数值，将口袋和袋盖下角进行圆角处理。然后将矩形转化为曲线，利用形状工具，选择需要调整的线段，通过单击交互式属性栏的到曲线图标，将其转换为曲线图形，按照款式特点调整贝塞尔曲线的两个拉杆，将其调整为所需形状。然后将口袋复制粘贴、移动到右边合适的位置（图2-87~图2-88）。

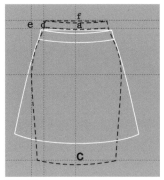
图2-85

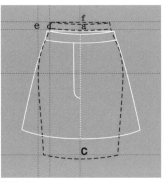
图2-86

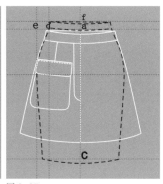
图2-87

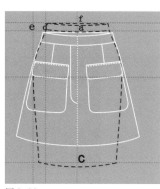
图2-88

步骤3 绘制裤袢：选择矩形工具□绘制裤袢，并利用形状工具，选择需要调整的线段，通过单击交互式属性栏的到曲线图标调整裤袢的形状（图2-89）。

步骤4 绘制扣眼及扣子：选择椭圆形工具○绘制扣眼位置和大小。然后利用椭圆形工具○绘制扣子的圆心和外圆，并填充不同颜色的轮廓线，然后选择调和工具，并在属性栏中设置步长数值，将圆心渐变到外圆形成扣子的立体效果（图2-90~图2-91）。

步骤5 绘制立体口袋和袋盖的阴影：选择口袋和袋盖进行复制粘贴，改变其形状和颜色作为口袋和袋盖的阴影（图2-92）。

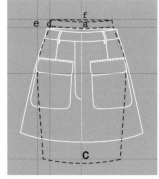
图2-89

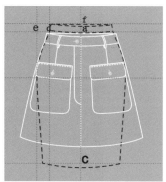
图2-90

图2-91

任务3 半身裙系列拓展设计

3.1 以"弧形分割"为元素进行的系列拓展设计（图2-93~图2-100）

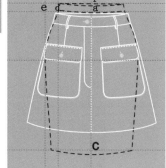
图2-92

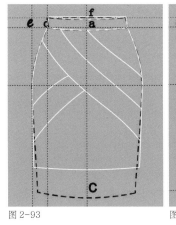
图2-93

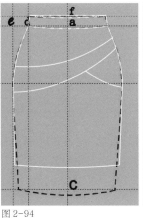
图2-94

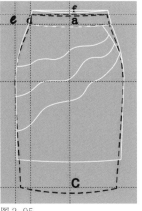
图2-95

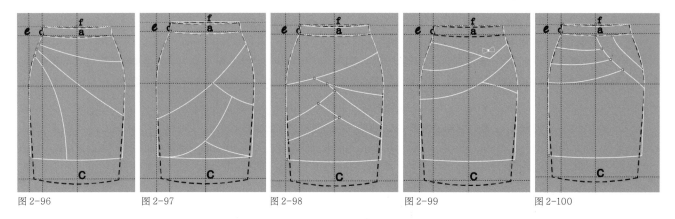

图 2-96   图 2-97   图 2-98   图 2-99   图 2-100

3.2 以"加装饰活动片"为元素进行的系列拓展设计（图2-101~图2-106）

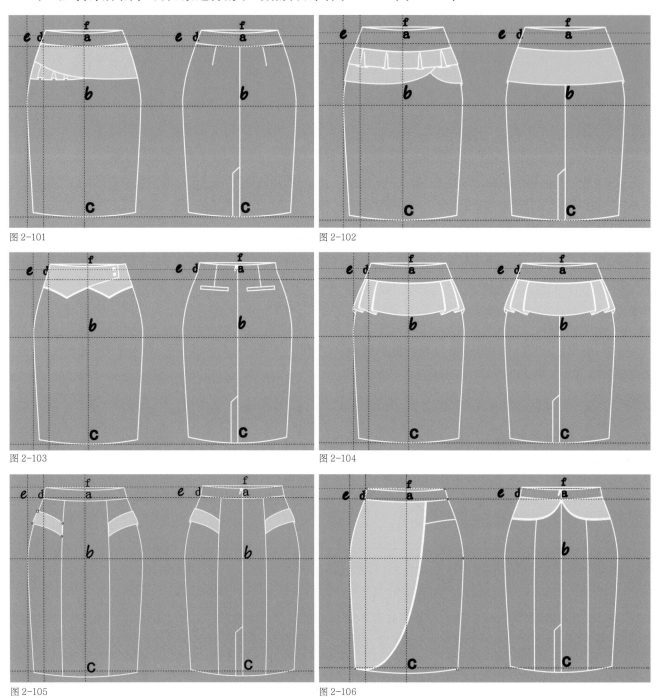

图 2-101   图 2-102

图 2-103   图 2-104

图 2-105   图 2-106

图 2-107

任务4 半身裙综合设计实例

4.1 及膝小A型褶裙

款式概述：A字型及膝半身裙，横向分割，左右设对称褶，装饰性贴袋（图2-107~图2-108）。

图 2-108　　　　图 2-109

图 2-110　　　　图 2-111

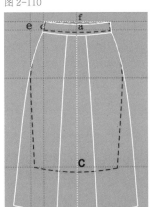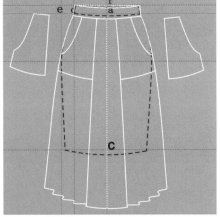

图 2-112　　　　图 2-113

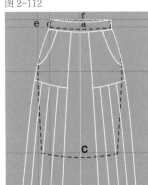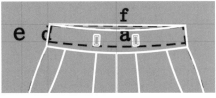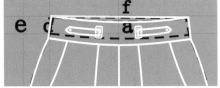

图 2-114　　　　图 2-115

图 2-116

步骤1 设置图纸、线条，在原型基础上绘制外框：设置图纸为A4，图纸方向为竖向摆放，绘图单位为cm，绘图比例为1:5，设置原点，根据款式将长度辅助线进行相应的移动。选择矩形工具□，设置线条粗细为1.5mm，并右键单击颜色设置线条的颜色（白色），在原型的基础上绘制如图2-109所示的裙片直线框图（快捷方法：直接复制半身裙原型进行修改）。

步骤2 处理底边效果：利用形状工具↖选择底边需添加节点的位置，单击添加节点工具 在底边合适的位置添加节点，然后按Shift选择需要的节点，单击水平反射节点图标中，调整好相关的节点达到需要的效果（图2-110~图2-112）。

步骤3 绘制口袋：选择钢笔工具 ，绘制口袋的形状，并调整其位置（图2-113）（绘制口袋成封闭的形状是为了方便填充颜色。如果直接绘制几条曲线，则需要用智能填充工具填充颜色）。

步骤4 绘制前片褶裥：单击3点曲线工具 绘制三个褶裥的位置及形状，并利用形状工具↖，选择需要调整的线段，通过单击交互式属性栏的转换为曲线图标 ，将其转换为曲线图形；按照款式特点调整贝塞尔曲线的两个拉杆，将其调整为所需形状（图2-114）。

步骤5 绘制腰袢扣和腰袢：选择矩形工具□，并在属性栏中输入四个角的弧度数值 ，绘制腰袢扣的形状。然后选择钢笔工具 绘制腰袢（图2-115~图2-116）。

步骤6 绘制明线装饰：单击3点曲线工具，在属性栏选择合适的虚线形状和轮廓宽度，在需要的位置绘制明线（图2-117）。

步骤7 复制出后片、填充颜色：拖动前片复制出背面款式图（按住Ctrl键，选择前片拖动到合适的位置，右键完成复制粘贴），并进行修改调整。选择颜色工具，在颜色泊坞窗中选择需要的颜色进行填充，轮廓色选择黑色（图2-118）。

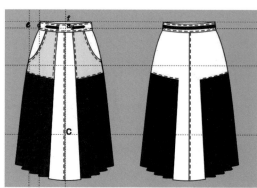

图 2-117　　　　图 2-118

4.2 不对称缠裹式半身裙

款式概述：拼色块、侧边系条带门襟、前襟口袋，斜纹面料（图2-119）。

图 2-119

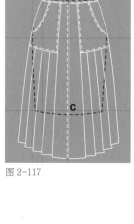

步骤1 设置图纸、线条，在原型基础上绘制外框：设置图纸为A4，图纸方向为竖向摆放，绘图单位为cm，绘图比例为1:5，设置原点，根据款式将长度辅助线进行相应的移动。选择矩形工具口，设置线条粗细为1.5mm，并右键单击颜色设置线条的颜色（白色），在原型的基础上绘制如图2-120所示的小A型裙片直线框图作为裙子背面（快捷方法：直接复制半身裙原型进行修改）。

步骤2 绘制前裙片造型：选择钢笔工具，根据款式特征绘制如图2-121所示的前裙片左右不对称的造型。

步骤3 刻画前右裙片的细节：综合使用钢笔工具、矩形工具口及3点曲线工具，绘制前裙片的腰头、口袋、省道和门襟贴边（图2-122）。

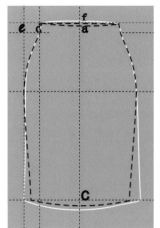
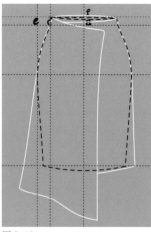

图 2-120　　　　图 2-121　　　　图 2-122

步骤4 绘制腰带：使用钢笔贝塞尔工具 ，绘制前裙片侧边腰带（图2-123）。

步骤5 填充贴边及口袋、腰带颜色：运用选择工具 配合Shift键选择需要填充的部位，在颜色泊坞窗中左键点选需要的颜色进行内部填充，右键黑色进行轮廓填充（图2-124）。

步骤6 整体填充裙子：运用选择工具 选择前后裙片，在颜色泊坞窗中左键点选与贴边相同颜色进行裙子填充（图2-125）（也可利用颜色滴管工具 ，选择与贴边相同颜色进行填充）。

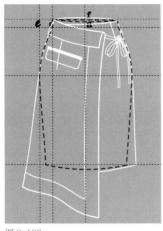
图2-123

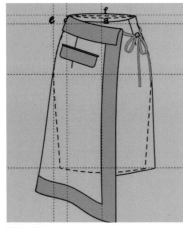
图2-124

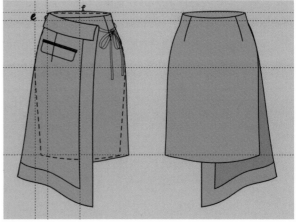
图2-125

4.3 俏皮的A字型半身裙

款式概述：全系扣的前襟、纵深的侧面口袋和裤耳、底边刺绣或印花装饰（图2-126）。

步骤1 设置图纸、线条，在原型基础上绘制外框：设置图纸为A4，图纸方向为竖向摆放，绘图单位为cm，绘图比例为1:5，设置原点，根据款式将长度辅助线进行相应的移动。选择矩形工具口，设置线条粗细为1.5mm，并右键单击颜色设置线条的颜色（白色），在原型的基础上绘制如图2-127所示的半边裙片造型（快捷方法：直接复制半身裙原型进行修改）。

步骤2 复制粘贴裙片左侧，并将其组合成一个整体：选择半边裙片，按住Ctrl键，用鼠标左键选择侧边的控制节点，拖到中线的另一侧，单击右键即完成了裙片的复制粘贴。然后按住Shift键，选择好左右裙片后，按属性栏中的合并工具口（对象→合并或者Ctrl+L），将左右裙片组合成没有中线的整体造型（图2-128）。

步骤3 绘制腰头：利用矩形工具口，并将其转换成曲线（Ctrl+Q），绘制腰头造型（图2-129）。

图2-126

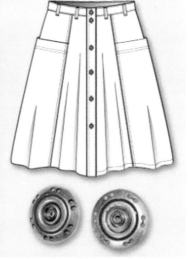

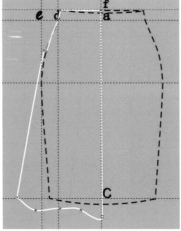
图2-127

图2-128

步骤4 绘制纽扣：利用矩形工具□绘制前中门襟造型，选择椭圆形工具○，按住Ctrl键绘制正圆形纽扣，然后选择对象→对齐和分布（Ctrl+Shift+A），将纽扣进行排列（图2-130）。

步骤5 绘制腰袢：利用钢笔工具📐绘制腰袢，并将4个腰袢放在相应的位置，并将底边造型进行复制，然后在属性栏的线条样式中选择其中一种虚线形式作为底边的明线（图2-131）。

步骤6 绘制左右分割及口袋：利用钢笔工具📐绘制腰袢，并将4个腰袢放在相应的位置。然后将底边造型进行复制，在属性栏的线条样式中选择其中一种虚线形式作为底边的明线（图2-132）。

步骤7 绘制左右分割及口袋：利用3点曲线工具🖊绘制裙子上的分割线、口袋及口袋明线。同时绘制褶裥，按Shift+Ctrl+Q将褶裥线转换成对象（对象→将轮廓转换为对象）后，调整褶裥的虚实效果（图2-133）。

步骤8 复制出后片、填充对象和轮廓的颜色：拖动前片复制出背面款式图（按住Ctrl键，选择前片拖动到合适的位置，右键完成复制粘贴）并进行修改调整。在颜色泊坞窗右键选择黑色填充裙子的轮廓，左键选择所需的颜色填充裙子内部（图2-134）。

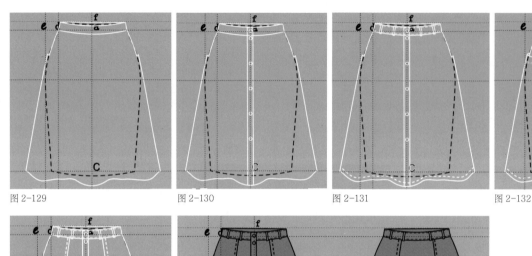

图 2-129　　　　　图 2-130　　　　　图 2-131 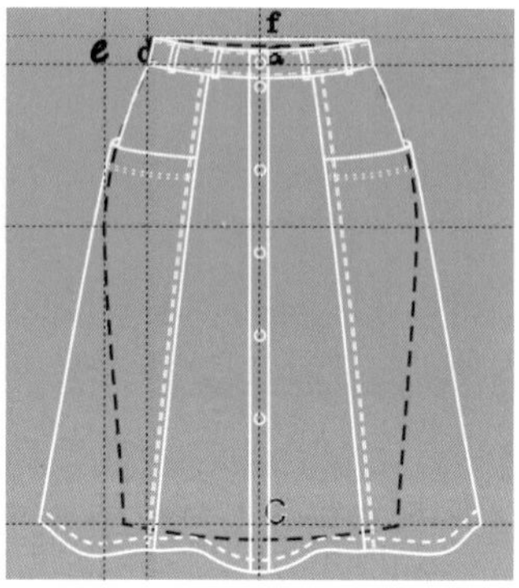　　　　　图 2-132

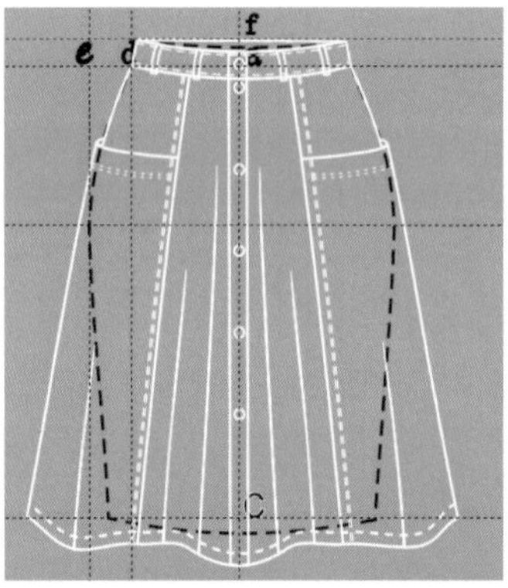

图 2-133 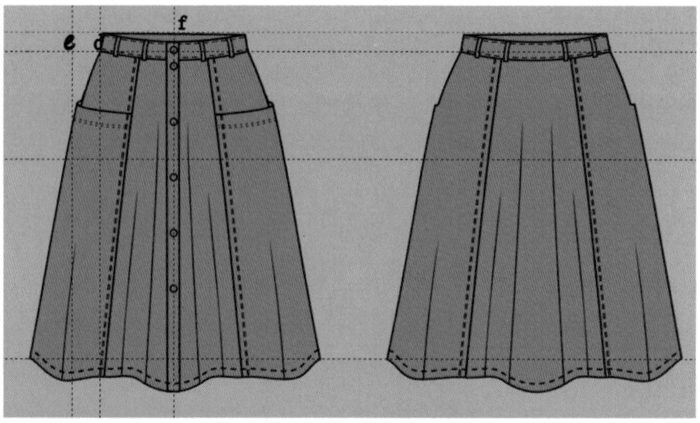　　　　　图 2-134

图 2-135

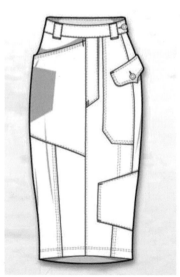

图 2-136

4.4 休闲风格铅笔裙

款式概述：丹宁碎片的牛仔裙打造多补丁和修补效果（图2-135~图2-136）。

步骤1 设置图纸、线条，在原型基础上绘制外框：设置图纸为A4，图纸方向为竖向摆放，绘图单位为cm，绘图比例为1:5，设置原点，根据款式将长度辅助线进行相应的移动。选择矩形工具□，设置线条粗细为1.5mm，并右键单击颜色设置线条的颜色（白色），在原型的基础上绘制如图2-137所示的裙片外形图（快捷方法：直接复制半身裙原型进行修改）。

步骤2 绘制腰头：利用矩形工具□，并将其转换成曲线 ⟳（Ctrl+Q），绘制腰头和底边造型（图2-138）。

步骤3 绘制左右分割及口袋：利用3点曲线工具 ⌒ 绘制裙子上的分割线、口袋及口袋明线（图2-139）。

步骤4 绘制门襟拉链：利用钢笔工具 ⌸ 绘制门襟拉链造型（图2-140）。

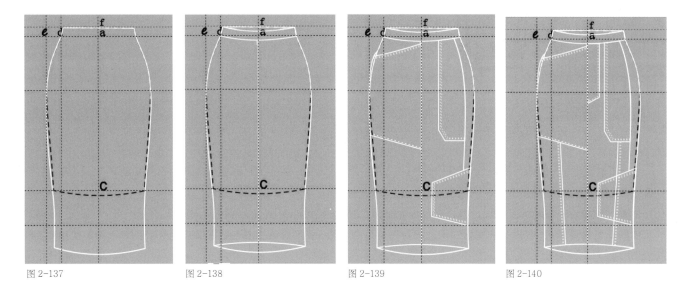

图 2-137   图 2-138   图 2-139   图 2-140

步骤5 绘制口袋、腰袢和纽扣：继续利用钢笔工具 ⌸ 绘制口袋袋盖和腰袢造型。选择椭圆形工具 ○，按住Ctrl键绘制正圆形纽扣（图2-141）。

步骤6 复制出后片、填充对象和轮廓的颜色：拖动前片复制出背面款式图（按住Ctrl键，选择前片拖动到合适的位置，右键完成复制粘贴）并进行修改调整。在颜色泊坞窗右键选择黑色填充裙子的轮廓，左键选择所需的颜色填充裙子内部（图2-142）。

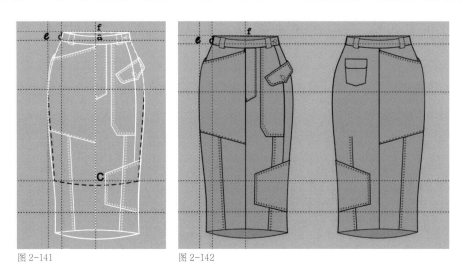

图 2-141   图 2-142

4.5 侧开衩包裙

款式概述：弹性铅笔裙、高低不平的休闲裙边、运动感强（图2-143）。

步骤1 设置图纸、线条，在原型基础上绘制裙子背面外框：设置图纸为A4，图纸方向为竖向摆放，绘图单位为cm，绘图比例为1:5，设置原点，根据款式将长度辅助线进行相应的移动。选择矩形工具□，设置线条粗细为1.5mm，并右键单击颜色设置线条的颜色（白色），绘制矩形框架后将其转换为曲线 ⟳（Ctrl+Q），在原型的基础上绘制如图2-144所示的半边裙片造型，同时按住Ctrl键，用鼠标左键选择侧边的控制节点，拖到中线的另一侧，右键完成裙片的复制粘贴（快捷方法：直接复制半身裙原型进行修改）。此外预留半边裙片以备后用。

图2-143   图2-144

步骤2 组合背面左右裙片：按住Shift键，选择好左右裙片后，按属性栏中的合并工具 🏷（对象→合并或者Ctrl+L），将左右裙片组合成没有中线的裙子背面整体造型（图2-145）。

步骤3 绘制腰头：利用矩形工具 □，并将其转换成曲线（Ctrl+Q），绘制腰头（图2-146）。

步骤4 绘制前裙片：拖动之前预留的半边裙片到合适的位置，拉动对角的节点进行缩放至所需的大小作为前裙片（图2-147）。

步骤5 组合前面左右裙片：按住Ctrl键，用鼠标左键选择侧边的控制节点，拖到中线的另一侧右键即复制粘贴前裙片，按住Shift键，选择好左右裙片后，按属性栏中的合并工具 🏷（对象→合并或者Ctrl+L），将左右裙片组合成没有中线的前面整体造型（图2-148）。

步骤6 再复制一个前面裙片：将上图组合好的前面裙片造型进行复制粘贴后，拉动对角节点将其缩放至所需的大小（图2-149）。

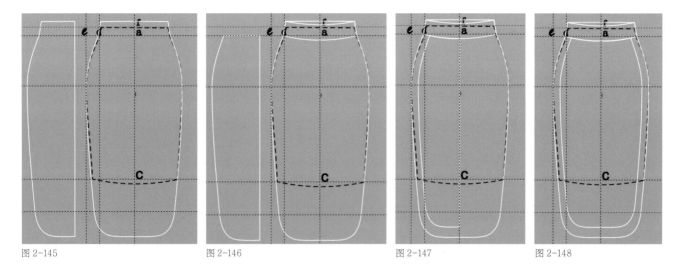

图2-145   图2-146   图2-147   图2-148

步骤7 绘制包边效果：选择3点曲线工具 🏷 绘制裙子背面底边的包边效果，并绘制封口的位置（图2-150）。

步骤8 制作橡筋腰头效果：利用3点曲线工具 🏷 绘制完一条曲线后，在变形工具 🗘 中选择拉链变形 ⚙，设置好相应的数值，制作出橡筋的效果（图2-151）。

步骤9 绘制细褶效果及分割：利用手绘工具 🖉 绘制细褶的效果，并按Ctrl+Shift+Q将其转换为轮廓，处理线条的虚实效果。同时利用2点线工具 ✐ 绘制直向和横向分割线，并按照宽度绘制明线（图2-152）。

步骤10 复制出后片，填充对象和轮廓的颜色：拖动前片复制出背面款式图（按住Ctrl键，选择前片拖动到合适的位置，右键完成复制粘贴）并进行修改调整。在颜色泊坞窗右键选择黑色填充裙子的轮廓，左键选择所需的颜色填充裙子内部（图2-153）。

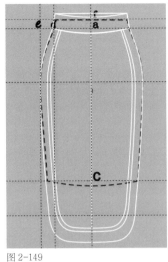
图 2-149

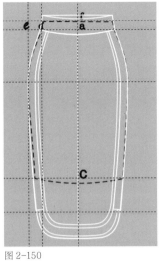
图 2-150

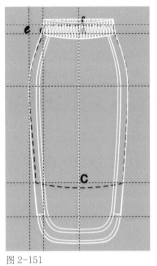
图 2-151

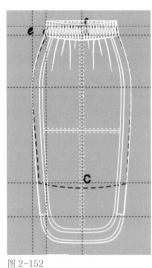
图 2-152

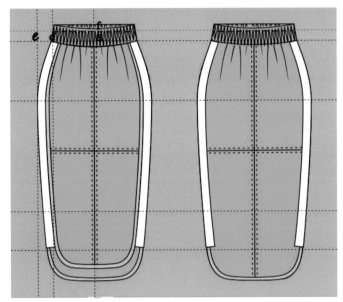
图 2-153

4.6 运动型半身裙

款式概述：手帕缝边、功能性尼龙面料、褶裥底边、丹宁口袋、侧边拉链门襟（图2-154）。

步骤1 设置图纸、线条，在原型基础上绘制外框：设置图纸为A4，图纸方向为竖向摆放，绘图单位为cm，绘图比例为1:5，设置原点，根据款式将长度辅助线进行相应的移动。选择矩形工具口，设置线条粗细为1.5mm，右键单击颜色设置线条的颜色（白色），并将矩形转换为曲线（Ctrl+Q），在原型的基础上绘制如图2-155所示的半边裙片造型（快捷方法：直接复制半身裙原型进行修改）。

步骤2 复制粘贴半边裙片，完成整个裙子的造型：选择右侧裙片，按住Ctrl键，用鼠标左键选择侧边的控制节点，拖到中线的另一侧单击右键即完成裙片的复制粘贴；按住Shift键，选择好左右裙片后，按属性栏中的合并工具凸（对象→合并或

图 2-154

者Ctrl+L），将左右裙片组合成没有中线的前面整体造型（图2-156）。

  步骤3 填充裙子正面颜色，绘制裙子背面造型：在颜色泊坞窗选择合适的颜色填充至裙子正面轮廓中，之后用矩形工具 口 将其转换为曲线 ↻ ，绘制出裙子背面的半边造型（图2-157）。

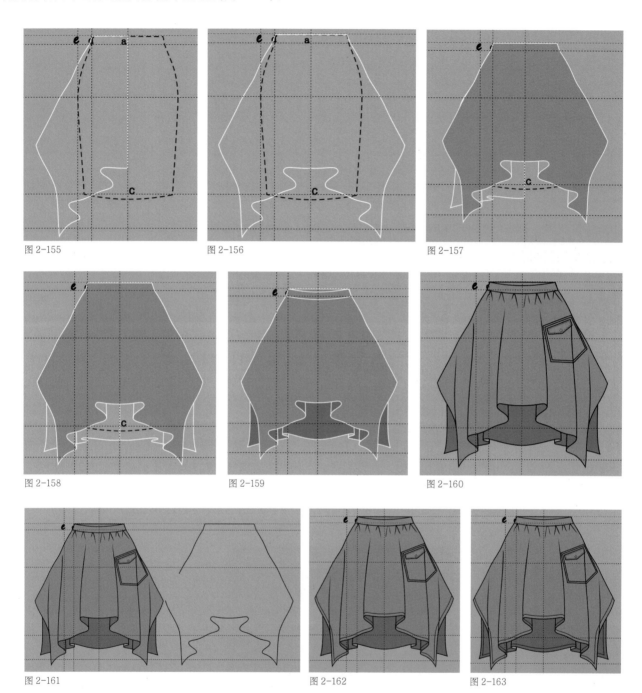

图 2-155　　　　　　　　　　　　　图 2-156　　　　　　　　　　　　　图 2-157

图 2-158　　　　　　　　　　　　　图 2-159　　　　　　　　　　　　　图 2-160

图 2-161　　　　　　　　　　　　　图 2-162　　　　　　　　　　　　　图 2-163

  步骤4 复制粘贴裙子背面：选择背面右侧裙片，按住Ctrl键，用鼠标左键选择侧边的控制节点，拖到中线的另一侧，单击右键即完成裙片的复制粘贴；按住Shift键，选择好左右裙片后，按属性栏中的合并工具 ⏁ （对象→合并或者Ctrl+L），将背面左右裙片进行组合（图2-158）。

  步骤5 填充裙子背面颜色：在颜色泊坞窗选择合适的颜色填充至裙子背面轮廓中（图2-159）。

  步骤6 绘制侧边口袋底边褶裥和腰头细褶：用矩形工具 口 绘制侧边口袋和口袋盖；用3点曲线工具 ⌁ 绘制底边褶裥和腰部细褶，然后按Ctrl+Shift+Q将其转换为对象，调整褶裥的虚实关系（图2-160）。

  步骤7 绘制裙子正背面的底边明线：分别将裙子正背面进行复制粘贴，用形状工具 ⬦ 选择底边以上的某个节点，再按断开曲线图标 ⊬ ，之后删除一些节点，剩下底边的造型，用虚线显示作为明线效果（图2-161~图2-163）。

步骤8 绘制裙子底边和口袋四周细褶: 利用手绘工具 绘制中线一侧的细褶效果,然后复制粘贴到另一侧即完成所有的细褶处理(图2-164)。

步骤9 绘制侧边拉链及拉链头: 利用钢笔工具 绘制拉链的位置及拉链头的造型(图2-165)。

步骤10 复制出后片并填充后片颜色。拖动前片复制出背面款式图(按住Ctrl键,选择前片拖动到合适的位置,然后单击右键完成复制粘贴)并进行修改调整和填充颜色(图2-166)。

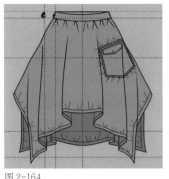
图 2-164

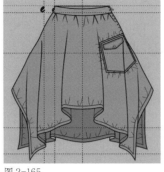
图 2-165

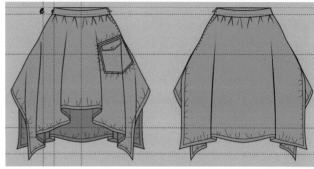
图 2-166

4.7 分割加褶半身裙

款式概述: 粉红色半身裙,前片竖向分割,并利用分割线缝制口袋,拼接百褶(图2-167)。

图 2-167

步骤1 设置图纸、线条,在原型基础上绘制外框: 设置图纸为A4,图纸方向为竖向摆放,绘图单位为cm,绘图比例为1:5,设置原点,根据款式将长度辅助线进行相应的移动。选择矩形工具 ,设置线条粗细为1.5mm,并右键单击颜色设置线条的颜色(白色),在原型的基础上绘制如图2-168所示的裙片直线框图,之后将其转换为曲线 (快捷方法: 直接复制半身裙原型进行修改)。

步骤2 绘制前裙片造型: 在裙片外框基础上,在合适的位置点击右键添加节点 ,然后利用到曲线工具 将裤片调整成符合人体曲线的外型(图2-169)。

步骤3 镜像裙片合并成整体: 选择右裙片复制粘贴,将复制出来的新裙片进行水平镜像 ,再利用合并工具 将两裙片合二为一(图2-170)。

步骤4 绘制分割线: 选择钢笔工具 ,绘制裙子上部分割线和侧边百褶的造型(图2-171~图2-173)。

步骤5 绘制背面款式图: 选择前片款式图,复制粘贴一个新的款式图,调整修改成为后片款式造型(图2-174)。

步骤6 填充颜色: 将前后款式图边框线修改成黑色,内部分区域填充为不同颜色(图2-175)(左键单击调色板颜色为内部填充色,右键单击调色板颜色为边框填充色)。

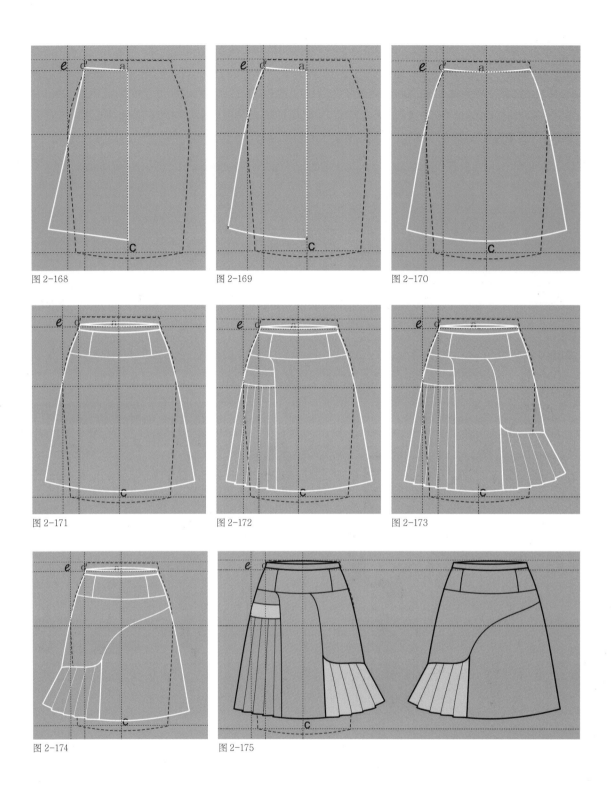

图 2-168

图 2-169

图 2-170

图 2-171

图 2-172

图 2-173

图 2-174

图 2-175

4.8 军事风格直身裙

款式概述: 军事风格, 采用搭门襟双排扣, 腰口折叠成翻领形状, 两侧口袋, 臀部位置加腰带 (图2-176)。

步骤1 设置图纸、线条, 在原型基础上绘制外框: 设置图纸为A4, 图纸方向为竖向摆放, 绘图单位为cm, 绘图比例为1:5, 设置原点, 根据款式将长度辅助线进行相应的移动。选择矩形工具▢, 设置线条粗细为1.5mm, 右键单击颜色设置线条的颜色 (白色), 并在原型的基础上绘制如图2-177所示的裙片直线框图, 再将其转换为曲线 ↻ (快捷方法: 直接复制半身裙原型进行修改)。

步骤2 绘制前裙片造型: 在裙片外框基础上, 在合适的位置单击右键添加节点 ▦, 然后利用到曲线工具 ↳ 将裤片调整成符合人体曲线的外型 (图2-178)。

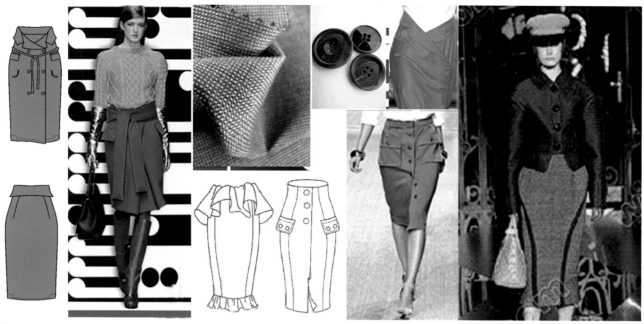

图 2-176

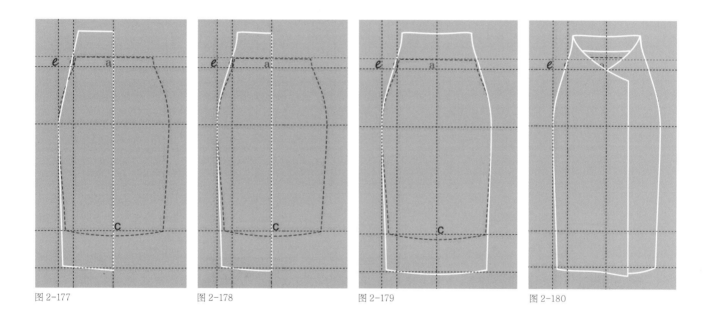

图 2-177   图 2-178   图 2-179   图 2-180

步骤3 镜像裙片并合并成整体: 选择右裙片复制粘贴,将复制出来的新裙片进行水平镜像 ⊔,然后利用合并工具 ⌇ 将两裙片合二为一(图2-179)。

步骤4 绘制前片款式造型: 选择矩形工具 □、转换为曲线工具 ♻、添加节点工具 ⸛,按照同样的方法绘制前片半部的造型,(注意腰口和搭门襟的形式),再复制粘贴到另一侧(图2-180)。

步骤5 绘制腰口造型: 综合使用钢笔工具 ▨ 及3点曲线工具 ♣,绘制前裙片的腰头造型(图2-181)。

步骤6 刻画腰带、口袋、纽扣等细节: 综合使用钢笔工具 ▨ 及3点曲线工具 ♣、矩形工具 □、椭圆形工具 ○,绘制前片正面细节,完成前片款式图绘制(图2-182)。

步骤7 绘制背面款式图: 选择前片款式图,复制粘贴一个新的款式图,调整修改成为后片款式造型(图2-183)。

步骤8 填充颜色: 选择颜色工具 ▤,在颜色泊坞窗中选择需要的颜色进行填充,轮廓色选择黑色(图2-184)。

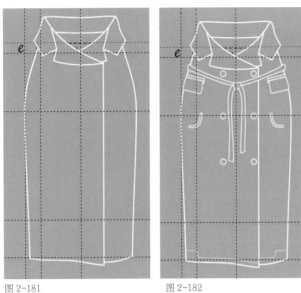

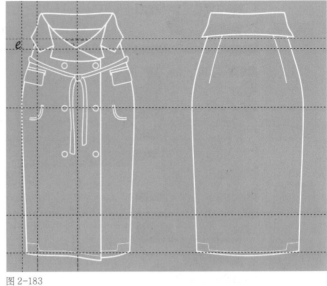

图 2-181   图 2-182   图 2-183

4.9 垂褶式腰带半身裙

款式概述: 半身裙, 在前片利用面料进行大面积垂褶设计 （图2-185）。

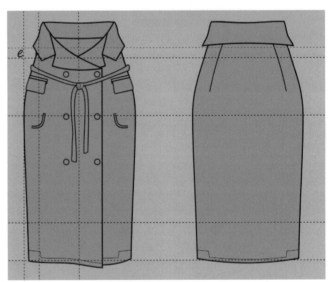

图 2-184

图 2-185

步骤1 设置图纸、线条,在原型基础上绘制外框:设置图纸为A4,图纸方向为竖向摆放,绘图单位为cm,绘图比例为1:5,设置原点,根据款式将长度辅助线进行相应的移动。选择矩形工具口,设置线条粗细为1.5mm,右键单击颜色设置线条的颜色(白色),并在原型的基础上绘制如图2-186所示的裙片直线框图,再将其转换为曲线 ↺(快捷方法:直接复制半身裙原型进行修改)。

步骤2 绘制前裙片造型:在裙片外框基础上,在合适的位置点击右键添加节点 ,然后利用到曲线工具 将裤片调整成符合人体曲线的外型(图2-187)。

步骤3 镜像裙片合并成整体:选择右裙片复制粘贴,将复制出来的新裙片进行水平镜像 ,然后利用合并工具 将两裙片合二为一,并利用变形工具 绘制后中拉链(图2-188)。

步骤4 绘制前片:用与绘制后片相同的方法绘制前片造型(图2-189)。

步骤5 刻画前腰垂褶效果:综合使用钢笔工具 、矩形工具口及3点曲线工具 ,绘制前裙片腰头位置的垂褶效果(图2-190)。

步骤6 绘制背面款式图:选择前片款式图,复制粘贴一个新的款式图,调整修改成为后片款式造型(图2-191)。

步骤7 填充颜色:选择颜色工具 ,将前后款式图边框线修改成黑色,内部分区域填充为不同颜色(图2-192)(左键单击调色板颜色为内部填充色,右键单击调色板颜色为边框填充色)。

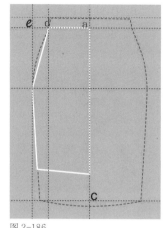

图 2-186

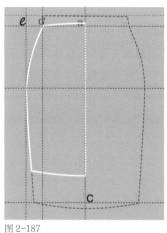

图 2-187

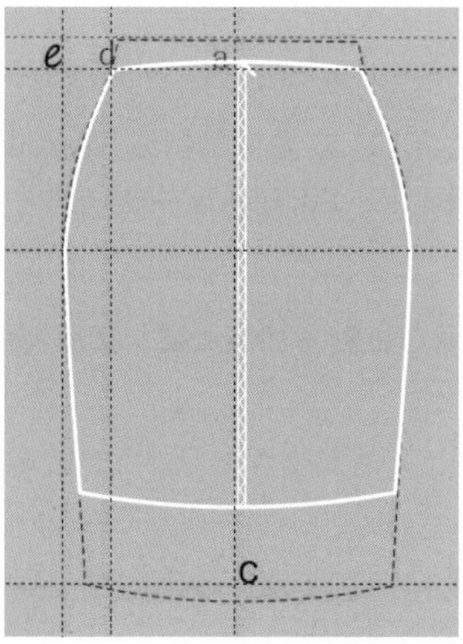

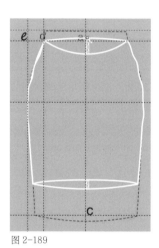

图 2-188

图 2-189

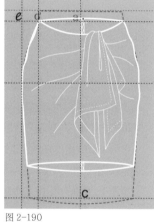

图 2-190

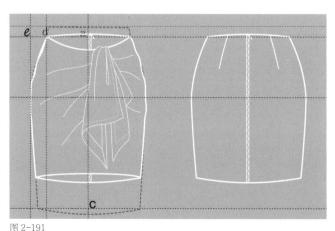

图 2-191

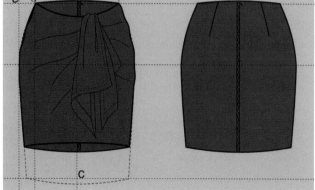

图 2-192

4.10 前短后长斜裙

款式概述：前短后长的下摆，呈自然波浪状的斜裙（图2-193）。

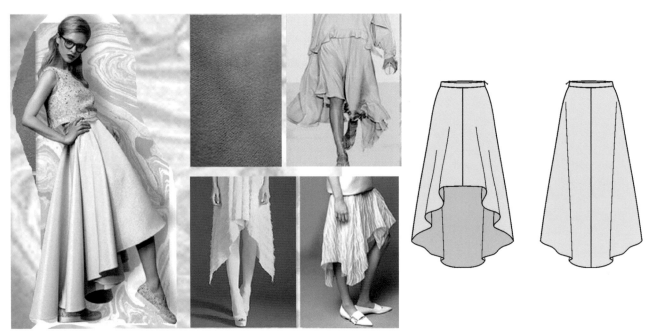

图2-193

步骤1 设置图纸、线条，在原型基础上绘制外框：设置图纸为A4，图纸方向为竖向摆放，绘图单位为cm，绘图比例为1:5，设置原点，根据款式将长度辅助线进行相应的移动。选择矩形工具□，设置线条粗细为1.5mm，右键单击颜色设置线条的颜色（白色），并在原型的基础上绘制如图2-194所示的裙片直线框图，然后将其转换为曲线 ◌（快捷方法：直接复制半身裙原型进行修改）。

步骤2 绘制前裙片造型：在裙片外框基础上，在合适的位置点击右键添加节点 ◌◌◌，然后利用到曲线工具 ◟ 将裤片调整成符合人体曲线的外型，尤其是下摆的波浪造型表现（图2-195）。

步骤3 镜像裙片并合并成整体：选择右裙片复制粘贴，将复制出来的新裙片进行水平镜像 ◖◗，然后利用合并工具 ◻ 将两裙片合二为一（图2-196）。

步骤4 绘制前片：用与绘制后片相同的方法绘制前片造型（图2-197）（前片下摆略短）。

步骤5 刻画腰头及裙摆褶裥表现：综合使用钢笔工具 ◿、矩形工具□及3点曲线工具 ◠，绘制腰头及下摆的褶裥效果（图2-198）。

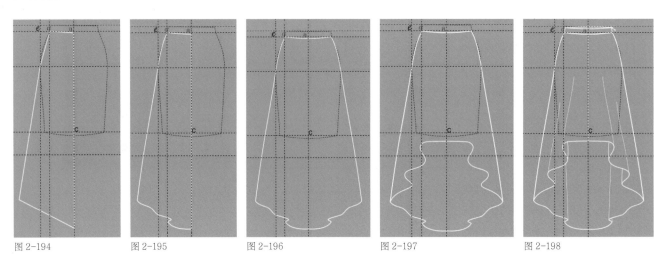

图2-194   图2-195   图2-196   图2-197   图2-198

步骤6 绘制背面款式图: 选择正面款式图, 复制粘贴一个新的款式图, 调整修改成为背面款式造型 (图2-199)。

步骤7 填充颜色: 选择颜色工具 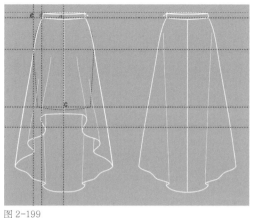, 将前后款式图边框线修改成黑色, 内部分区域填充为不同颜色 (图2-200) (左键单击调色板颜色为内部填充色, 右键单击调色板颜色为边框填充色)。

图 2-199

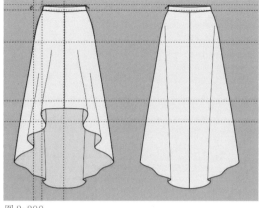

图 2-200

4.11 不规则下摆中长裙

款式概述: 下摆随意造型, 采用雪纺花布, 面料飘逸动感 (图2-201)。

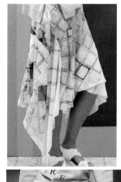

图 2-201

步骤1 设置图纸、线条, 在原型基础上绘制外框: 设置图纸为A4, 图纸方向为竖向摆放, 绘图单位为cm, 绘图比例为1:5, 设置原点, 根据款式将长度辅助线进行相应的移动。选择矩形工具 □, 设置线条粗细为1.5mm, 右键单击颜色设置线条的颜色 (白色), 并在原型的基础上绘制如图2-202所示的裙片直线框图, 然后将其转换为曲线 ↻ (快捷方法: 直接复制半身裙原型进行修改)。

步骤2 绘制前裙片造型: 在裙片外框基础上, 在合适的位置点击右键添加节点 ⬚, 然后利用到曲线工具 ↳ 将裤片调整成符合人体曲线的外型 (图2-203)。

步骤3 刻画裙片及底边细节: 使用3点曲线工具 ⬚, 绘制裙片底边褶裥形状 (图2-204)。

步骤4 镜像裙片并合并成整体: 选择右裙片复制粘贴, 将复制出来的新裙片进行水平镜像 ⬚, 然后利用合并工具 ⬚ 将两裙片合二为一 (图2-205)。

步骤5 刻画裙片腰头和明线：综合使用钢笔工具 🖊 及3点曲线工具 🔧，绘制裙片的腰头和贴边明线（图2-206）。

步骤6 绘制背面款式图：选择前片款式图，复制粘贴一个新的款式图，调整修改成为后片款式造型（图2-207）。

步骤7 填充颜色：选择颜色工具 ⧯，将前后款式图边框线修改成黑色，内部分区域填充为不同颜色（图2-208）（左键单击调色板颜色为内部填充色，右键单击调色板颜色为边框填充色）。

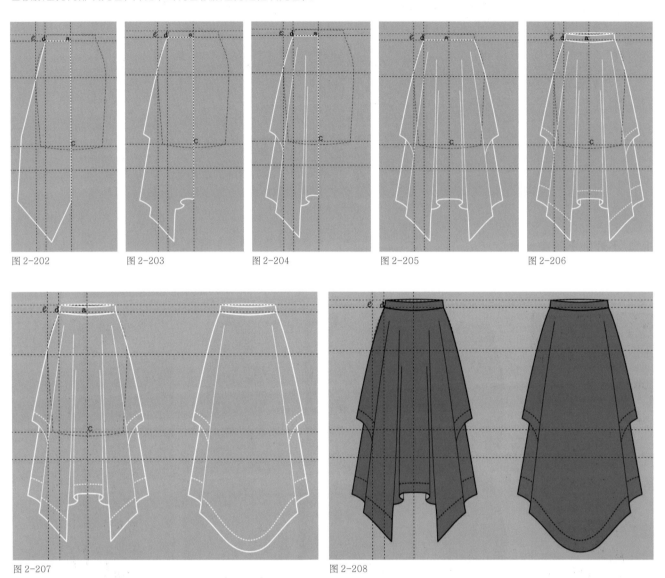

图 2-202   图 2-203   图 2-204   图 2-205   图 2-206

图 2-207   图 2-208

任务5 半身裙款式课后练习（图2-209～图2-234）

图 2-209   图 2-210

图 2-211 图 2-212

图 2-213 图 2-214

图 2-215 图 2-216

图 2-217 图 2-218

图 2-219

图 2-220

图 2-221

图 2-222

图 2-223

图 2-224

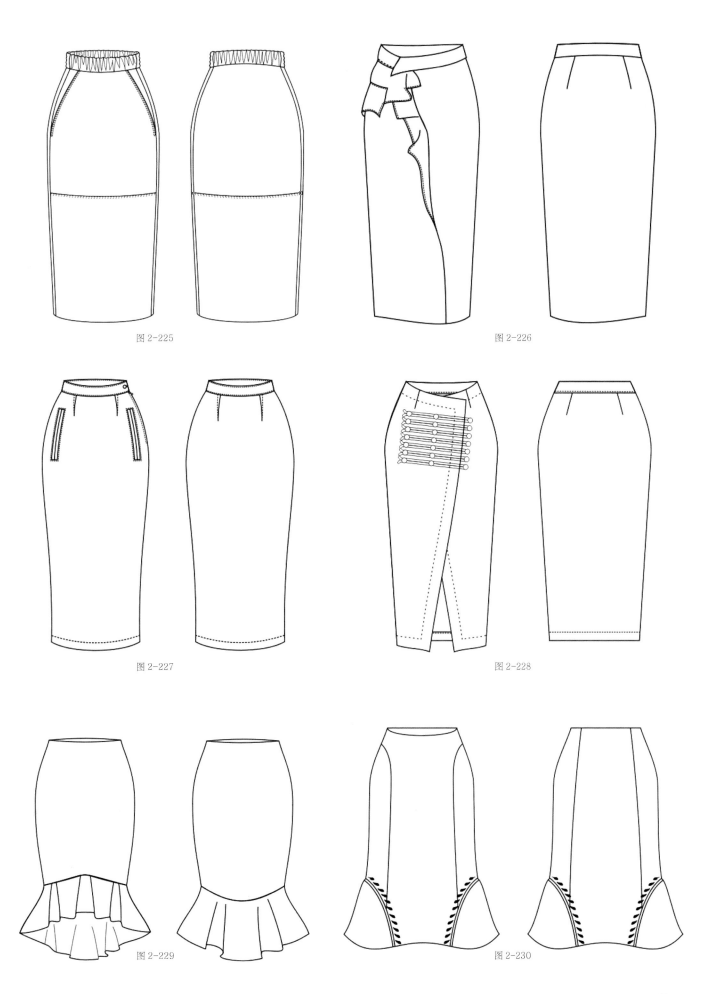

图 2-225

图 2-226

图 2-227

图 2-228

图 2-229

图 2-230

图 2-231

图 2-232

图 2-233

图 2-234

项目三　裤子款式设计

图 3-1

任务1 裤子基本原型的绘制

1.1 裤子款式特点

　　裤子泛指人穿在腰部以下的服装，是下体包覆人体臀、腹并区分两腿的着装形式。一般由裤腰、裤裆、裤腿组成。按裤裆缝合与否，可分为满裆裤和开裆裤；按裤管过膝与否，又分长裤、短裤（图3-1）。

1.2 长裤原型绘制步骤

　　步骤1 设置图纸、原点和辅助线：设置图纸为A4，图纸方向为竖向摆放，绘图单位为cm，绘图比例为1:5，再设置原点和相应的辅助线（图3-2）。

图 3-2

水平辅助线设置：a点为前中心点（坐标原点）；a—b的距离为臀高点（人台一般为18cm）；a—c的距离为裤长（根据款式长短进行设定）；a—f的距离为腰宽（一般为4cm）（图3-3）。

　　垂直辅助线设置：a—d的距离为侧腰点（腰围/4~4cm厚度）；a—e的距离为臀围宽（臀围/4~5cm厚度）（图3-4）。

　　步骤2 绘制外框：选择贝塞尔工具 ，设置线条粗细为1.5mm，右键单击线条的颜色，并绘制如图3-5所示的直线框图。

　　步骤3 调整裤子的轮廓：利用形状工具 ，选择需要调整的线段，通过单击交互式属性栏的转换为曲线图标 ，将其转换为曲线图形，按照人体形态调整曲线的两个拉杆，将其调整为所需形状，并填充颜色（图3-6）。

　　步骤4 镜像：利用再制工具复制一个裤子轮廓（可以直接使用Ctrl+C,Ctrl+V进行复制粘贴，选中选择工具 （快捷键：空格键），通过单击交互式属性栏的水平镜像图标 进行镜像操作，并移到合适的位置（快捷方法：选中轮廓，按住Ctrl键，移到另一边的合适位置，按右键即可完成镜像）（图3-7）。

　　步骤5 绘制腰头、口袋、门襟与裆底缝线：利用3点曲线工具 和形状工具 调整好曲线所需的形状，绘制腰口弧线、门襟、口袋和裆底缝线。利用选择工具 选中门襟的弧线，在交互式属性栏的轮廓样式选择器 中选择合适的虚线绘制门襟（快捷方法：将多条轮廓线修改成为同样的线条形式，可按住Shift选择需要调整的轮廓线，按快捷键F12，弹出轮廓笔的对话窗，可一次性修改多条轮廓线的线条形式、颜色与粗细）（图3-8）。

　　步骤6 绘制裤袢、纽扣和扣眼：利用矩形工具 （快捷键F6）绘制长方形裤袢并复制多个，放在腰头合适的位置，利用椭圆工具 （快捷键F7，按住Ctrl键，画出一个正圆）绘制纽扣与扣眼，并填充颜色。选中扣眼，点击菜单栏中的"排列"，选择"顺序"，"向后一层"（快捷键：Ctrl+Pagedown）将扣眼放置在扣子的后方。利用选择工具 ，框选整个裤子，单击交互式属性栏中的组合工具 （快捷键：Ctrl+G），将裤子的所有内部结构聚合成一个对象，保留各自的属性（图3-9）。

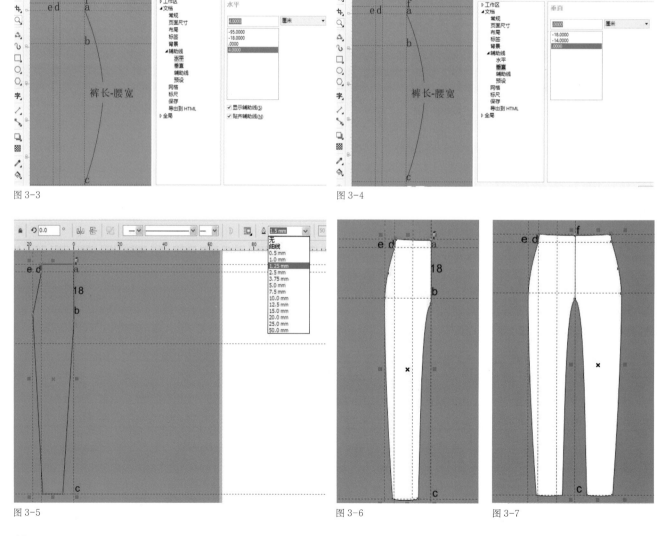

图3-3　　　　　　　　　　　　　　　　　　　　　　图3-4

图3-5　　　　　　　　　　　　　　　　　　图3-6　　　　　　　　　图3-7

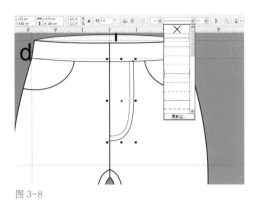

图 3-8

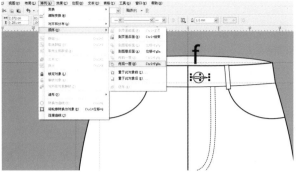

图 3-9

步骤7 绘制后片：复制裤子的正面轮廓，删除口袋与门襟线，利用手绘工具 📈
（快捷键F5）绘制后片分割，利用矩形工具 □ 与形状工具 ↖（快捷键F10）绘制
口袋。利用选择工具 ↖，框选整个裤子后片，单击交互式属性栏中的组合工具 🔘
（快捷键：Ctrl+G），将裤子的所有内部结构聚合成一个对象，保留各自的属性（图
3-10）。

1.3 短裤原型绘制步骤

步骤1 设置图纸、原点和辅助线：设置图纸为A4，图纸方向为竖向摆放，绘图
单位为cm，绘图比例为1:5，设置原点，根据款式的长度与宽设置好辅助线。利用矩
形工具 □，设置线条粗细为1.5mm，并在右侧的调色板中右键单击选择线条颜色，
绘制右下图所示的短裤直线框图（图3-11）。

步骤2 调整裤子的轮廓：单击交互式属性栏中的转换为曲线工具 🔄（快捷键
Ctrl+Q）将矩形转换为曲线，利用形状工具 ↖（快捷键F10），选择需要调整的线
段，单击右键交互式属性栏中的转换为曲线图标 🔄，按照裤子款式特点调整曲线的
两个拉杆，将其调整为所需形状（图3-12～图3-13）。

步骤3 水平镜像、合并：利用快捷键Ctrl+C,Ctrl+V，将后裤片的轮廓复制，选
择工具 ↖（快捷键：空格键），单击交互式属性栏中的水平镜像图标 🔁 进行镜像操
作。将左裤片向右移动（可利用键盘中的上下左右键进行移动）使左右裤片有个较小
的重叠量，按住Shift选择左右裤片或框选整个左右裤片，点击交互式属性栏中的合
并图标 🔁，将左右裤片合并成为一个整体。利用再制工具将合并好的后裤片平行复
制一个作为绘制后片的款式图（图3-14）。

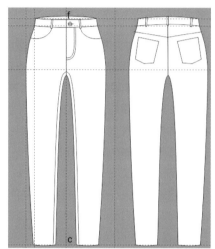

图 3-10

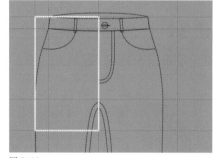

图 3-11

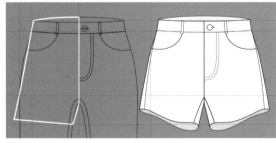

图 3-12

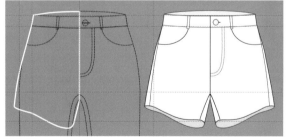

图 3-13

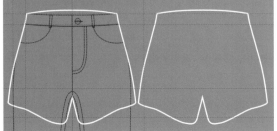

图 3-14

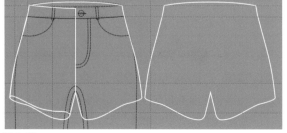

图 3-15

步骤4 绘制裤子前片：利用矩形工具▢根据后片的大小绘制矩形，按Ctrl+Q使矩形变换成曲线，利用形状工具◂(快捷键F10)在合适的位置双击添加节点，选择交互式属性栏中的转换为曲线图标◐，拉动两边的操纵杆调节曲线，达到预期的效果(图3-15)。

步骤5 绘制前片的内部结构：利用手绘工具✍绘制腰头，选择线段，按F10切换到形状工具◂，单击属性栏中的转换为曲线图标◐，拉动操纵杆，调节曲线与前片的腰口弧线平行。利用手绘工具✍绘制口袋侧缝线、裆底缝线，利用矩形工具▢绘制裤袢，空格键切换为选择工具▸，选中矩形，单击旋转到所需的位置(图3-16)。

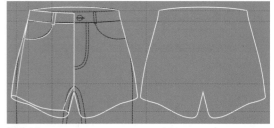

图3-16

步骤6 镜像与群组：按住Shift键选择前片和前片中的所有部件，单击交互式属性栏中的组合工具◉(快捷键Ctrl+G)，将选中的部件群组在一起。挑选前片，在前片的四周会出现9个黑色小方块，将鼠标放在左侧中间的小黑块上，按住Ctrl键，鼠标左键拖动前片，移动到另一边的合适位置，按鼠标右键结束，完成复制与镜像。用手绘工具✍与形状工具◂绘制门襟。运用椭圆工具○绘制扣子与扣眼，完成前片所有部件的绘制。用选择工具▸框选整个裤子，并用快捷键Ctrl+G将裤子群组在一起，形成一个完整的裤子(图3-17)。

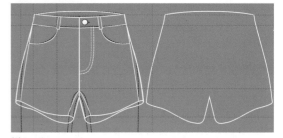

图3-17

步骤7 绘制后片：按F5切换到手绘工具✍，绘制腰头与后分割线，利用矩形工具▢绘制后片左边裤片的裤袢与口袋，旋转至所需要的位置，再将左片的内部造型复制并镜像过去即可绘制右边裤片。利用选择工具▸框选整个后片，Ctrl+G群组(图3-18)。

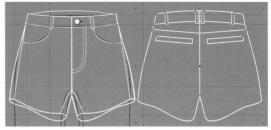

图3-18

任务2 长、短裤拓展设计元素

2.1 廓形及分割线(图3-19~图3-20)

图3-19

1)廓形变化：裤子的廓形主要分为A形、H形、O形、X形、锥形等，可以通过设置臀围、膝围和脚口的大小，设置辅助线，利用形状工具◂调节侧缝与脚口，达到裤子所需的造型(图3-21~图3-24)。

2)分割线的变化：分割线的变化可以根据人体的曲线进行设计，利用手绘工具✍或者贝塞尔工具✐，结合形状工具◂调整曲线，可以得到不同的分割线造型(图3-25~图3-28)。

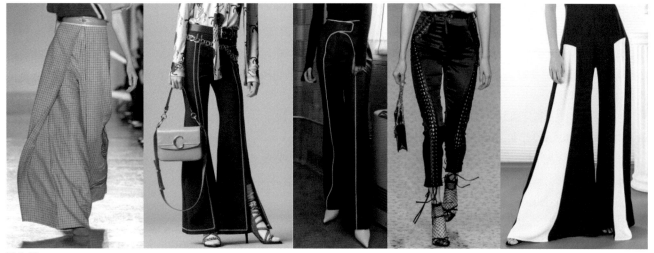

图 3-20

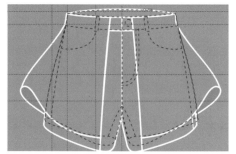

图 3-21

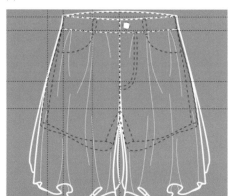

图 3-22

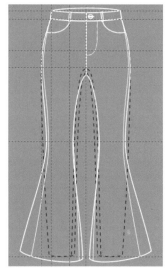

图 3-23

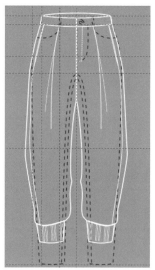

图 3-24

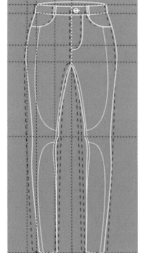

图 3-25

图 3-26

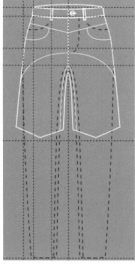

图 3-27

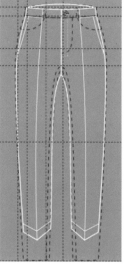

图 3-28

47

3) 长裤廓形、分割线元素拓展设计范例绘制步骤（图3-29）：

步骤1 设置图纸、线条，在原型基础上绘制外框：设置图纸为A4，图纸方向为竖向摆放，绘图单位为cm，绘图比例为1:5，设置原点，根据款式将长度辅助线进行相应的移动。选择矩形工具 □，设置线条粗细为1.5mm，并右键单击颜色设置线条的颜色（白色），并在长裤原型的基础上绘制如图3-30所示的裤子直线框图，然后将其转换为曲线 ↻（快捷方法：直接复制长裤原型进行修改）。

步骤2 绘制半边裤片造型：在裤子外框基础上，在合适的位置点击右键添加节点 ⬚，然后利用到曲线工具 ↖ 将裤片调整成符合人体曲线的外型（图3-31）。

步骤3 刻画前裤片内部细节：综合使用钢笔工具 ⬚、矩形工具 □ 及3点曲线工具 ⬚，绘制腰头、口袋、裆和裤袢（图3-32）。

步骤4 镜像裤片：选择右裤片复制粘贴，将复制出来的新裤片进行水平镜像 ⬚，放在合适的位置完成裤子的大体造型（图3-33）。

步骤5 绘制腰口、门襟：选择钢笔工具 ⬚，绘制腰口、门襟、脚口明线的形状，并完成猫须效果表现（图3-34）。

步骤6 绘制背面款式图：选择前片款式图，复制粘贴一个新的款式图，调整修改成后片款式造型（图3-35）。

步骤7 填充颜色：选择颜色工具 ⬚，在颜色泊坞窗中选择需要的颜色进行填充，将前后款式图轮廓线修改成黑色，内部分区域填充为不同颜色（图3-36）（左键单击调色板颜色为内部填充色，右键单击调色板颜色为边框填充色）。

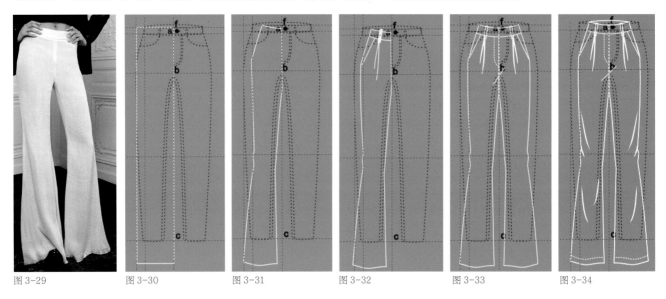

图 3-29　　图 3-30　　图 3-31　　图 3-32　　图 3-33　　图 3-34

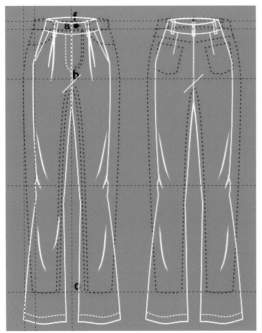

图 3-35　　图 3-36

48

2.2 腰头与腰带（图3-37）

图3-37

1）腰头与腰带元素：裤子的腰头有连腰和装腰两种，装腰变化有窄腰、宽腰、高腰、齐腰、低腰等。裤子的腰带指束在腰上的金属、皮革、编织等各种带子，现已成为一种时尚，已经延展到实用性之外的时尚搭配，点缀的意义也日益凸显，有宽板腰带、缠绕腰带、链子腰带等（图3-38~图3-43）。

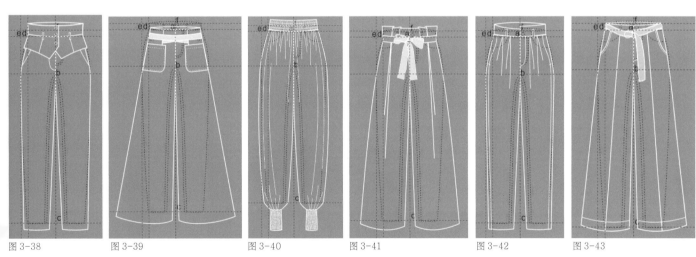

图3-38   图3-39   图3-40   图3-41   图3-42   图3-43

2）腰头、腰带变化元素拓展设计范例绘制步骤（图3-44）：

步骤1 设置图纸、线条，在原型基础上绘制外框：设置图纸为A4，图纸方向为竖向摆放，绘图单位为cm，绘图比例为1:5，设置原点，根据款式将长度辅助线进行相应的移动。选择矩形工具▢，设置线条粗细为1.5mm，右键单击颜色设置线条的颜色（白色），并在长裤原型的基础上绘制如图3-45所示的裤子直线框图，然后将其转换为曲线↻（快捷方法：直接复制短裤原型进行修改）。

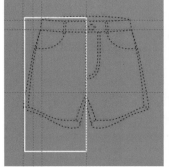
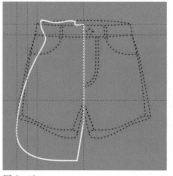
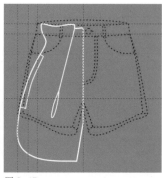

图 3-44　　　　　　　图 3-45　　　　　　　图 3-46　　　　　　　图 3-47

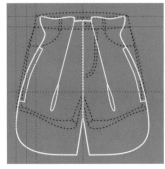
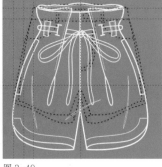
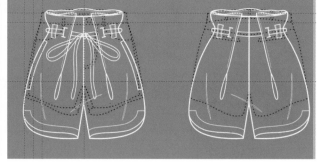

图 3-48　　　　　　　图 3-49　　　　　　　图 3-50

步骤2 绘制半边裤片造型：在裤子外框基础上，在合适的位置点击右键添加节点 ，然后利用到曲线工具 将图型将裤片调整成符合人体曲线的外型（图3-46）。

步骤3 刻画前裤片内部细节：综合使用钢笔工具 、矩形工具 及3点曲线工具 ，绘制腰头、口袋、裥（图3-47）。

步骤4 镜像裤片：选择右裤片复制粘贴，将复制出来的新裤片进行水平镜像 ，并放在合适的位置完成裤子的大体造型（图3-48）。

步骤5 绘制腰口、门襟：选择钢笔工具 ，绘制腰口、腰带、裤裥及脚口明线的形状（图3-49）。

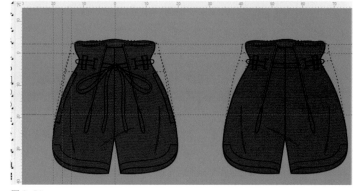

图 3-51

步骤6 绘制背面款式图：选择前片款式图，复制粘贴一个新的款式图，调整修改成为后片款式造型（图3-50）。

步骤7 填充颜色：选择颜色工具 ，在颜色泊坞窗中选择需要的颜色进行填充，将前后款式图轮廓线修改成黑色，内部分区域填充为不同颜色（图3-51）（左键单击调色板颜色为内部填充色，右键单击调色板颜色为边框填充色）。

2.3 口袋、脚口等其他形式（图3-52~图3-53）

图 3-52

图 3-53

1）口袋、脚口变化元素：

　　裤子的口袋一般有插袋（直插袋、斜插袋）、挖袋（单嵌线挖袋、双嵌线挖袋、斜挖袋、装袋盖挖袋）、暗口袋、贴袋（明贴袋、暗贴袋）等类型。

　　裤子的脚口大小变化可改变裤子的造型，如脚口小的锥形裤，脚口适中的直筒裤，脚口微大的喇叭裤，脚口超大的阔腿裤等。在脚口上可通过分割、省道、褶裥做一些结构处理，还可通过一些花边、拼接进行装饰（图3-54~图3-59）。

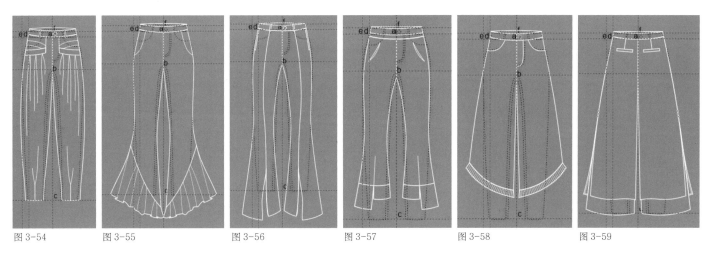

| 图 3-54 | 图 3-55 | 图 3-56 | 图 3-57 | 图 3-58 | 图 3-59 |

2）口袋、脚口变化元素拓展设计范例绘制步骤（图3-60）：

　　步骤1 设置图纸、线条，在原型基础上绘制外框：设置图纸为A4，图纸方向为竖向摆放，绘图单位为cm，绘图比例为1:5，设置原点，根据款式将长度辅助线进行相应的移动。选择矩形工具口，设置线条粗细为1.5mm，右键单击颜色设置线条的颜色（白色），并在长裤原型的基础上绘制如图3-61所示的裤子直线框图，然后将其转换为曲线 ↻（快捷方法：直接复制短裤原型进行修改）。

图 3-60

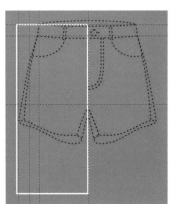

图 3-61

步骤2 绘制半边裤片造型：在裤子外框基础上，在合适的位置点击右键添加节点 ，然后利用到曲线工具 将裤片调整成符合人体曲线的外型（图3-62~图3-63）。

步骤3 刻画前裤片内部细节：综合使用钢笔工具 、矩形工具 和3点曲线工具 ，绘制腰头、口袋和褶（图3-64）。

步骤4 镜像裤片：选择右裤片复制粘贴，将复制出来的新裤片进行水平镜像 ，并放在合适的位置，完成裤子的大体造型。同时在内部补充做一些褶的表现（图3-65）。

步骤5 绘制背面款式图：选择前片款式图，复制粘贴一个新的款式图，进行调整修改成为后片款式造型（图3-66）。

步骤6 填充颜色：选择颜色工具 ，在颜色泊坞窗中选择需要的颜色进行填充，将前后款式图轮廓线修改成黑色，内部分区域填充为不同颜色（图3-67）（左键单击调色板颜色为内部填充色，右键单击调色板颜色为边框填充色）

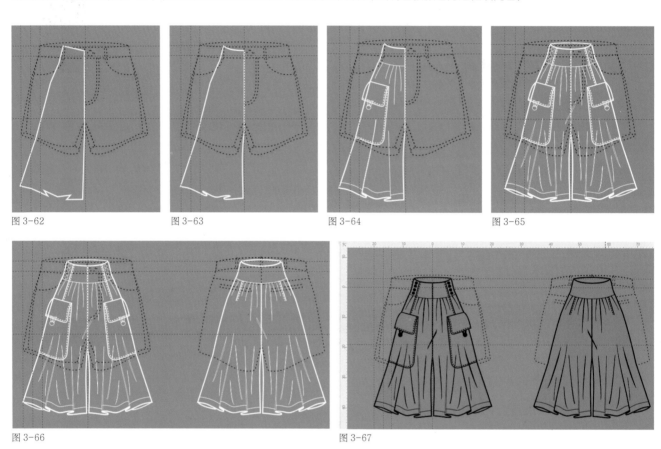

图3-62   图3-63   图3-64   图3-65

图3-66   图3-67

任务3 长、短裤以分割线元素进行系列拓展设计（图3-68~图3-75）

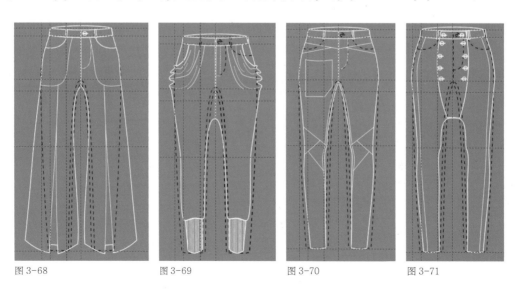

图3-68   图3-69   图3-70   图3-71

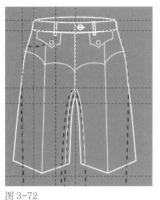
图 3-72

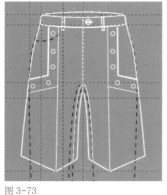
图 3-73

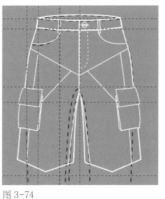
图 3-74

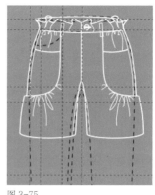
图 3-75

任务4 长、短裤综合设计实例

4.1 微喇牛仔长裤

款式概述: 微喇合体长裤, 脚口拼接前长后短波浪边, 低腰, 前挖袋后贴袋(图3-76)。

图 3-76

步骤1 设置图纸、线条, 在原型基础上绘制外框: 设置图纸为A4, 图纸方向为竖向摆放, 绘图单位为cm, 绘图比例为1:5, 设置原点, 根据款式将长度辅助线进行相应的移动。选择矩形工具□, 设置线条粗细为1.5mm, 右键单击颜色设置线条的颜色(白色), 并在长裤原型的基础上绘制如图3-77所示的裤子直线框图, 然后将其转换为曲线⟳(快捷方法: 直接复制长裤原型进行修改)。

步骤2 绘制半边裤片造型: 在裤子外框基础上, 在合适的位置点击右键添加节点⊞, 然后利用到曲线工具✎将裤片调整成符合人体曲线的外型(图3-78~图3-79)。

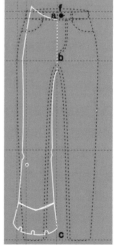

图 3-77   图 3-78   图 3-79

步骤3 镜像裤片并刻画内部细节：选择右裤片复制粘贴，将复制出来的新裤片进行水平镜像 ，并放在合适的位置，完成裤子的大体造型。综合使用钢笔工具 、矩形工具□及3点曲线工具 ，绘制腰头、口袋、裤衬及脚口拼接（图3-80~图3-81）。

步骤4 绘制背面款式图：选择前片款式图，复制粘贴一个新的款式图，调整修改成为后片款式造型（图3-82）。

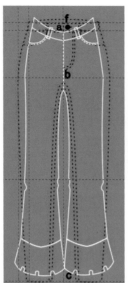

图3-80

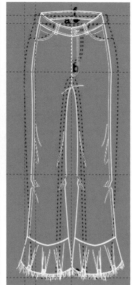

图3-81

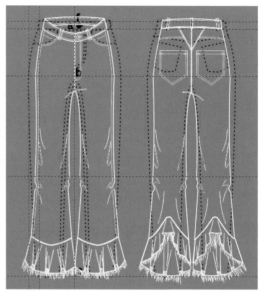

图3-82

步骤5 填充颜色：选择颜色工具 ，在颜色泊坞窗中选择需要的颜色进行填充，将前后款式图轮廓线修改成黑色，内部分区域填充为不同颜色（图3-83）（左键单击调色板颜色为内部填充色，右键单击调色板颜色为边框填充色）。

4.2 O型长裤

款式概述：前后左右片居中各有一个大活褶，脚口收紧，呈O型（图3-84）。

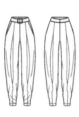

图3-84

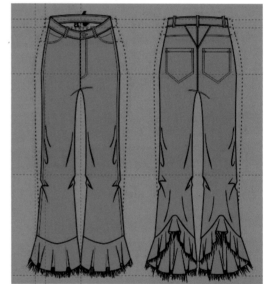

图3-83

步骤1 设置图纸、线条，在原型基础上绘制外框：设置图纸为A4，图纸方向为竖向摆放，绘图单位为cm，绘图比例为1:5，设置原点，根据款式将长度辅助线进行相应的移动。选择矩形工具□，设置线条粗细为1.5mm，右键单击颜色设置线条的颜色（白色），并在长裤原型的基础上绘制如图3-85所示的裤子直线框图，然后将其转换为曲线 （快捷方法：直接复制长裤原型进行修改）。

步骤2 绘制半边裤片造型：在裤子外框基础上，在合适的位置点击右键添加节点 ，然后利用到曲线工具 将裤片调整成符合人体曲线的外型（图3-86）。

步骤3 刻画前裤片内部细节：综合使用钢笔工具 、矩形工具□及3点曲线工具 ，绘制腰头、口袋、褶和脚口（图3-87~图3-88）。

步骤4 镜像裤片：选择右裤片复制粘贴，将复制出来的新裤片进行水平镜像 ，并放在合适的位置，完成裤子的大体造型（图3-89）。

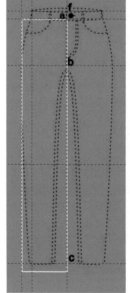

图3-85

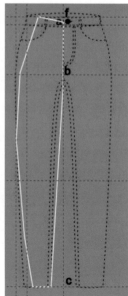

图3-86

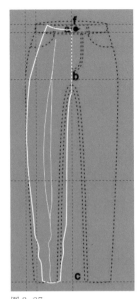
图 3-87

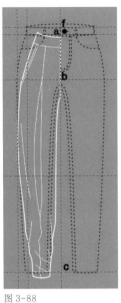
图 3-88

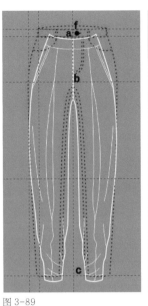
图 3-89

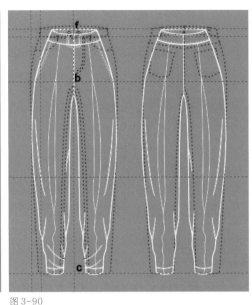
图 3-90

步骤5 绘制背面款式图: 选择前片款式图, 复制粘贴一个新的款式图, 调整修改成为后片款式造型(图3-90)。

步骤6 填充颜色: 选择颜色工具 ▦, 在颜色泊坞窗中选择需要的颜色进行填充, 将前后款式图轮廓线修改成黑色, 内部分区域填充为不同颜色(图3-91)(左键单击调色板颜色为内部填充色, 右键单击调色板颜色为边框填充色)。

4.3 休闲马裤

款式概述: 腰部收褶, 臀部较宽松, 脚口收紧并装有扣袢, 侧边左右各一贴袋(图3-92)。

步骤1 设置图纸、线条, 在原型基础上绘制外框: 设置图纸为A4, 图纸方向为竖向摆放, 绘图单位为cm, 绘图比例为1:5, 设置原点, 根据款式将长度辅助线进行相应的移动。选择矩形工具▢, 设置线条粗细为1.5mm, 右键单击颜色设置线条的颜色(白色), 并在长裤原型的基础上绘制如图3-93所

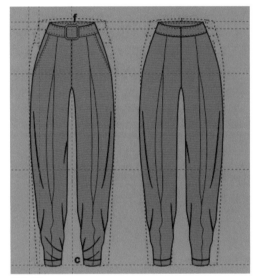
图 3-91

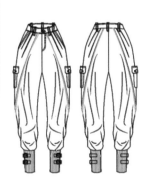
图 3-92

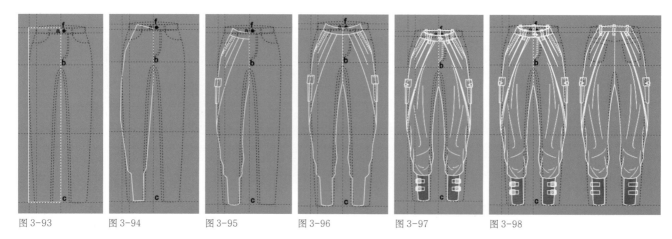

图 3-93　　　　　图 3-94　　　　　图 3-95　　　　　图 3-96　　　　　图 3-97　　　　　图 3-98

示的裤子直线框图,然后将其转换为曲线 ↻(快捷方法:直接复制长裤原型进行修改)。

步骤2 绘制半边裤片造型:在裤子外框基础上,在合适的位置点击右键添加节点 ⬚,然后利用到曲线工具 ↖ 将裤片调整成符合人体曲线的外型(图3-94)。

步骤3 刻画前裤片内部细节:综合使用钢笔工具 ✒、矩形工具 ☐ 及3点曲线工具 ⌐,绘制腰头、口袋、裥及脚口(图3-95)。

步骤4 镜像裤片:选择右裤片复制粘贴,将复制出来的新裤片进行水平镜像 ⬄,并放在合适的位置,完成裤子的大体造型(图3-96)。

步骤5 绘制腰口、门襟:选择钢笔工具 ✒,绘制腰口、门襟、脚口扣袢和松紧效果,并表现裤片的宽松效果(图3-97)。

步骤6 绘制背面款式图:选择前片款式图,复制粘贴(选择前片,按住Ctrl拖动控制点到合适的位置按右键确定)一个新的款式图,调整修改成为后片款式造型(图3-98)。

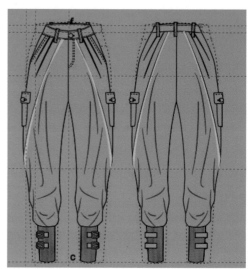

图 3-99

步骤7 填充颜色:选择颜色工具 ☷,在颜色泊坞窗中选择需要的颜色进行填充,将前后款式图轮廓线修改成黑色,内部分区域填充为不同颜色(图3-99)(左键单击调色板颜色为内部填充色,右键单击调色板颜色为边框填充色)。

4.4 紧身锥形裤

款式概述:弹力面料,贴体紧身裤,侧边左右各设计一个斜向开袋(图3-100)。

图 3-100

56

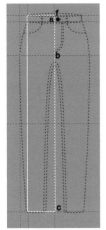

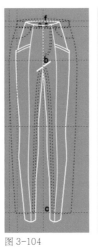
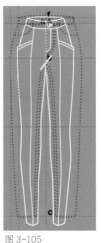
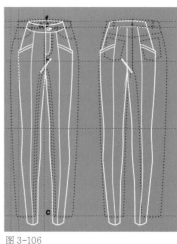

图 3-101　　　　图 3-102　　　　图 3-103　　　　图 3-104　　　　图 3-105　　　　图 3-106

步骤1 设置图纸、线条，在原型基础上绘制外框：设置图纸为A4，图纸方向为竖向摆放，绘图单位为cm，绘图比例为1:5，设置原点，根据款式将长度辅助线进行相应的移动。选择矩形工具口，设置线条粗细为1.5mm，右键单击颜色设置线条的颜色（白色），并在长裤原型的基础上绘制如图3-101所示的裤子直线框图，然后将其转换为曲线 （快捷方法：直接复制长裤原型进行修改）。

步骤2 绘制半边裤片造型：在裤子外框基础上，在合适的位置点击右键添加节点，然后利用到曲线工具 将裤片调整成符合人体曲线的外型（图3-102）。

步骤3 刻画前裤片内部细节：综合使用钢笔工具、矩形工具口及3点曲线工具，绘制腰头、口袋和分割线造型（图3-103）。

步骤4 镜像裤片：选择右裤片复制粘贴，将复制出来的新裤片进行水平镜像，并放在合适的位置，完成裤子的大体造型（图3-104～图3-105）。

步骤5 绘制背面款式图：选择前片款式图，复制粘贴（选择前片，按住Ctrl拖动控制点到合适的位置按右键确定）一个新的款式图，调整修改成为后片款式造型（图3-106）。

步骤6 填充颜色：选择颜色工具，在颜色泊坞窗中选择需要的颜色进行填充，将前后款式图轮廓线修改成黑色，内部分区域填充为不同颜色（图3-107）（左键单击调色板颜色为内部填充色，右键单击调色板颜色为边框填充色）。

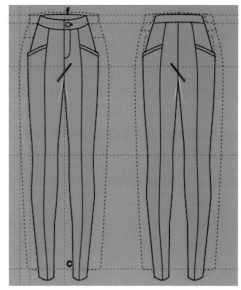

图 3-107

4.5 合体小脚裤

款式概述：合体型长裤，腰部造型独特，利用口袋分割线设置一排扣子，既美观又实用（图3-108）。

图 3-108

  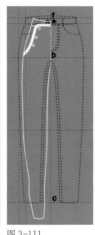 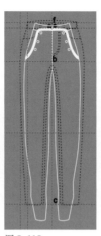 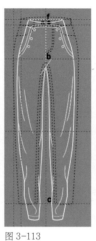 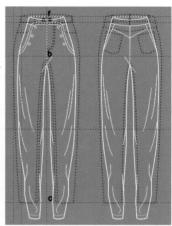

图 3-109　　　　图 3-110　　　　图 3-111　　　　图 3-112　　　　图 3-113　　　　图 3-114

步骤1 设置图纸、线条，在原型基础上绘制外框：设置图纸为A4，图纸方向为竖向摆放，绘图单位为cm，绘图比例为1:5，设置原点，根据款式将长度辅助线进行相应的移动。选择矩形工具□，设置线条粗细为1.5mm，右键单击颜色设置线条的颜色（白色），并在长裤原型的基础上绘制如图3-109所示的裤子直线框图，然后将其转换为曲线 ↻（快捷方法：直接复制长裤原型进行修改）。

步骤2 绘制半边裤片造型：在裤子外框基础上，在合适的位置点击右键添加节点 ，然后利用到曲线工具 将裤片调整成符合人体曲线的外型（图3-110）。

步骤3 刻画前裤片内部细节：综合使用钢笔工具、矩形工具□、椭圆形工具○及3点曲线工具 ，绘制腰头、口袋和扣子（图3-111）。

步骤4 镜像裤片：选择右裤片复制粘贴，将复制出来的新裤片进行水平镜像 ，并放在合适的位置，完成裤子的大体造型（图3-112）。

步骤5 绘制腰口、门襟：选择钢笔工具，绘制腰口、脚口明线，并完成裤子效果表现（图3-113）。

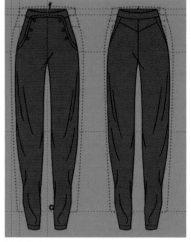

图 3-115

步骤6 绘制背面款式图：选择前片款式图，复制粘贴（选择前片，按住Ctrl拖动控制点到合适的位置按右键确定）一个新的款式图，调整修改成为后片款式造型（图3-114）。

步骤7 填充颜色：选择颜色工具 ，在颜色泊坞窗中选择需要的颜色进行填充，将前后款式图轮廓线修改成黑色，内部分区域填充为不同颜色（图3-115）（左键单击调色板颜色为内部填充色，右键单击调色板颜色为边框填充色）。

4.6 高腰阔腿裤

款式概述：高腰，腰部收细褶，腰头上口向外扩展，脚口较大（图3-116）。

   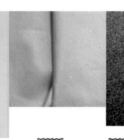 

图 3-116

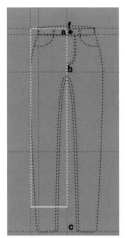
图 3-117

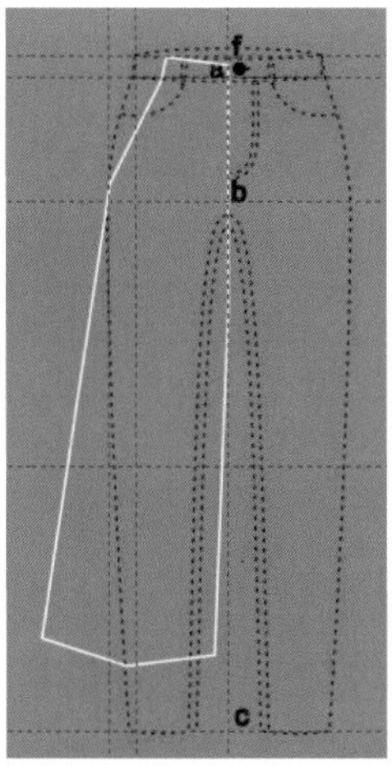

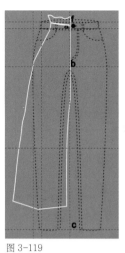
图 3-118

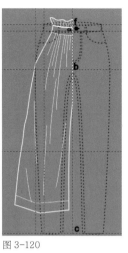
图 3-119

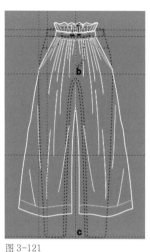
图 3-120

图 3-121

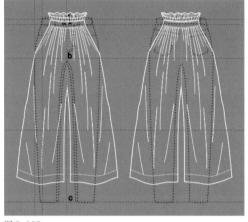
图 3-122

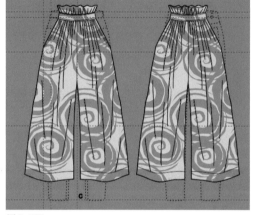
图 3-123

步骤1 设置图纸、线条，在原型基础上绘制外框：设置图纸为A4，图纸方向为竖向摆放，绘图单位为cm，绘图比例为1:5，设置原点，根据款式将长度辅助线进行相应的移动。选择矩形工具口，设置线条粗细为1.5mm，右键单击颜色设置线条的颜色（白色），并在长裤原型的基础上绘制如图3-117所示的裤子直线框图，然后将其转换为曲线 ⟳（快捷方法：直接复制长裤原型进行修改）。

步骤2 绘制半边裤片造型：在裤子外框基础上，在合适的位置点击右键添加节点 ，然后利用到曲线工具 将裤片调整成符合人体曲线的外型（图3-118）。

步骤3 刻画前裤片内部细节：综合使用钢笔工具、矩形工具口及3点曲线工具，绘制腰头、细褶和脚口（图3-119~图3-120）。

步骤4 镜像裤片：选择右裤片复制粘贴，将复制出来的新裤片进行水平镜像 ，并放在合适的位置，完成裤子的大体造型（图3-121）。

步骤5 绘制背面款式图：选择前片款式图，复制粘贴（选择前片，按住Ctrl拖动控制点到合适的位置按右键确定）一个新的款式图，调整修改成为后片款式造型（图3-122）。

步骤6 填充颜色：选择颜色工具 ，在颜色泊坞窗中选择需要的颜色进行填充，将前后款式图轮廓线修改成黑色，内部用交互式填充 中的位图图样填充 ，填充合适的图案（图3-123）（左键单击调色板颜色为内部填充色，右键单击调色板颜色为边框填充色）。

4.7 假两件裤子

款式概述：内紧外松假两件裤子，外裤为中长阔腿裤（图3-124）。

步骤1 设置图纸、线条，在原型基础上绘制外框：设置图纸为A4，图纸方向为竖向摆放，绘图单位为cm，绘图比例为1:5，设置原点，根据款式将长度辅助线进行相应的移动。选择矩形工具口，设置线条粗细为1.5mm，右键单击颜色设置线条的颜色（白色），并在长裤原型的基础上绘制如图3-125所示的裤子直线框图，然后将其转换为曲线 ⟳（快捷方法：直接复制长裤原型进行修改）。

步骤2 绘制半边裤片造型：在裤子外框基础上，在合适的位置点击右键添加节点 ，然后利用到曲线工具 将裤片调整成符合人体曲线的外型（图3-126）。

步骤3 刻画前裤片内部细节：综合使用钢笔工具、矩形工具口及3点曲线工具，绘制腰头、口袋、脚口以及里面紧身裤的造型（图3-127~图3-128）。

图 3-124

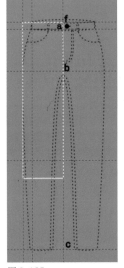

图 3-125

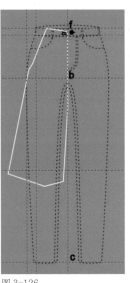

图 3-126

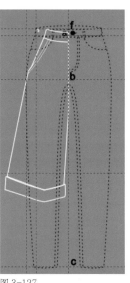

图 3-127

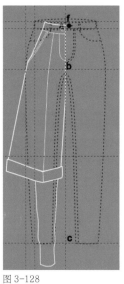

图 3-128

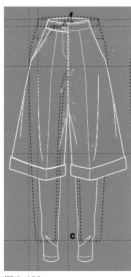

图 3-129

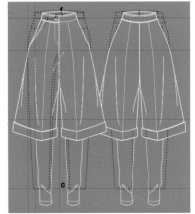

图 3-130

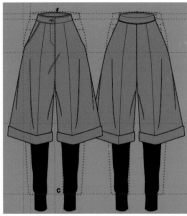

图 3-131

步骤4 镜像裤片：选择右裤片复制粘贴，将复制出来的新裤片进行水平镜像，并放在合适的位置，完成裤子的大体造型（图3-129）。

步骤5 绘制背面款式图：选择前片款式图，复制粘贴（选择前片，按住Ctrl拖动控制点到合适的位置按右键确定）一个新的款式图，调整修改成为后片款式造型（图3-130）。

步骤6 填充颜色：选择颜色工具，在颜色泊坞窗中选择需要的颜色进行填充，将前后款式图轮廓线修改成黑色，内部分区域填充为不同颜色（图3-131）（左键单击调色板颜色为内部填充色，右键单击调色板颜色为边框填充色）。

4.8 竖向分割阔腿裤

款式概述：腰部合体，裤型宽松，前后片的左右利用分割线设计较大的活褶（图3-132）。

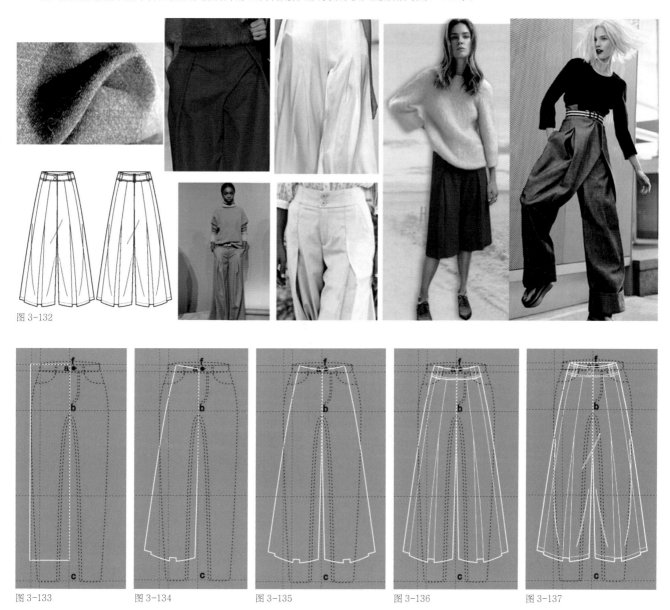

图 3-132

图 3-133　　　图 3-134　　　图 3-135　　　图 3-136　　　图 3-137

步骤1 设置图纸、线条，在原型基础上绘制外框：设置图纸为A4，图纸方向为竖向摆放，绘图单位为cm，绘图比例为1:5，设置原点，根据款式将长度辅助线进行相应的移动。选择矩形工具▢，设置线条粗细为1.5mm，右键单击颜色设置线条的颜色（白色），并在长裤原型的基础上绘制如图3-133所示的裤子直线框图，然后将其转换为曲线 ↻（快捷方法：直接复制长裤原型进行修改）。

步骤2 绘制半边裤片造型：在裤子外框基础上，在合适的位置点击右键添加节点 ▱，然后利用到曲线工具 ↳ 将裤片调整成符合人体曲线的外型（图3-134）。

步骤3 镜像裤片：选择右裤片复制粘贴，将复制出来的新裤片进行水平镜像 ◖◗，并放在合适的位置，完成裤子的大体造型（图3-135）。

步骤4 刻画内部细节：综合使用钢笔工具▨、矩形工具▢及3点曲线工具 ⌒，绘制腰头、分割线、褶裥及脚口造型（图3-136~图3-137）。

步骤5 绘制背面款式图：选择前片款式图，复制粘贴（选择前片，按住Ctrl拖动控制点到合适的位置按右键确定）一个新的款式图，调整修改成为后片款式造型（图3-138）。

步骤6 填充颜色：选择颜色工具 ▦，在颜色泊坞窗中选择需要的颜色进行填充，将前后款式图轮廓线修改成黑色，内部分区域填充为不同颜色（图3-139）（左键单击调色板颜色为内部填充色，右键单击调色板颜色为边框填充色）。

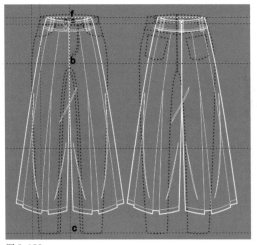

图 3-138

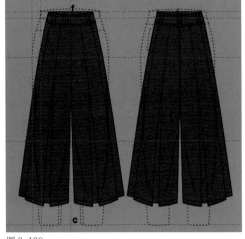

图 3-139

4.9 裙子式短裤

款式概述: 适身型短裤, 短裤外加装饰性裙子造型 (图3-140)。

图 3-140

步骤1 设置图纸、线条, 在原型基础上绘制外框: 设置图纸为A4, 图纸方向为竖向摆放, 绘图单位为cm, 绘图比例为1:5, 设置原点, 根据款式将长度辅助线进行相应的移动。选择矩形工具口, 设置线条粗细为1.5mm, 右键单击颜色设置线条的颜色(白色), 并在短裤原型的基础上绘制如图3-141所示的裤子直线框图, 然后将其转换为曲线 🗘 (快捷方法: 直接复制短裤原型进行修改)。

步骤2 绘制半边裤片造型: 在裤子外框基础上, 在合适的位置点击右键添加节点 👓, 然后利用到曲线工具 ↳ 将裤片调整成符合人体曲线的外型 (图3-142)。

步骤3 刻画前裤片内部细节: 综合使用钢笔工具 🖊、矩形工具口, 绘制口袋、脚口 (图3-143)。

步骤4 镜像裤片: 完成裤子绘制: 选择右裤片复制粘贴, 将复制出来的新裤片进行水平镜像 🔁, 并放在合适的位置, 完成裤子的大体造型, 并选择钢笔工具 🖊, 绘制腰口、门襟的形状 (图3-144~图3-145)。

步骤5 绘制外饰裙子效果: 选择矩形工具口、钢笔工具 🖊, 绘制外面裙子的造型效果 (图3-146~图3-149)。

步骤6 绘制背面款式图: 选择前片款式图, 复制粘贴(选择前片, 按住Ctrl拖动控制点到合适的位置按右键确定)一个新的款式图, 调整修改成为后片款式造型 (图3-150)。

步骤7 填充颜色: 选择颜色工具 ☰, 在颜色泊坞窗中选择需要的颜色进行填充, 将前后款式图轮廓线修改成黑色, 内部分区域填充为不同颜色 (图3-151) (左键单击调色板颜色为内部填充色, 右键单击调色板颜色为边框填充色)。

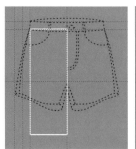
图 3-141

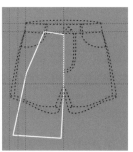
图 3-142

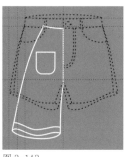
图 3-143

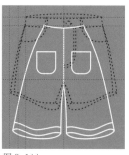
图 3-144

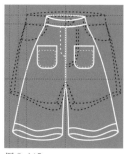
图 3-145

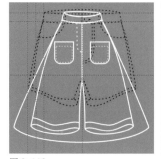
图 3-146

图 3-147

图 3-148

图 3-149

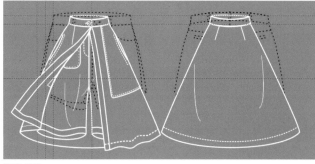
图 3-150

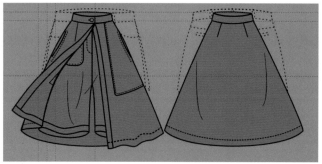
图 3-151

4.10 抹胸连体短裤

款式概述: 礼服式抹胸设计, 长及大腿超短合体连体裤, 腰部合体 (图3-152)。

图 3-152

步骤1 设置图纸、线条，在原型基础上绘制外框：设置图纸为A4，图纸方向为竖向摆放，绘图单位为cm，绘图比例为1:5，设置原点，根据款式将长度辅助线进行相应的移动。选择矩形工具口，设置线条粗细为1.5mm，右键单击颜色设置线条的颜色（白色），并在短裤原型的基础上绘制如图3-153所示的裤子直线框图，然后将其转换为曲线 ↻（快捷方法：直接复制短裤原型进行修改）。

步骤2 绘制半边裤片造型：在裤子外框基础上，在合适的位置点击右键添加节点 ⊞，然后利用到曲线工具 ↖ 将裤片调整成符合人体曲线的外型（图3-154）。

步骤3 刻画前裤片内部细节：综合使用3点曲线工具 ⅗，绘制腰省、口袋（图3-155）。

步骤4 镜像裤片：选择右裤片复制粘贴，将复制出来的新裤片进行水平镜像 ⇥，并放在合适的位置，完成裤子的大体造型，并用矩形工具口绘制左边装饰带。用3点曲线工具 ⅗ 绘制分割线、腰部细褶等（图3-156~图3-157）。

步骤5 绘制背面款式图：选择前片款式图，复制粘贴（选择前片，按住Ctrl拖动控制点到合适的位置，按右键确定）一个新的款式图，调整修改成为后片款式造型（图3-158）。

步骤6 填充颜色：选择颜色工具 ≡，在颜色泊坞窗中选择需要的颜色进行填充，将前后款式图轮廓线修改成黑色，内部分区域填充为不同颜色（图3-159）（左键单击调色板颜色为内部填充色，右键单击调色板颜色为边框填充色）。

图 3-153

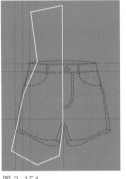
图 3-154

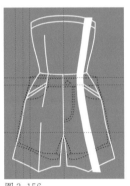
图 3-155

图 3-156

图 3-157

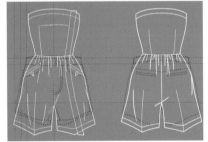

图 3-158

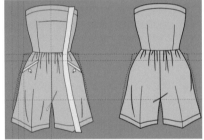
图 3-159

4.11 超短裙裤

款式概述：前面看似短裤，后面看似裙子，裙子贴边装饰，口袋造型独特（图3-160）。

图 3-160

步骤1 设置图纸、线条，在原型基础上绘制外框：设置图纸为A4，图纸方向为竖向摆放，绘图单位为cm，绘图比例为1:5，设置原点，根据款式将长度辅助线进行相应的移动。选择矩形工具□，设置线条粗细为1.5mm，右键单击颜色设置线条的颜色（白色），并在短裤原型的基础上绘制如图3-161所示的裤子直线框图，然后将其转换为曲线↻（快捷方法：直接复制短裤原型进行修改）。

步骤2 绘制半边裤片和裙片造型：在裤子外框基础上，在合适的位置点击右键添加节点📍，利用到曲线工具📐将裤片调整成符合人体曲线的外型（图3-162~图3-163）。

步骤3 镜像裤片并完成裙裤片前面绘制：选择右裤片复制粘贴，将复制出来的新裤片进行水平镜像🔁，放在合适的位置，利用钢笔工具🖋绘制口袋、裙子贴边等细节，完成前片裙裤片的造型（图3-164~图3-165）。

步骤4 绘制背面款式图：选择前片款式图，复制粘贴（选择前片，按住Ctrl拖动控制点到合适的位置按右键确定）一个新的款式图，进行调整修改成为后片款式造型（图3-166）。

步骤5 填充颜色：选择颜色工具🎨，在颜色泊坞窗中选择需要的颜色进行填充，将前后款式图轮廓线修改成黑色，内部分区域填充为不同颜色（图3-167）（左键单击调色板颜色为内部填充色，右键单击调色板颜色为边框填充色）。

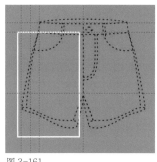
图 3-161

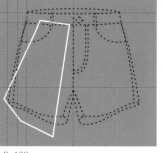
图 3-162

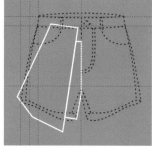
图 3-163

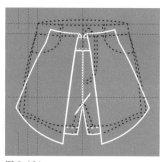
图 3-164

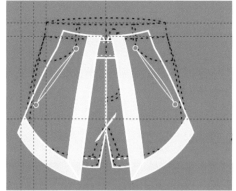
图 3-165

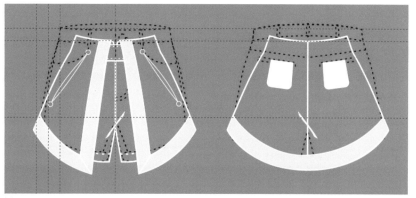
图 3-166

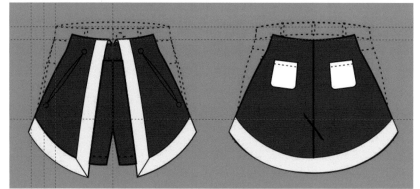
图 3-167

4.12 背心连体长裤

款式概述：背心与长裤连接成一体的连体裤，背心肩部小分割、裤腰斜襟设计（图3-168）。

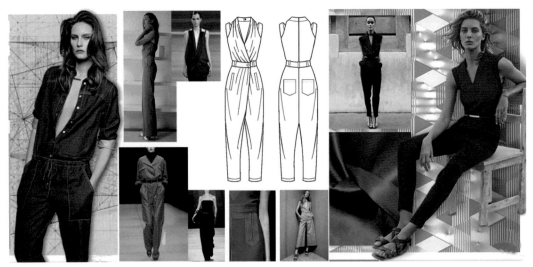

图 3-168

步骤1 设置图纸、线条，在原型基础上绘制外框：设置图纸为A4，图纸方向为竖向摆放，绘图单位为cm，绘图比例为1:5，设置原点，根据款式将长度辅助线进行相应的移动。选择矩形工具囗，设置线条粗细为1.5mm，右键单击颜色设置线条的颜色（白色），并在长裤原型的基础上绘制如图3-169所示的裤子直线框图，然后将其转换为曲线 ↺（快捷方法：直接复制长裤原型进行修改）。

步骤2 绘制半边裤片造型：在裤子外框基础上，在合适的位置点击右键添加节点 ⸬，然后利用到曲线工具 ↖ 将裤片调整成符合人体曲线的外型（图3-170）。

步骤3 镜像裤片：选择右裤片复制粘贴，将复制出来的新裤片进行水平镜像 ▣，并放在合适的位置，利用钢笔工具 ▨ 绘制肩部造型（图3-171）。

步骤4 绘制后领、口袋：综合使用矩形工具囗及3点曲线工具 ⸪、钢笔工具 ▨，绘制后领造型、左右口袋和腰褶等细节（图3-172）。

步骤5 绘制背面款式图并填充颜色：选择前片款式图，复制粘贴（选择前片，按住Ctrl拖动控制点到合适的位置按右键确定）一个新的款式图，调整修改成为后片款式造型。选择颜色工具 ▤，在颜色泊坞窗中选择需要的颜色进行填充，将前后款式图轮廓线修改成黑色，内部分区域填充为不同颜色（图3-173）（左键单击调色板颜色为内部填充色，右键单击调色板颜色为边框填充色）。

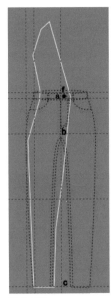 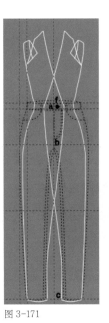 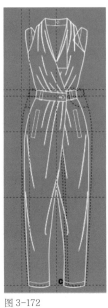 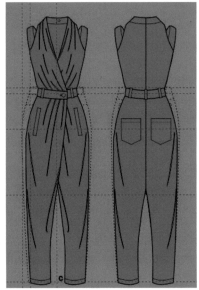

图 3-169   图 3-170   图 3-171   图 3-172   图 3-173

4.13 背带长裤

款式概述: 连体长裤、肩带设计, 胸部设计分割线, 左右各装圆贴袋一个, 裤子前片、后片左右各设计一个贴袋(图3-174)。

图 3-174

步骤1 设置图纸、线条, 在原型基础上绘制外框: 设置图纸为A4, 图纸方向为竖向摆放, 绘图单位为cm, 绘图比例为1:5, 设置原点, 根据款式将长度辅助线进行相应的移动。选择矩形工具口, 设置线条粗细为1.5mm, 右键单击颜色设置线条的颜色(白色), 并在长裤原型的基础上绘制如图3-175所示的裤子直线框图, 然后将其转换为曲线 ↻ (快捷方法: 直接复制长裤原型进行修改)。

步骤2 绘制半边裤片造型: 在裤子外框基础上, 在合适的位置点击右键添加节点 ┅, 然后利用到曲线工具 ↖ 将裤片调整成符合人体曲线的外型, 并利用矩形工具口绘制前面上衣和裤子上的贴袋(图3-176~图3-177)。

步骤3 镜像裤片并细化内部结构: 选择右裤片复制粘贴, 将复制出来的新裤片进行水平镜像 ⬕, 并放在合适的位置, 利用钢笔工具✐绘制肩带、前片分割线、腰部造型以及裤片效果(图3-178~图3-179)。

步骤4 绘制背面款式图并填充颜色: 选择前片款式图, 复制粘贴(选择前片, 按住Ctrl拖动控制点到合适的位置按右键确定)一个新的款式图, 调整修改成为后片款式造型。选择颜色工具 ⬒, 在颜色泊坞窗中选择需要的颜色进行填充, 将前后款式图轮廓线修改成黑色, 内部分区域填充为不同颜色(图3-180~图3-181)(左键单击调色板颜色为内部填充色, 右键单击调色板颜色为边框填充色)。

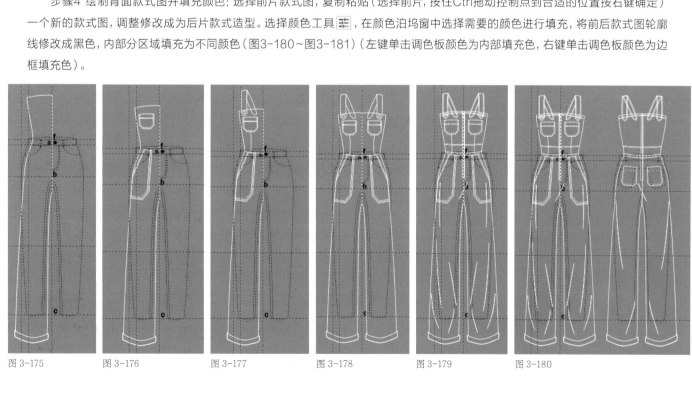

图 3-175　　　图 3-176　　　图 3-177　　　图 3-178　　　图 3-179　　　图 3-180

4.14 吊带式短裤

款式概述：四分适身短裤，腰部以上交叉式肩带设计（图3-182）。

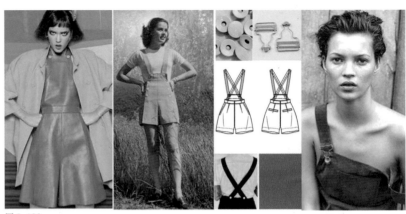

图3-182

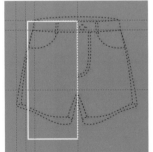

图3-181

步骤1 设置图纸、线条，在原型基础上绘制外框：设置图纸为A4，图纸方向为竖向摆放，绘图单位为cm，绘图比例为1:5，设置原点，根据款式将长度辅助线进行相应的移动。选择矩形工具口，设置线条粗细为1.5mm，右键单击颜色设置线条的颜色（白色），并在长裤原型的基础上绘制如图3-183所示的裤子直线框图，然后将其转换为曲线 C（快捷方法：直接复制长裤原型进行修改）。

步骤2 绘制半边裤片造型：在裤子外框基础上，在合适的位置点击右键添加节点 ，然后利用到曲线工具 将裤片调整成符合人体曲线的外型。并利用钢笔工具绘制腰头、侧袋和脚口造型（图3-184~图3-185）。

步骤3 镜像裤片：选择右裤片复制粘贴，将复制出来的新裤片进行水平镜像 ，并放在合适的位置完成裤子的大体造型，并利用钢笔工具绘制交叉肩带样式（图3-186~图3-187）。

步骤4 绘制背面款式图并填充颜色：选择前片款式图，复制粘贴（选择前片，按住Ctrl拖动控制点到合适的位置按右键确定）一个新的款式图，调整修改成为后片款式造型。选择颜色工具 ，在颜色泊坞窗中选择需要的颜色进行填充，将前后款式图轮廓线修改成黑色，内部分区域填充为不同颜色（图3-188~图3-189）（左键单击调色板颜色为内部填充色，右键单击调色板颜色为边框填充色）。

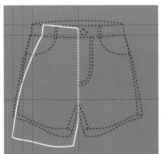

图3-183 图3-184 图3-185 图3-186

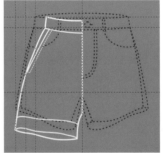

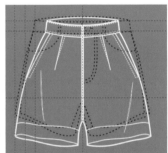

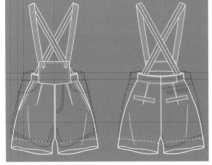

图3-187

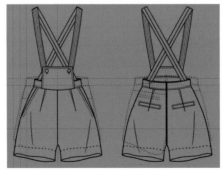

图3-188

图3-189

任务5 裤子款式课后练习（图3-190~图3-207）

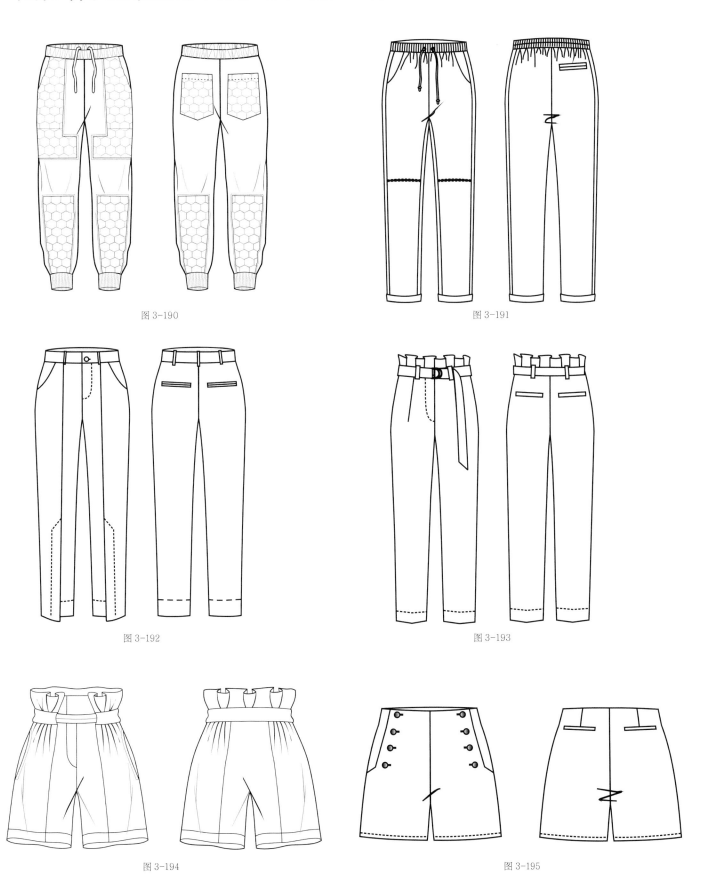

图 3-190

图 3-191

图 3-192

图 3-193

图 3-194

图 3-195

图 3-196

图 3-197

图 3-198

图 3-199

图 3-200

图 3-201

图 3-202

图 3-203

图 3-204

图 3-205

图 3-206

图 3-207

项目四　针织T恤款式设计

图 4-1

任务1　针织T恤基本原型的绘制

1.1 针织T恤的款式特点

　　针织T恤又称T形衫。起初是内衣，实际上是翻领半开领衫，后来才发展到外衣，包括针织T恤汗衫和针织T恤衬衫两个品类。

　　针织T恤所用原料很广泛，一般有棉、麻、毛、丝、化纤及其混纺织物，尤以纯棉、麻或麻棉混纺为佳，具有透气、柔软、舒适、凉爽、吸汗及散热等优点。

　　针织T恤常为针织品，近几年以机织面料制作的针织T恤成为针织T恤衫家族中的新成员，常采用罗纹领或罗纹袖、罗纹衣边，并点缀以机绣、商标，既体现服装设计的独具匠心，也使针织T恤衫别具一格，增添了服饰美。

　　针织T恤结构设计简单，款式变化通常在领口、下摆、袖口、色彩、图案、面料和造型上，还可作适当的装饰。如用英文字母、拼音字母或汉字写上某个主题或LOGO；画上斑斑点点的小碎花或几何图形；利用特殊工艺胶印、水印、丝印、热转印、拼布、染色、刺绣等进行装饰（图4-1）。

1.2 针织T恤的绘制步骤

　　步骤1 设置图纸、原点和辅助线：设置图纸为A4，图纸方向为竖向摆放，绘图单位为cm，绘图比例为1:5，再设置原点和相应的辅助线（图4-2）（设置坐标原点：将鼠标放置在横向标尺与纵向标尺的交点处，左键往工作区中拖动到合适的位置，松开鼠标，可完成坐标原点的设置）。

　　水平辅助线设置：a点为前中心点（坐标原点）；a—b的距离为肩斜（人台一般为4~5cm）；a—c的距离为袖窿深线（人台一般为21cm）；a—d为背长（人台一般为37cm）；a—e为衣长（根据款式长短进行设定），本次使用人台的号型为160/84A（图4-3）。

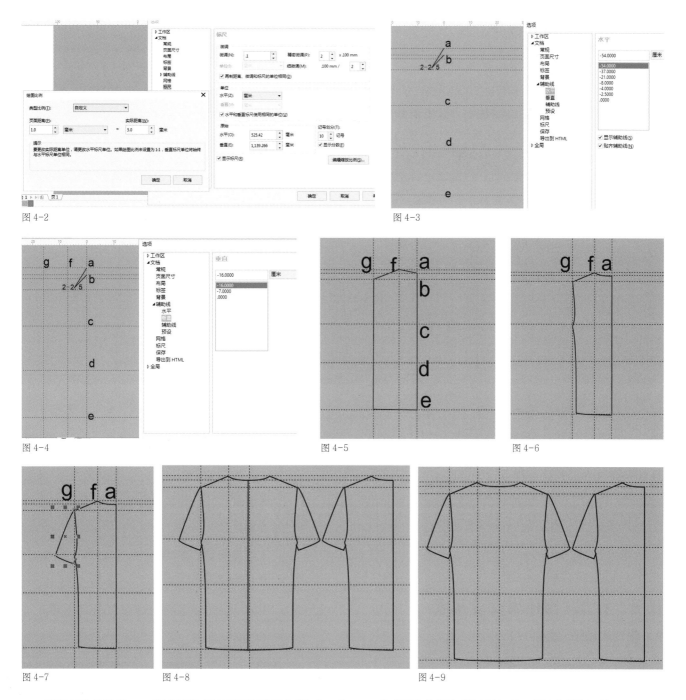

图 4-2　　　　　　　　　　　　　　　　　　　　　　　　　　图 4-3

图 4-4　　　　　　　　　　　　　　　　图 4-5　　　　　　　　　　　　　　图 4-6

图 4-7　　　　　　　　　　　图 4-8　　　　　　　　　　　图 4-9

垂直辅助线设置：a—f的距离为横开领宽即肩颈点（7~8cm）；a—g的距离为胸围宽（胸围/4~5cm厚度）（图4-4）。

步骤2 绘制后片外框：选择贝塞尔工具 ✐，设置线条粗细为1.5mm，右键单击线条的颜色，并绘制如图4-5所示的直线框图。

步骤3 调整后片轮廓：利用形状工具 ✎（快捷键F10），选择需要调整的线段，单击交互式属性栏中转化为曲线图标 ↻，将折线转换为曲线，在有需要的位置双击添加节点 ▥（胸围宽），拉动曲线的两个拉杆，根据人体造型收腰放摆，调整曲线如图4-6所示。

步骤4 绘制袖子：利用贝塞尔工具 ✐绘制袖子形状，利用形状工具 ✎进行调整（图4-7）。

步骤5 镜像：按住Shift键，利用选择工具 ▶选择多个需镜像的图形，即衣片和袖片；利用再制工具复制，单击交互式属性栏中水平镜像图标 ▥进行镜像，并移到合适的位置，左右衣片略微重叠（快捷方法：选中轮廓，将鼠标放置在左侧中间的小黑块上，鼠标变成左右箭头时，按住Ctrl键，往右边拉，同时按下鼠标右键即可完成复制与镜像）。同时再复制一个在旁边，用于绘制前片（图4-8）。

步骤6 合并后片：利用选择工具 ▶选择后片的所有图形，单击交互式属性栏中的合并工具 ⊔，将各个裁片合并在一起，形成一个完整的后片（图4-9）。

步骤7 绘制前片:使用形状工具(F10)🔧,将领圈加深,并与后片重叠(图4-10~图4-11)。

步骤8 镜像与合并:选择前片的图形,使用再制工具复制,点击交互式属性栏中的水平镜像工具🔲,并移动到合适的位置,完成镜像,同时按住Shift键,选择前片的所有图形,单击交互式属性栏中的合并工具🔲,使前片变成一个整体(图4-12~图4-13)。

步骤9 绘制领口贴边:利用手绘工具(快捷键F5)🖊,在领口处绘制直线,利用形状工具(快捷键F10)🔧选择直线,单击交互式属性栏中的到曲线工具🔧,拉动操纵杆,将线条调整成与领口弧线平行的弧线(图4-14)。

步骤10 选择后片进行复制并将其作为针织T恤的背面款式图与群组:利用选择工具▶,选择后片再复制一个放在合适的位置。分别框选前后款式图,单击交互式属性栏中的合并按钮🔲(快捷键Ctrl+L)(图4-15)。

步骤11 绘制缝行线:利用3点曲线工具🔧绘制弧线,在交互式属性栏中将线条样式设置为虚线,并使用形状工具🔧进行调整(图4-16)。

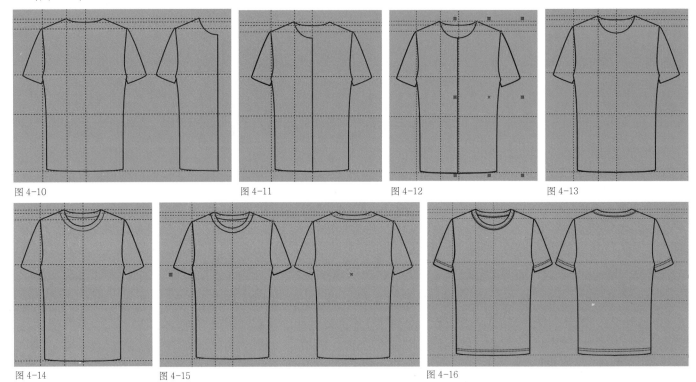

图 4-10　　　　　　　图 4-11　　　　　　　图 4-12　　　　　　　图 4-13

图 4-14　　　　　　　图 4-15　　　　　　　图 4-16

任务2 针织T恤拓展设计元素

2.1 领口和领子(图4-17)

图 4-17

1）领口变化：针织T恤较多采用无领设计，也有一字领、圆领、V领、方领、U型领、鸡心领等，在一些款式上还会采用翻领设计，如男式POLO衫、水手服等（图4-18~图4-23）。

图4-18　　　　图4-19　　　　图4-20　　　　　　图4-21　　　　图4-22　　　　图4-23

2）针织T恤领口元素拓展设计范例绘制步骤（图4-24）：

步骤1 在原型的基础上绘制后片轮廓：利用矩形工具□绘制后片半部轮廓，然后利用形状工具（快捷键F10），选择需要调整的线段，单击交互式属性栏中转化为曲线图标↻，将折线转换为曲线，在有需要的位置双击添加节点（胸围宽），拉动曲线的两个拉杆，根据人体造型收腰放摆，调整曲线如图4-25所示。

步骤2 镜像合并衣片：选择右衣片复制粘贴，将复制出来的新衣片进行水平镜像，并放在合适的位置，单击交互式属性栏中的合并工具，将左右片进行合并，成为针织T恤背面框架（图4-26）。

步骤3 绘制前衣片：选择矩形工具□，采用与绘制后片相同的方法绘制前片效果（利用形状工具，点击右键到曲线工具调整领口和底边的造型）（图4-27）。

步骤4 绘制领子、袖子：选择矩形工具□，绘制一侧袖子造型后复制粘贴到另一侧，选择钢笔工具绘制领贴造型，选择3点曲线工具绘制款式立体效果（图4-28~图4-29）。

步骤5 绘制背面效果、填充颜色：选择前片款式图，复制粘贴（选择前片，按住Ctrl拖动控制点到合适的位置按右键确定）一个新的款式图，进行顺序调整和适当修改成为后片款式造型。选择颜色工具，左键单击调色板颜色为内部填充色，右键单击黑色为轮廓填充色（图4-30~图4-31）。

图4-24

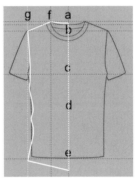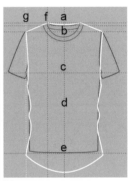

图4-25　　　　　　　图4-26

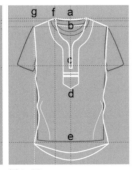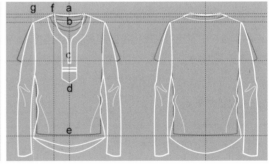

图4-27　　　　　　图4-28　　　　　　图4-29　　　　　　图4-30

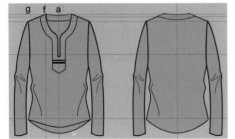

图4-31

2.2 袖子和袖口（图4-32）

1）袖子、袖口变化：针织T恤的袖子可采用无袖或者装袖。无袖可在袖口做一些工艺处理或者造型变化，如花瓣袖、蕾丝边；装袖可采用连袖、插肩袖、落肩袖、泡泡袖等袖型（图4-33~图4-38）。

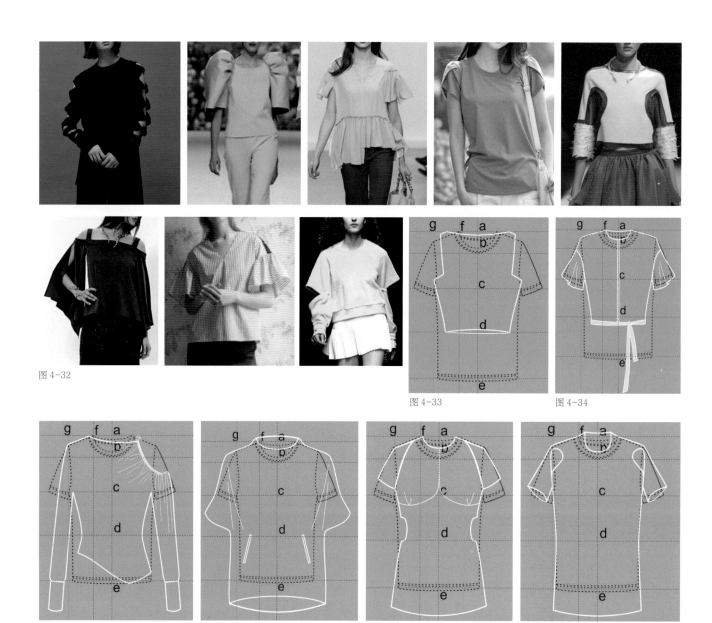

图 4-32

图 4-33　　　　　　　　图 4-34

图 4-35　　　　　　　图 4-36　　　　　　　图 4-37　　　　　　　图 4-38

2）针织T恤袖子、袖口元素拓展设计范例绘制步骤（图4-39）：

步骤1 在原型的基础上绘制后片轮廓：选择轮廓色为白色，利用矩形工具□绘制后片半部轮廓，然后利用形状工具▸（快捷键F10），选择需要调整的线段，单击交互式属性栏中转化为曲线图标↻，将折线转换为曲线，在有需要的位置双击添加节点▣（胸围宽、腰节点），根据人体造型，调整曲线如图4-40所示。

步骤2 镜像合并衣片：选择右衣片复制粘贴，将复制出来的新衣片进行水平镜像▥，并放在合适的位置，单击交互式属性栏中的合并工具▣，将左右衣片进行合并成为针织T恤背面框架（图4-41）。

步骤3 绘制前衣片：选择矩形工具□，采用与绘制后片相同的方法绘制前片效果（利用形状工具▸，点击右键到曲线工具▸调整领口造型），利用3点曲线工具▲绘制分割线（图4-42）。

步骤4 绘制领子、袖子：选择矩形工具□，绘制一侧袖子造型后复制粘贴到另一侧，选择钢笔工具▣绘制领贴和袖口贴效果（图4-43~图4-44）。

步骤5 绘制背面效果：选择前片款式图，复制粘贴（选择前片，按住Ctrl拖动控制点到合适的位置按右键确定）一个新的款式图，进行顺序调整和适当修改成为后片款式造型（图4-45）。

步骤6 填充颜色：选择颜色工具▦，左键单击调色板颜色为内部填充色，右键单击黑色为轮廓填充色（图4-46）。

图 4-39

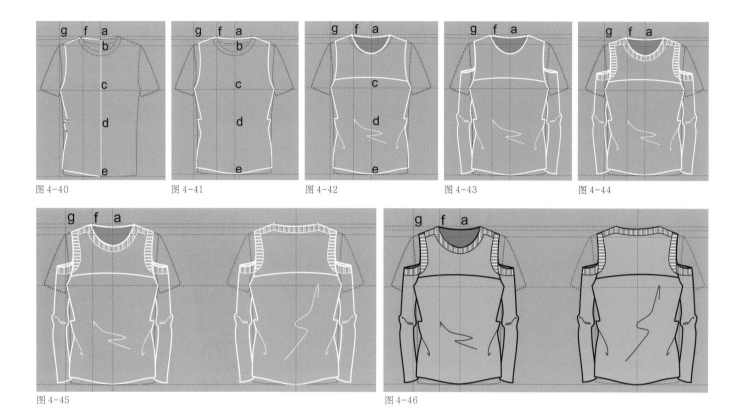

图 4-40　　　　　　　图 4-41　　　　　　　图 4-42　　　　　　　图 4-43　　　　　　　图 4-44

图 4-45　　　　　　　　　　　　　　　　　　　图 4-46

2.3 下摆（图4-47）

1）下摆变化：针织T恤在下摆变化上可以采用不对称、不规则形式及前短后长、前长后短等造型，采用拼接面料、图案绘制、镂空、文字装饰等工艺方法，还可采用褶裥变化等结构形式（图4-48～图4-54）。

图 4-47

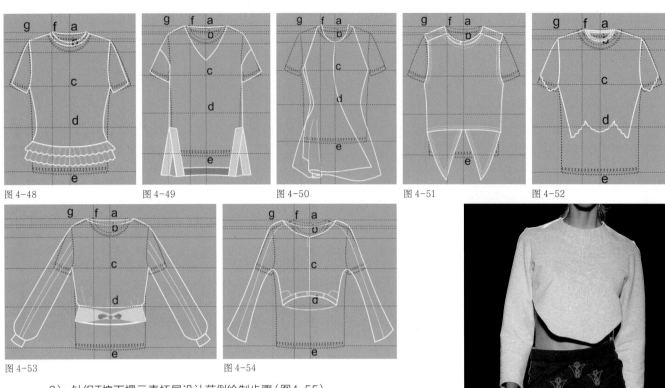

图 4-48　　　　　　图 4-49　　　　　　图 4-50　　　　　　图 4-51　　　　　　图 4-52

图 4-53　　　　　　图 4-54

图 4-55

2）针织T恤下摆元素拓展设计范例绘制步骤（图4-55）：

步骤1　在针织T恤原型的基础上绘制后片轮廓：选择轮廓色为白色，利用矩形工具口绘制后片半部轮廓，然后利用形状工具 ，（快捷键F10），选择需要调整的线段，单击交互式属性栏中转化为曲线图标 ，将折线转换为曲线，在有需要的位置双击添加节点 （胸围宽、腰节点），根据人体曲线调整好造型，然后将一侧轮廓进行水平镜像 ，利用合并工具 将两侧轮廓合并成背面框架图（图4-56）。

步骤2　绘制袖子：选择矩形工具口，绘制一侧袖子造型后复制粘贴到另一侧，选择3点曲线工具 绘制袖口贴边（图4-57）。

步骤3　绘制前衣片：选择矩形工具口，采用与绘制后片相同的方法绘制前片效果（利用形状工具 ，右键到曲线工具 调整领口和底边的造型）。然后选择3点曲线工具 绘制底边贴边（图4-58~图4-59）。

步骤4　绘制背面效果：选择前片款式图，复制粘贴（选择前片，按住Ctrl拖动控制点到合适的位置按右键确定）一个新的款式图，进行顺序调整和适当修改成为后片款式造型（图4-60）。

步骤5　填充颜色：选择颜色工具 ，左键单击调色板颜色为内部填充色，右键单击黑色为轮廓填充色（图4-61）。

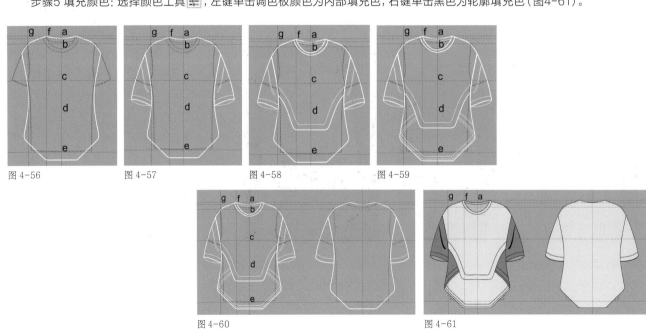

图 4-56　　　　　　图 4-57　　　　　　图 4-58　　　　　　图 4-59

图 4-60　　　　　　图 4-61

2.4 褶裥（图4-62）

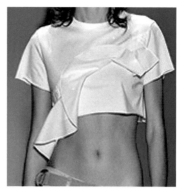

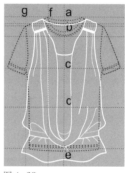

图 4-62

图 4-63　　　　　图 4-64

1）褶裥变化：针织T恤通过丰富多样的褶裥设计和变化，可使款式符合人体造型，产生风格变化，褶裥可出现在领口、肩部、腰部、下摆、前中、侧边等部位，可单一出现，也可组合，甚至堆积出现（图4-63~图4-69）。

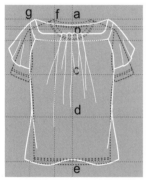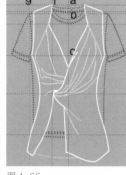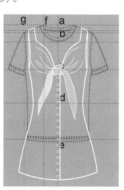

图 4-65　　　　　　图 4-66　　　　　　图 4-67

图 4-68　　　　　图 4-69

2）针织T恤褶裥元素拓展设计范例绘制步骤（图4-70）：

步骤1 在针织T恤原型的基础上绘制后片轮廓：选择轮廓色为白色，利用矩形工具口绘制后片半部轮廓，然后利用形状工具 ▼（快捷键F10），选择需要调整的线段，单击交互式属性栏中转化为曲线图标 ↻，将折线转换为曲线，在有需要的位置双击添加节点 ⊞（胸围宽、腰节点），根据人体造型，调整曲线如图4-71所示。

步骤2 镜像合并衣片：选择右衣片复制粘贴，将复制出来的新衣片进行水平镜像 ⊯，并放在合适的位置，单击交互式属性栏中的合并工具 ⊡，将左右片进行合并，并调整下摆的波浪造型成为针织T恤背面框架。选择3点曲线工具 ♣绘制胸部细褶（图4-72~图4-73）。

图 4-70

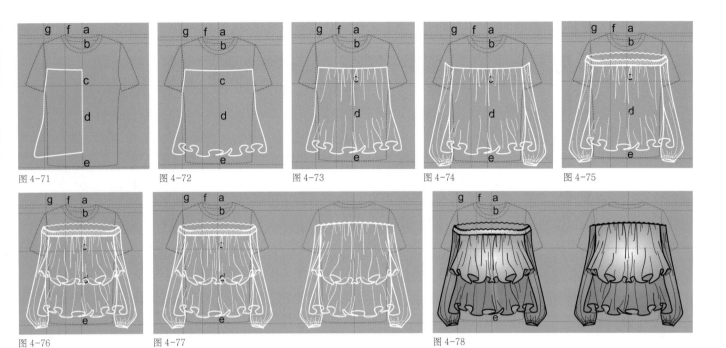

图 4-71   图 4-72   图 4-73   图 4-74   图 4-75

图 4-76   图 4-77   图 4-78

步骤3 绘制袖子：选择矩形工具口绘制一侧袖子造型后复制粘贴到另一侧选择，选择钢笔工具 绘制胸部上口贴边和袖口的造型，然后用钢笔工具 绘制衣片上层波浪的效果（为了填充颜色应为封闭的区域）（图4-74~图4-76）。

步骤4 绘制背面效果：选择前片款式图，复制粘贴（选择前片，按住Ctrl拖动控制点到合适的位置按右键确定）一个新的款式图，进行顺序调整和适当修改成为后片款式造型（图4-77）。

步骤5 填充颜色：在工具栏选择交互式填充工具 ，在弹出的属性栏中选择渐变填充 ，运用合适的颜色选择椭圆形渐变填充 形式进行填充（图4-78）。

任务3 以"褶裥"为元素的针织T恤系列拓展设计（图4-79~图4-83）

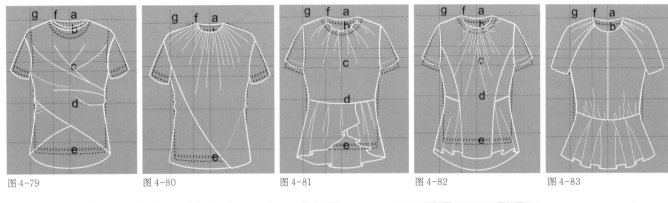

图 4-79   图 4-80   图 4-81   图 4-82   图 4-83

任务4 针织T恤综合设计实例

4.1 A型长袖T恤

款式概述：宽松型长袖T恤，A型衣身、A型袖子，衣身、袖口产生丰富的褶裥效果（图4-84）。

图 4-84

步骤1 在针织T恤原型的基础上绘制后片轮廓：选择轮廓色为白色，利用矩形工具▢绘制后片半部轮廓，然后利用形状工具▸（快捷键F10），选择需要调整的线段，单击交互式属性栏中转化为曲线图标◑，将折线转换为曲线，在有需要的位置双击添加节点▦（胸围宽、腰节点），根据人体造型，调整曲线如图4-85~图4-86所示。

步骤2 绘制一侧前片和袖子：选择矩形工具▢，绘制一侧的前片和袖子造型（（利用形状工具▸，点击右键到曲线工具调整前领口）（图4-87~图4-88）。

步骤3 镜像合并衣片：选择右衣片复制粘贴，将复制出来的新衣片进行水平镜像▥，并放在合适的位置，单击交互式属性栏中的合并工具⬒，将左右片进行合并成为针织T恤整体效果（图4-89）。

步骤4 绘制内部效果：选择钢笔工具🖊和3点曲线工具⬢绘制款式内部褶裥效果（图4-90~图4-91）。

步骤5 绘制背面效果：选择前片款式图，复制粘贴（选择前片，按住Ctrl拖动控制点到合适的位置按右键确定）一个新的款式图，进行顺序调整和适当修改成为后片款式造型（图4-92）。

步骤6 填充颜色：选择颜色工具▦，左键单击调色板颜色为内部填充色，右键单击黑色为轮廓填充色（图4-93）。

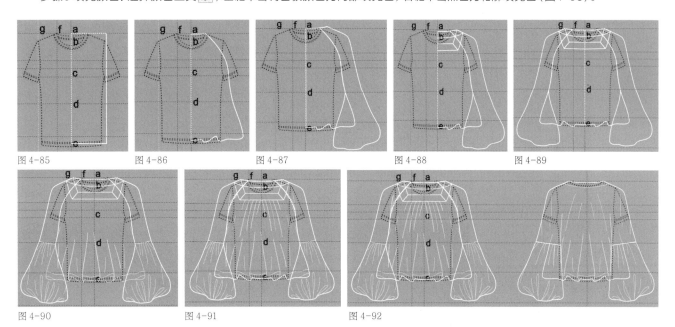

图 4-85　　　　图 4-86　　　　图 4-87　　　　图 4-88　　　　图 4-89

图 4-90　　　　图 4-91　　　　图 4-92

4.2 落肩袖卫衣

款式概述：直筒式短卫衣，落肩式袖子，项链式双层圆领（图4-94）。

步骤1 在针织T恤原型的基础上绘制后片轮廓：选择轮廓色为白色，利用矩形工具▢绘制前片和后片半部轮廓，然后利用形状工具▸（快捷键F10），选择需要调整的线段，单击交互式属性栏中转化为曲线图标◑，将折线转换为曲线，在需要的位置双击添加节点▦（胸围宽、腰节点），根据款式调整领口、下摆如图4-95~图4-96所示。

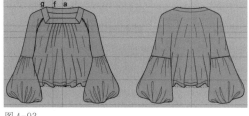

图 4-93

图 4-94

步骤2 绘制领子、袖子：选择矩形工具▢绘制一侧袖子造型，选择钢笔工具🖊绘制前后领子造型，选择3点曲线工具⬢绘制底边和袖口贴边（图4-97~图4-98）。

步骤3 镜像合并衣片：选择一侧衣片和袖子复制粘贴，将复制出来的新衣片和袖子进行水平镜像▥，并放在合适的位置，单击交互式属性栏中的合并工具⬒，将左右片进行合并成为针织T恤正面效果（图4-99~图4-100）。

步骤4 绘制背面效果、填充颜色：选择前片款式图，复制粘贴（选择前片，按住Ctrl拖动控制点到合适的位置按右键确定）一个新的款式图，进行顺序调整和适当修改成为背面款式造型（图4-101）。

步骤5 填充颜色：选择颜色工具，左键单击调色板颜色为内部填充色，右键单击黑色为轮廓填充色（图4-102）。

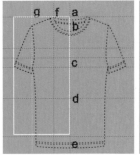
图 4-95

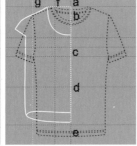
图 4-96

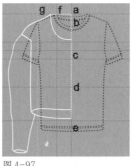
图 4-97

图 4-98

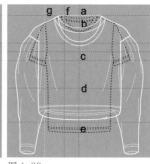
图 4-99

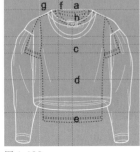
图 4-100

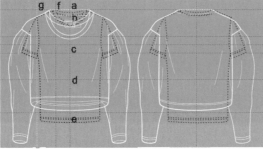
图 4-101

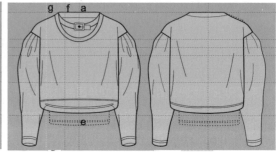
图 4-102

4.3 波浪下摆长T恤

款式概述：圆领，修身型长款T恤，腰部以下拼接，产生丰富而规则的波浪效果（图4-103）。

步骤1 在针织T恤原型的基础上绘制后片轮廓：选择轮廓色为白色，利用矩形工具口绘制后片和袖子半部轮廓，然后利用形状工具（快捷键F10），选择需要调整的线段，单击交互式属性栏中转化为曲线图标，将折线转换为曲线，在有需要的位置双击添加节点（胸围宽、腰节点），根据人体造型，调整曲线如图4-104~图4-105所示。

步骤2 绘制前衣片领口、腰部、下摆造型：选择钢笔工具绘制领口贴边，腰口花边造型，波浪底摆效果，并利用3点曲线工具绘制波浪产生的波纹效果（图4-106~图4-107）。

步骤3 镜像合并衣片：选择右衣片复制粘贴，将复制出来的

图 4-103

图 4-104

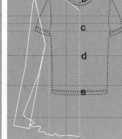
图 4-105

图 4-106

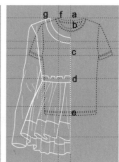
图 4-107

新衣片进行水平镜像🔧，并放在合适的位置，单击交互式属性栏中的合并工具🔧，将左右片进行合并成为正面款式整体效果（图4-108）。

步骤4 绘制背面效果：选择前片款式图，复制粘贴（选择前片，按住Ctrl拖动控制点到合适的位置按右键确定）一个新的款式图，进行顺序调整和适当修改成为背面款式造型（图4-109）。

步骤5 填充颜色：选择颜色工具📊，左键单击调色板颜色为内部填充色，右键单击黑色为轮廓填充色（图4-110）。

图 4-108

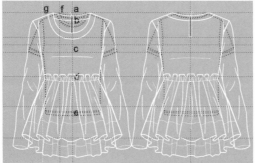
图 4-109

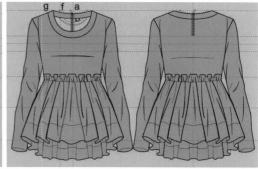
图 4-110

4.4 收腰式连袖T恤

款式概述：整体合体，腰部造型明显，连袖设计，肩部宽松，圆下摆，小立领，前中装拉链（图4-111）。

步骤1 在针织T恤原型的基础上绘制后片轮廓：选择轮廓色为白色，利用矩形工具❑绘制后片半部轮廓，然后利用形状工具✎（快捷键F10），选择需要调整的线段，单击交互式属性栏中转化为曲线图标↻，将折线转换为曲线在有需要的位置双击添加节点▣（胸围宽、腰节点），根据人体造型，调整曲线如图4-112~图4-113所示。

步骤2 绘制领子、腰祥：选择矩形工具❑，绘制一侧小立领和腰祥造型，选择钢笔工具✒绘制腰部细褶（图4-114~图4-115）。

步骤3 镜像合并衣片：选择右衣片、领子复制粘贴，将复制出来的新衣片、领子进行水平镜像🔧，并放在合适的位置，单击交互式属性栏中的合并工具🔧，将左右片进行合并完成款式效果。并利用钢笔工具✒绘制前中拉链和底边明线（图4-116~图4-117）。

步骤4 绘制背面效果：选择前片款式图，复制粘贴（选择前片，按住Ctrl拖动控制点到合适的位置按右键确定）一个新的款式图，进行顺序调整和适当修改成为背面款式造型（图4-118）。

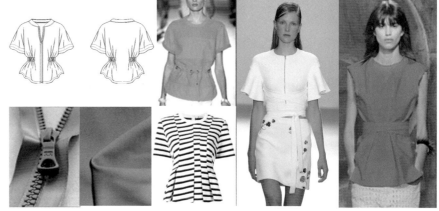
图 4-111

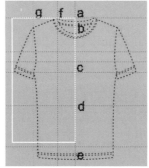
图 4-112

图 4-113

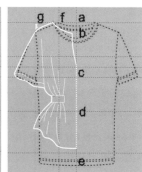
图 4-114

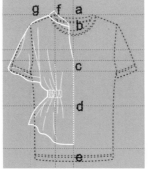
图 4-115

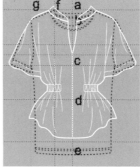
图 4-116

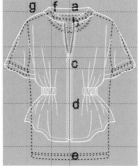
图 4-117

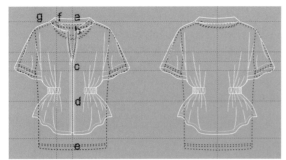

图 4-118

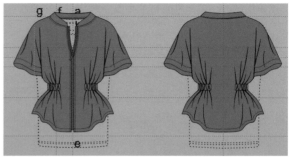

图 4-119

步骤5 填充颜色: 选择颜色工具 , 左键单击调色板颜色为内部填充色, 右键单击黑色为轮廓填充色 (图4-119)。

4.5 前领口收褶背心T恤

款式概述: 圆领, 后领装贴边, 无袖, 前领口左右各收一个褶, 后中通襟钉扣 (图4-120)。

步骤1 在针织T恤原型的基础上绘制后片轮廓: 选择轮廓色为白色, 利用矩形工具口绘制前片半部轮廓, 然后利用形状工具 (快捷键F10), 选择需要调整的线段, 单击交互式属性栏中转化为曲线图标 , 将折线转换为曲线, 在有需要的位置双击添加节点 (胸围宽、腰节点), 根据人体曲线, 调整前片一侧造型, 并利用3点曲线工具 绘制前片褶的效果 (图4-121~图4-123)。

步骤2 镜像合并衣片: 选择右衣片复制粘贴, 将复制出来的新衣片进行水平镜像 , 并放在合适的位置, 单击交互式属性栏中的合并工具 , 将左右衣片进行合并成为针织T恤前片框架, 然后利用矩形工具口绘制后领和后片造型完成针织T恤整体效果 (图4-124~图4-126)。

步骤3 绘制背面效果: 选择前片款式图, 复制粘贴 (选择前片, 按住Ctrl拖动控制点到合适的位置按右键确定) 一个新的款式图, 进行顺序调整和适当修改成为背面款式造型 (图4-127)。

步骤4 填充颜色: 选择颜色工具 , 左键单击调色板颜色为内部填充色, 右键单击黑色为轮廓填充色 (图4-128)。

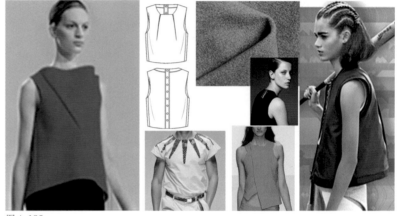

图 4-120

图 4-121　　　　图 4-122　　　　图 4-123

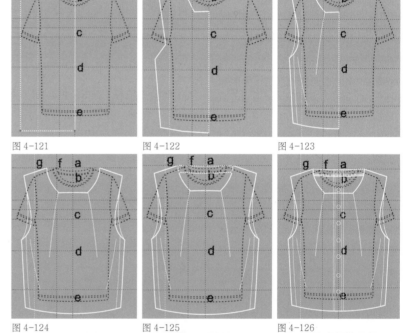

图 4-124　　　　图 4-125　　　　图 4-126

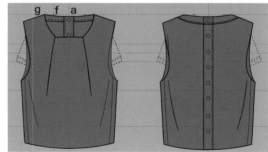

图 4-127

图 4-128

4.6 喇叭短袖T恤

款式概述：圆形浅领口，A型下摆，高腰设计，腰部以下呈喇叭状，袖子横向分割呈喇叭状（图4-129）。

步骤1 在针织T恤原型的基础上绘制后片轮廓：选择轮廓色为白色，利用矩形工具口绘制前片半部轮廓，然后利用形状工具（快捷键F10），选择需要调整的线段，单击交互式属性栏中转化为曲线图标，将折线转换为曲线，在有需要的位置双击添加节点（胸围宽、腰节点），根据人体曲线，调整造型如图4-130~图4-131所示。

图 4-129

步骤2 绘制袖子和下摆效果：选择矩形工具口，绘制一侧袖子造型，选择钢笔工具绘制袖口和下摆喇叭造型效果（图4-132~图4-133）。

步骤3 镜像合并衣片：选择右衣片和袖子复制粘贴，将复制出来的新衣片进行水平镜像，并放在合适的位置，前中需重叠门襟宽度（图4-134）。

步骤4 绘制背面效果：选择前片款式图，复制粘贴（选择前片，按住Ctrl拖动控制点到合适的位置按右键确定）一个新的款式图，进行顺序调整和适当修改成为背面款式造型（图4-135）。

步骤5 填充颜色：选择颜色工具，左键单击调色板颜色为内部填充色，右键单击黑色为轮廓填充色（图4-136）。

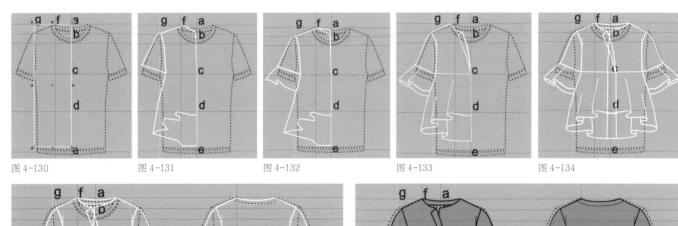

图 4-130　　　　图 4-131　　　　图 4-132　　　　图 4-133　　　　图 4-134

图 4-135　　　　　　　　　　　　　图 4-136

4.7 前中扭结及腰T恤

款式概述：长度偏短，至肚脐眼，圆领，前中扭结产生自然皱褶（图4-137）。

图 4-137

步骤1 在针织T恤原型的基础上绘制后片轮廓：选择轮廓色为白色，利用矩形工具口绘制后片半部轮廓，然后利用形状工具🖉（快捷键F10），选择需要调整的线段，单击交互式属性栏中转化为曲线图标♺，将折线转换为曲线，在有需要的位置双击添加节点 🔲（胸围宽、腰节点），调整曲线如图4-138~图4-139所示。

步骤2 绘制袖子、镜像合并衣片：利用矩形工具口绘制一侧袖子。然后选择衣片、袖子复制粘贴，将复制出来的衣片及袖子进行水平镜像🖳，并放在合适的位置，单击交互式属性栏中的合并工具🖱，将左右片进行合并成为针织T恤框架（图4-140~图4-141）。

步骤3 绘制前中扭结、领口造型：选择钢笔工具🖊和3点曲线工具🖇绘制前中扭结效果和领子造型。罗纹画法：画好领子中左侧一根罗纹线，将其复制粘贴到最右侧，然后选择调和工具🖐，从左侧拉到右侧完成整个罗纹的绘制，然后选择整个罗纹造型，点击属性栏中的路径属性🖍→新路径，完成符合领子形状的罗纹绘制（图4-142~图4-143）。

步骤4 绘制背面效果：选择前片款式图，复制粘贴（选择前片，按住Ctrl拖动控制点到合适的位置按右键确定）一个新的款式图，进行顺序调整和适当修改成为背面款式造型（图4-144）。

步骤5 填充颜色：选择颜色工具📶，左键单击调色板颜色为内部填充色，右键单击黑色为轮廓填充色（图4-145）。

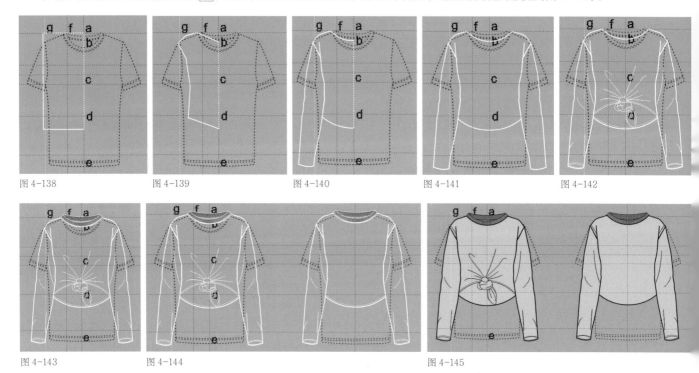

图4-138　　　　图4-139　　　　图4-140　　　　图4-141　　　　图4-142

图4-143　　　　图4-144　　　　　　　　图4-145

4.8 领口波浪边短T恤

款式概述：合体式短袖T恤，袖子呈A型，在领口部位设计重叠的波浪边（图4-146）。

步骤1 在针织T恤原型的基础上绘制后片轮廓：选择轮廓色为白色，利用矩形工具口绘制后片半部轮廓，然后利用形状工具🖉（快捷键F10），选择需要调整的线段，单击交互式属性栏中转化为曲线图标♺，将折线转换为曲线，在有需要的位置双击添加节点 🔲（胸围宽、腰节点、侧摆点），根据人体造型，调整曲线如图4-147所示。

图4-146

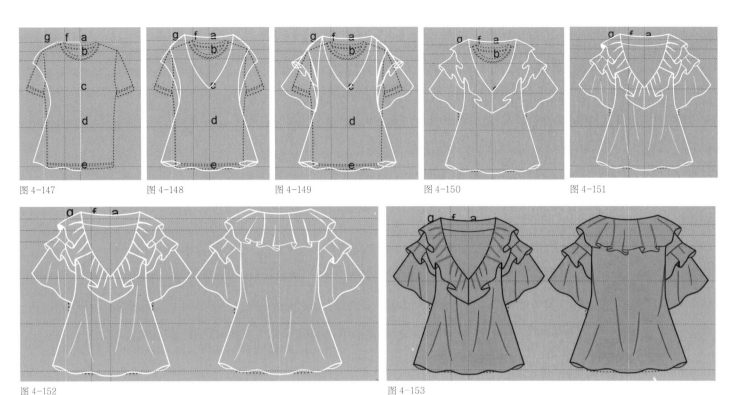

图 4-147　　　　图 4-148　　　　图 4-149　　　　图 4-150　　　　图 4-151

图 4-152　　　　　　　　　　　　　图 4-153

步骤2 镜像合并衣片：利用矩形工具□用同样的方法绘制前片半部轮廓，然后选择前后衣片复制粘贴，将复制出来的新衣片进行水平镜像🔃，并放在合适的位置，单击交互式属性栏中的合并工具🔂，将左右片进行合并，成为针织T恤框架（图4-148）。

步骤3 绘制袖子：选择矩形工具□，绘制一侧袖子造型后复制粘贴水平镜像🔃到另一边（图4-149）。

步骤4 绘制领口波浪边：利用钢笔工具🖋和3点曲线工具🔗绘制领口波浪边的造型（图4-150~图4-151）。

步骤5 绘制背面效果：选择前片款式图，复制粘贴（选择前片，按住Ctrl拖动控制点到合适的位置按右键确定）一个新的款式图，进行顺序调整和适当修改成为背面款式造型（图4-152）。

步骤6 填充颜色：选择颜色工具▤，左键单击调色板颜色为内部填充色，右键单击黑色为轮廓填充色（图4-153）。

任务5 针织T恤课后练习（图4-154~图4-165）

图 4-154　　　　　　　　　　　　　图 4-155

图 4-156　　　　　　　　　　　　　图 4-157

图 4-158

图 4-159

图 4-160

图 4-161

图 4-162

图 4-163

图 4-164

图 4-165

项目五　衬衫款式设计

图 5-1

任务1　衬衫基本原型的绘制

1.1 衬衫款式特点

衬衫又名衬衣、恤衫，除了明显为外衣的毛衣、外套、夹克，或明显为内衣的胸罩、汗衫，及搭配衬衫穿着的背心之外的所有上衣，可单独穿用，也可内搭（图5-1）。

衬衫是一种有领有袖的、前开襟的、而且袖口有扣的内上衣，一般由前后衣片、衣袖、衣领、门襟和克夫（袖头）等组合而成，其式样变化繁多：随着流行趋势的发展，不断有新颖的款式问世，女衬衫式样的变化尤为显著。根据形态和结构的不同，它可分为正装衬衫、休闲衬衫、便装衬衫、家居衬衫和度假衬衫。

1.2 衬衫绘制步骤

步骤1 新建文件、设置图纸标尺、绘图比例及辅助线：设置图纸为A4，图纸方向为竖向摆放，绘图单位为cm，绘图比例为1:5，再设置原点和相应的辅助线（图5-2）（设置坐标原点：将鼠标放置在横向标尺与纵向标尺的交点处，左键往工作区中拖动到合适的位置，松开鼠标，可完成坐标原点的设置）。

水平辅助线设置：a点为前中心点（坐标原点）；a—b的距离为直开领深（约8cm）；a—c的距离为袖窿深线（人台一般为24cm），a—d的距离为腰节长（人台一般为41cm）；a—e的距离为衣长（根据款式长短进行设定），本次使用人台的号型为160/84A（图5-3）。

垂直辅助线设置：a—f的距离为横开领宽即肩颈点（约7~8cm）；a—g的距离为胸围宽（胸围/4~5cm厚度）（图5-4）。

图 5-2

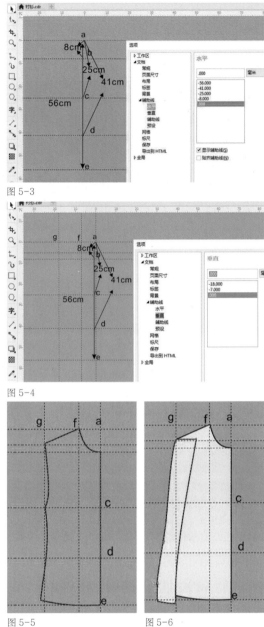

图 5-3

图 5-4

步骤2 绘制衣片（绘制方法与T恤大致相同）：选择矩形工具▢，设置线条粗细为1.5mm，右键单击颜色色块设置线条的颜色，并在辅助线范围内拉出一个矩形，然后单击转换为曲线图标ↁ（或右键选择，快捷键Ctrl+Q），利用形状工具↖在合适的位置双击添加节点▣调整成如图5-5所示的直线框图，并利用形状工具↖调整曲线所需的形状。

步骤3 绘制袖子：利用矩形工具▢绘制长方形，然后单击转换为曲线图标ↁ利用形状工具↖，调整袖子形状。利用选择工具▸框选衣片和袖片，单击右侧调色板填充颜色。使用选择工具▸选择袖子单击鼠标右键，在对话框中选择顺序→向后一层，将袖子放置在衣片的后面（快捷键：Ctrl+Pagedown），并利用选择工具▸选中袖子和前衣片，单击交互式属性栏中的简化工具▱（图5-6~图5-7）。

步骤4 绘制袖克夫：利用矩形工具▢绘制矩形，与袖口相交，按住Shift键，使用选择工具▸连续选择袖子与矩形，单击交互式属性栏中相交，并利用形状工具↖调整袖克夫的轮廓（图5-8~图5-9）。

步骤5 绘制领子：使用矩形工具▢绘制矩形，单击转换为曲线ↁ，使用形状工具↖单击鼠标右键到曲线↖，调整曲线，选中前中线领子上方的节点，单击交互式属性栏中删除节点▣，调节操纵杆，将弧线调节出尖角的造型（图5-10~图5-11）。

步骤6 镜像：选择工具▸框选右前片所有轮廓，复制轮廓，单击交互式属性栏中的水平镜像图标▯∥，并移动到合适位置（快捷方法：选中前片

图 5-5   图 5-6

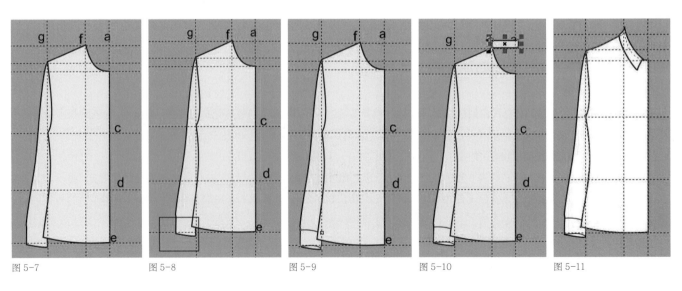

图 5-7   图 5-8   图 5-9   图 5-10   图 5-11

所有轮廓，将鼠标放置在左侧中间的小黑块上，鼠标变成左右箭头时，按住Ctrl键，往右边拖动，同时按下鼠标右键即可以完成复制与镜像）。使用键盘上的左右方向键，将镜像过来的左衣片移至合适位置，与右片重叠。然后在对话框中选择顺序→向后一层，将左前片放置在右衣片的后面（图5-12）（快捷键：Ctrl+Pagedown）。

步骤7 绘制后领：复制前衣身，单击交互式属性栏中的合并工具🖵，使后片形成一个完整的整体；在右侧调色板中选择合适的颜色进行填充，单击交互式属性栏中的到图层后面（快捷键：Shift+Pagedown）🖵🖵，然后使用形状工具🖊调整后领的形状，使用钢笔工具🖊绘制领子与翻折线，并使用形状工具🖊进行调整（图5-13）。

步骤8 绘制门襟、省道与扣子：使用矩形工具□绘制门襟，约2.5cm宽，单击鼠标右键顺序→置于此对象后，将其放置在立领图形的后面。利用手绘工具🖼绘制省道。使用椭圆工具（快捷键F7）○绘制扣子，同时按住键盘上的Ctrl键，绘制一个正圆，调整到合适的大小，填充颜色，放置在立领上，复制一颗放置在最后一颗纽扣的位置，使用调和工具🖎，鼠标左键选中第一粒扣子拖动到最后一颗扣子的位置放开鼠标，在属性栏的调和对象🖎4 ▾输入需要添加几颗扣子即可完成（图5-14）。

步骤9 提取后片与群组：复制前片款式，删除领子与门襟，选中左右衣片，点击交互式属性栏中的合并工具🖵，利用形状工具🖊调整后领曲线。同时复制一粒扣子放置在袖克夫的位置上。分别框选前片与后片点击属性栏中的组合工具🖸（快捷键Ctrl+G），完成衬衫的绘制（图5-15）。

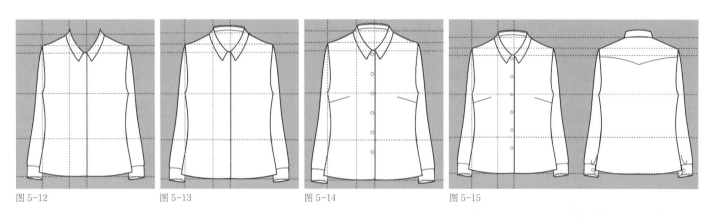

图 5-12   图 5-13   图 5-14   图 5-15

任务2 衬衫拓展设计元素

2.1 廓形及分割线（图5-16）

图 5-16

1）廓形变化：衬衫的外型由肩宽、腰围、臀围三部分决定，一般有直筒型、收腰S型、放摆A型、宽肩T型等（图5-17～图5-22）。

2）分割线变化：分割线多用于女衬衫，使衬衫更加合体。形式主要有竖向分割、横向分割、弧形分割、刀背缝、公主缝等各种分割组合（图5-23～图5-28）。

3）衬衫廓形元素拓展设计范例绘制步骤（图5-29）：

步骤1 绘制右后片合并为一个整体：选择矩形工具▢，设置线条粗细为1.5mm，右键单击设置轮廓线条为白色，并在原型基础上拉出一个矩形，然后单击转换为曲线图标⟳（或右键选择，快捷键Ctrl+Q）。利用形状工具在合适的位置双击添加节点调整成如图5-30所示的框图（可直接在衬衫原型上修改获得）。然后用选择工具框选右后片所有轮廓，复制轮廓，单击交互式属性栏中的水平镜像图标，并移动到合适位置选择合并工具将后片合并为一个整体（图5-31）。

图 5-17

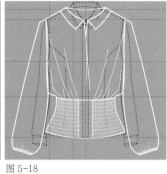
图 5-18

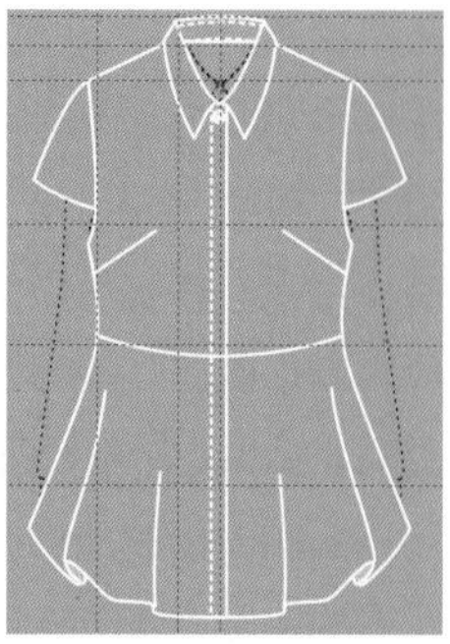

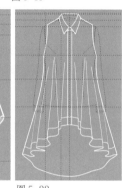
图 5-19

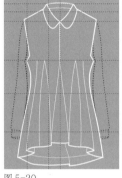
图 5-20

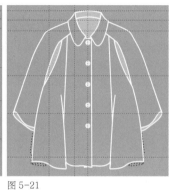
图 5-21

图 5-22

图 5-23

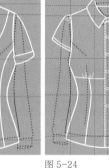
图 5-24

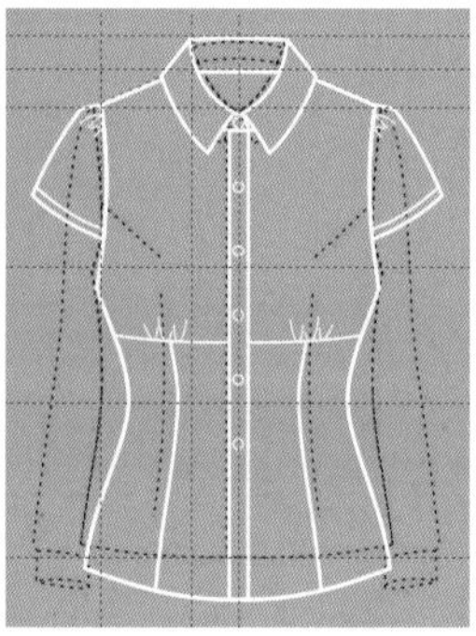

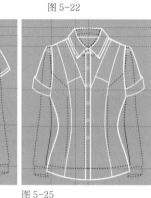
图 5-25

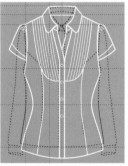
图 5-26

图 5-27

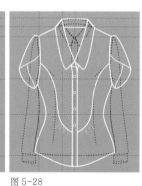
图 5-28

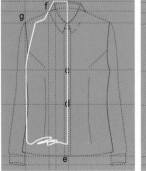
图 5-29

图 5-30

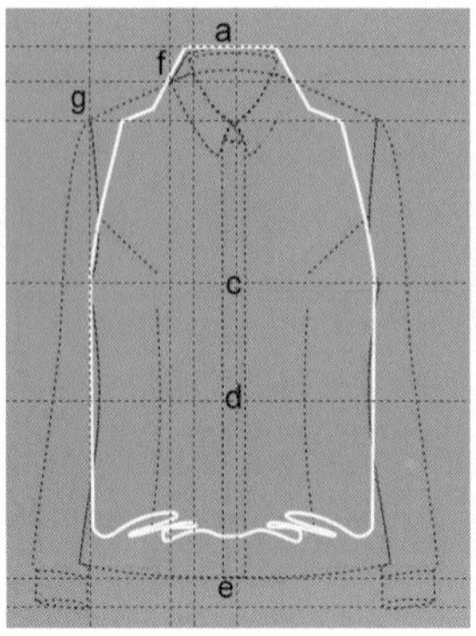

图 5-31

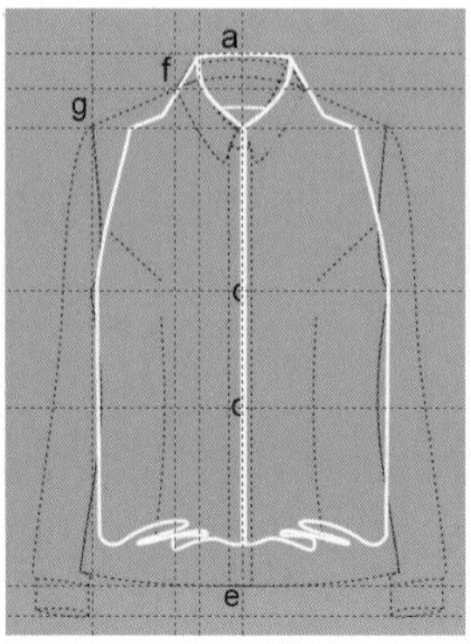

图 5-32

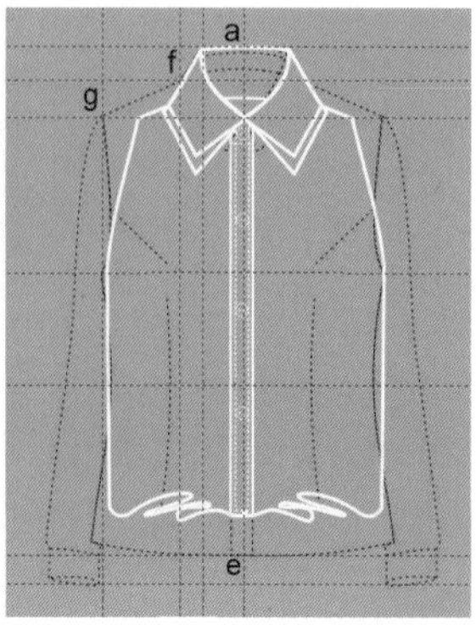

图 5-33

步骤2 绘制前片、领子：利用矩形工具□和转换为曲线图标⟳绘制一侧前片和领子造型，复制粘贴一个后，用选择工具▶框选前片和领子水平镜像┗┛到另一侧（框选需要复制的前片、领子后，按住Ctrl直接拖动到另一侧按右键确定即可），同时绘制明门襟（图5-32~图5-33）。

步骤3 绘制袖子：利用矩形工具□和转换为曲线图标⟳绘制一侧袖子造型，复制粘贴一个后，用选择工具▶框选袖子水平镜像┗┛到另一侧（框选需要复制的袖子后，按住Ctrl直接拖动到另一侧按右键确定即可）。使用钢笔工具✎绘制款式中的褶效果（图5-34~图5-35）。

步骤4 提取后片与群组：复制前片款式，删除领子前片部分与门襟，分别框选前片与后片，点击属性栏中的组合工具（快捷键Ctrl+G），完成衬衫的绘制（图5-36）。

步骤5 填充颜色：选择颜色工具▦，左键单击调色板颜色为内部填充色，右键单击黑色为轮廓填充色（图5-37）。

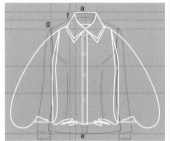

图 5-34

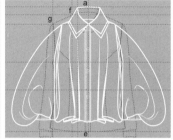

图 5-35

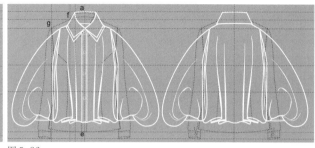

图 5-36

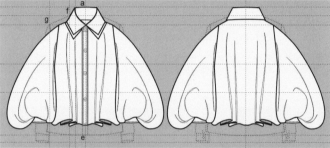

图 5-37

图 5-38

4）衬衫分割线元素拓展设计范例绘制步骤（图5-38）：

步骤1 绘制右后片并合并为一个整体：选择矩形工具□，设置线条粗细为1.5mm，右键单击设置轮廓线条为白色，并在原型基础上拉出一个矩形，然后单击转换为曲线图标⟳（或右键选择，快捷键Ctrl+Q）。利用形状工具⟍在合适的位置双击添加节点▦调整成如图5-39所示的框图（可直接在衬衫原型上修改获得）。然后用选择工具▶框选右后片所有轮廓，复制轮廓，单击交互式属性栏中的水平镜像图标┗┛并移动到合适位置选择合并工具⟲将后片合并为一个整体（图5-40）。

步骤2 绘制前片：利用矩形工具□和转换为曲线图标⟳绘制一侧前片，复制粘贴一个后，用选择工具▶框选前片和领子水平镜像┗┛到另一侧（框选需要复制的前片、领子后，按住Ctrl直接拖动到另一侧按右键确定即可）（图5-41）。

步骤3 绘制领子、袖子、门襟：利用矩形工具□和转换为曲线图标⟳绘制一侧袖子和领子造型，复制粘贴一个后，用选择工具▶框选领子和袖子水平镜像┗┛到另一侧（框选需要复制的袖子、领子后，按住Ctrl直接拖动到另一侧按右键确定即可）。使用矩形工具□绘制门襟，使用椭圆工具（快捷键F7）○，同时按住键盘上的Ctrl键，绘制圆形扣子，使用调和工具✿，鼠标左键选中第一粒扣子拖动到最后一颗扣子的位置放开鼠标，在属性栏的调和对象中输入扣子的总数，完成所有扣子的绘制（图5-42~图5-43）。

步骤4 提取后片与群组：复制前片款式，删除领子前片部分与门襟，分别框选前片与后片点击属性栏中的组合工具▦（快捷键Ctrl+G），完成衬衫的绘制（图5-44）。

步骤5 填充颜色：选择颜色工具▦，左键单击调色板颜色为内部各区域填充色，右键单击黑色为轮廓填充色（图5-45）。

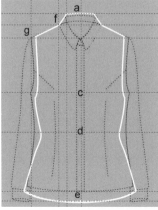

图 5-40

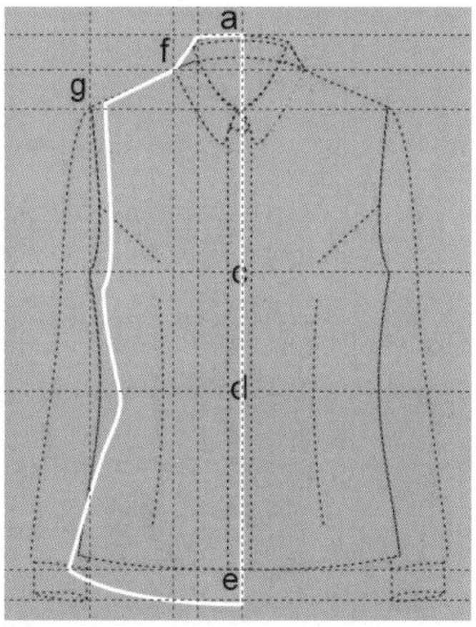

图 5-39

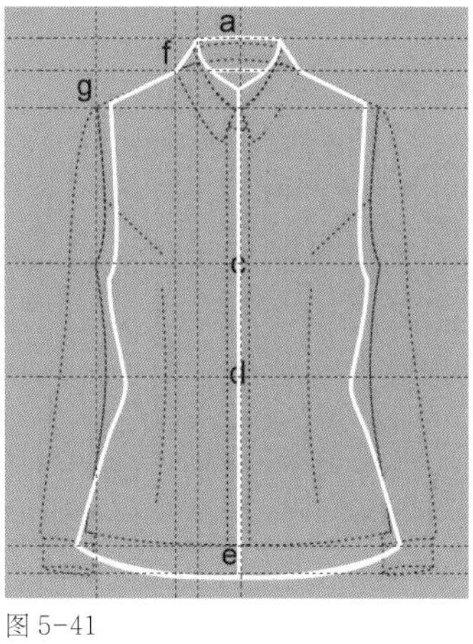

图 5-41

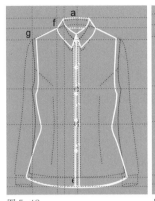
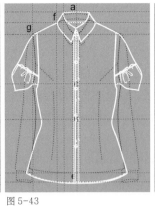
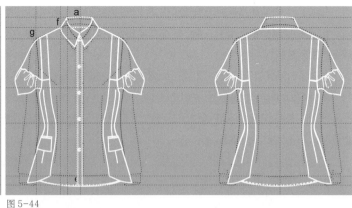

图 5-42　　　　　　　　图 5-43　　　　　　　　图 5-44

2.2 领口和领子

1）领口、领子变化（图5-46）：

基本的无领、立领、翻领和驳领四大领型都可用在衬衫领子上，同时根据流行和款式要求有很多延伸的变化。风格上有职业标准领、异色领、传统暗扣领、浪漫"温莎"领、纽扣领及礼服领等分类；造型上有水手领、铜盆领、蝴蝶结领、飘带领等；翻领中又有小方领、中方领、短尖领、中尖领、长尖领和八字领等（图5-47~图5-52）。

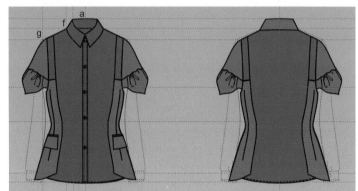

图 5-45

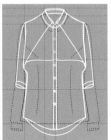
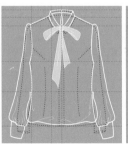

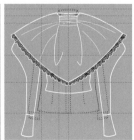

图 5-46

图 5-47　　　　图 5-48　　　　图 5-49　　　　图 5-50　　　　图 5-51　　　　图 5-52

2）领口、领子变化元素拓展设计范例绘制步骤（图5-53）：

步骤1 绘制一侧衣片：选择矩形工具▢，设置线条粗细为1.5mm，右键单击设置轮廓线条为白色，并在原型基础上拉出一个矩形，然后单击转换为曲线图标↻（或右键选择，快捷键Ctrl+Q），利用形状工具↖在合适的位置双击添加节点⬚调整成如图5-54~图5-55所示的框图（可直接在衬衫原型上修改获得）。

步骤2 镜像合并后片：用选择工具↖框选右后片所有轮廓，复制两个轮廓，单击交互式属性栏中的水平镜像图标◫，移动其中一个到合适位置选择合并工具⬚将后片合并为一个整体。同时将另外一个轮廓用形状工具↖和到曲线工具⬚调整领口的造型，得到前片一侧的造型（图5-56~图5-57）。

图 5-53

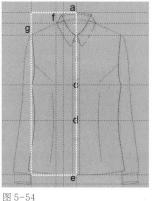

图 5-54

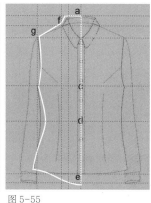

图 5-55

图 5-56

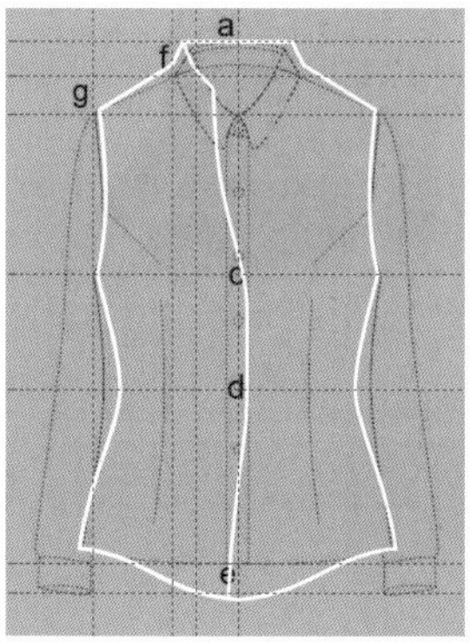

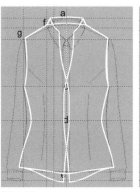

图 5-57

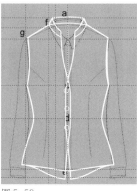

图 5-58

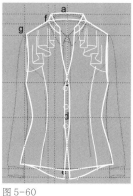

图 5-59

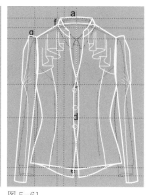

图 5-60

图 5-61

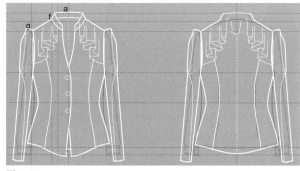

图 5-62

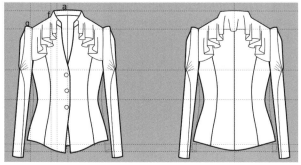

图 5-63

步骤3 镜像合并前片：用选择工具↖框选右前片所有轮廓，复制轮廓，单击交互式属性栏中的水平镜像图标◫，移动其中一个到合适位置，选择合并工具⬚将前片合并为一个整体。然后选择矩形工具▢绘制领子后复制粘贴镜像到另一侧（图5-58~图5-59）。

步骤4 绘制领口波浪褶和袖子：利用矩形工具▢和转换为曲线图标↻绘制一侧袖子造型，复制粘贴一个后，用选择工具↖框选袖子水平镜像◫到另一侧。使用钢笔工具✎绘制领子的波浪褶效果（图5-60~图5-61）。

步骤5 提取后片与群组：复制前片款式，删除领子前片部分与门襟，选择区域右键按顺序调整衣片各部分的前后顺序关系，然后分别框选前片与后片点击属性栏中的组合工具⬚（快捷键Ctrl+G），完成衬衫的绘制（图5-62）。

步骤6 填充颜色：选择颜色工具▦，左键单击调色板颜色为内部填充色，右键单击黑色为轮廓填充色（图5-63）。

2.3 袖型及袖口

1) 袖型、袖口变化（图5-64）：

衬衫袖子按长度分有无袖、贴边袖、短袖、中长袖、长袖等；按结构分有装袖、连袖、落肩袖、插肩袖，以一片袖居多；按造型变化有花瓣袖、缩褶袖、加肩垫袖、灯笼袖、喇叭袖、蝙蝠袖、泡泡袖、蝴蝶袖、羊腿袖、主教袖、各式花色袖等。袖克夫和袖口的变化非常多样，如碎褶袖口、褶裥袖口、开各种衩口，袖克夫有方有圆，有宽有窄，有翻折等。在袖克夫上可加蝴蝶结、饰带等装饰扣、标志。利用分割、缩褶、打洞、波浪等一些装饰手法可以使袖子款式更加丰富多彩（图5-65~图5-70）。

图 5-64

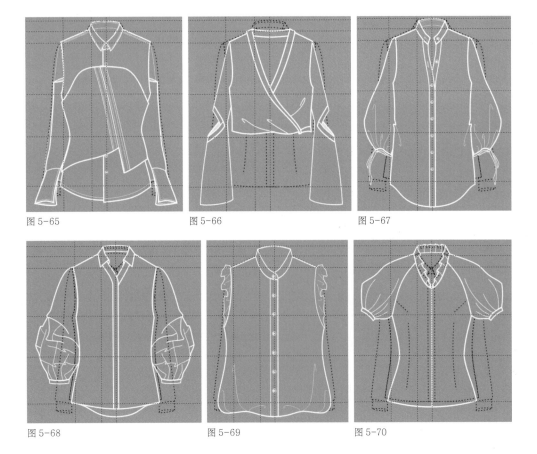

图 5-65   图 5-66   图 5-67

图 5-68   图 5-69   图 5-70

2）袖型、袖口变化元素拓展设计范例绘制步骤（图5-71）：

步骤1 绘制后片：选择矩形工具口，设置线条粗细为1.5mm，右键单击设置轮廓线条为白色，并在原型基础上拉出一个矩形，然后单击转换为曲线图标ⓒ（或右键选择，快捷键Ctrl+Q），利用形状工具↖在合适的位置双击添加节点▦调整成如图5-72所示的框图（可直接在衬衫原型上修改获得）。然后用选择工具↖框选右后片所有轮廓，复制两个轮廓（留一个备用），单击交互式属性栏中的水平镜像图标叫，并移动到合适位置，选择合并工具⛶将后片合并为一个整体（图5-73）。

步骤2 绘制前片：将上一步留下备用的后片轮廓利用形状工具↖调整成为前片的造型，然后选择工具↖框选右前片所有轮廓，复制轮廓，单击交互式属性栏中的水平镜像图标叫得到款式的基本框架（图5-74）。

步骤3 绘制领子和袖子：利用矩形工具口和转换为曲线图标ⓒ绘制一侧袖子和领子造型，复制粘贴一个后，用选择工具↖框选领子和袖子水平镜像叫到另一侧。使用钢笔工具⬚绘制袖子中的细褶效果（图5-75~图5-76）。

图 5-71

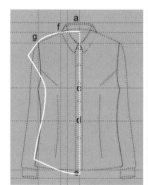

图 5-72

图 5-73

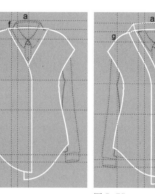

图 5-74

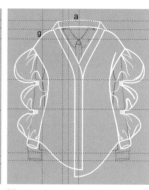

图 5-75

图 5-76

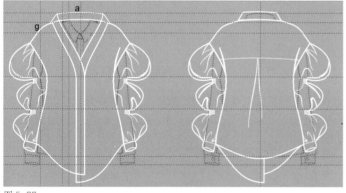

图 5-77

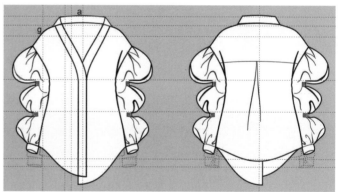

图 5-78

步骤4 提取后片与群组：复制前片款式，删除领子前片部分与门襟，分别框选前片与后片点击属性栏中的组合工具⬚（快捷键Ctrl+G），完成衬衫的正背面款式绘制（图5-77）。

步骤5 填充颜色：选择颜色工具▤，左键单击调色板颜色为内部填充色，右键单击黑色为轮廓填充色（图5-78）。

2.4 门襟和下摆

1）门襟、下摆变化：门襟指的是衬衫前衣身所交叠约2cm的地方，依照布料的花色或领型的种类差异和不同需求去变化，主要有明门襟、无门襟及暗门襟三种。在此基础上再变化更多的样式，如围裹式门襟、内翻门襟、外翻门襟等（图5-79）。

下摆指衬衫底边的形状，有平下摆、弧形下摆，形式上有不规则下摆、前短后长下摆、波浪下摆、束腰下摆、收褶下摆等（图5-80~图5-85）。

图 5-79

图 5-80　　　　　图 5-81　　　　　图 5-82

图 5-83　　　　　图 5-84　　　　　图 5-85

2）门襟、下摆变化元素拓展设计范例
绘制步骤（图5-86）：

图 5-86

步骤1　绘制后片：选择矩形工具□，线条粗细为1.5mm，轮廓线条为白色，在原型基础上拉出一个矩形，然后单击转换为曲线图标↻（或右键选择，快捷键Ctrl+Q），利用形状工具↖调整成如图5-87所示的框图（可直接在衬衫原型上修改获得）。然后用选择工具▶框选右后片所有轮廓，复制两个轮廓（留一个备用），单击交互式属性栏中的水平镜像图标◫，并移动到合适位置，选择合并工具⤵将后片合并为一个整体，并调整下摆的造型（图5-88）。

步骤2　绘制前片和领子：将上一步预留备用后片造型用形状工具↖调整成前片的框图（可直接在衬衫原型上修改获得）。然后用钢笔工具🖋绘制一侧领子，复制领子，单击交互式属性栏中的水平镜像图标◫完成领子完整图（图5-89~图5-91）。

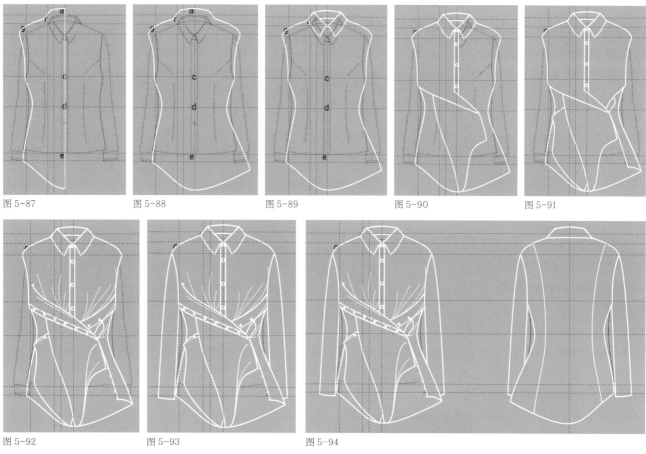

图 5-87   图 5-88   图 5-89   图 5-90   图 5-91

图 5-92   图 5-93   图 5-94

步骤3 绘制袖子：利用矩形工具□和转换为曲线图标
⟳绘制一侧袖子造型，复制粘贴一个后，用选择工具▸框
选袖子水平镜像◧到另一侧（框选需要复制的袖子后，按
住Ctrl直接拖动到另一侧按右键确定即可）。使用钢笔工
具✍绘制款式中的门襟和褶效果（图5-92~图5-93）。

步骤4 提取后片与群组：复制前片款式，删除领子
前片部分与门襟，分别框选前片与后片点击属性栏中的
组合工具❖（快捷键Ctrl+G），完成衬衫的正背面款式
绘制（图5-94）。

步骤5 填充颜色：选择颜色工具☰，左键单击调色
板颜色为内部填充色，右键单击黑色为轮廓填充色（图
5-95）。

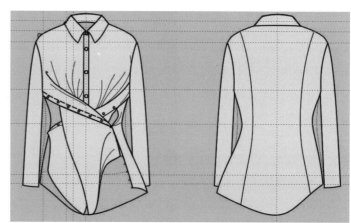

图 5-95

2.5 装饰手法（图5-96）

图 5-96

1）装饰手法方法绘制：衬衫上可用的装饰美化方法有花边、刺绣、明缉线、蝴蝶结丝带、荷叶边及条格、镶拼等；面料表面可采用压花和纹理效果、镂空剪切图案、挖花花边等；装饰位置可在门襟、前胸、后背、口袋、袖子、袖克夫等（图5-97~图5-102）。

2）装饰手法变化元素拓展设计范例绘制步骤（图5-103）：

步骤1 绘制后片：选择矩形工具口，线条粗细为1.5mm，轮廓线条为白色，在原型基础上拉出一个矩形，然后单击转换为曲线图标◌（或右键选择，快捷键Ctrl+Q），利用形状工具↖调整成如图5-104所示的框图（可直接在衬衫原型上修改获得）。然后用选择工具↖框选右后片所有轮廓，复制两个轮廓（留一个备用），单击交互式属性栏中的水平镜像图标，并移动到合适位置选择合并工具将后片合并为一个整体并调整下摆的造型（图5-105）。

步骤2 绘制前片和领子：将上一步预留备用后片造型用形状工具↖调整成前片的框图，单击交互式属性栏中的水平镜像图标，并移动到合适位置，选择合并工具合并为一个完整的前片，使用钢笔工具绘制门襟和下摆以及花边（图5-106~图5-107）。

步骤3 绘制领子、袖子：利用矩形工具口和转换为曲线图标◌绘制一侧领子和袖子造型，复制粘贴一个后，用选择工具↖框选袖子和领子水平镜像到另一侧。使用钢笔工具绘制领子和袖子花边（图5-108~图5-109）。

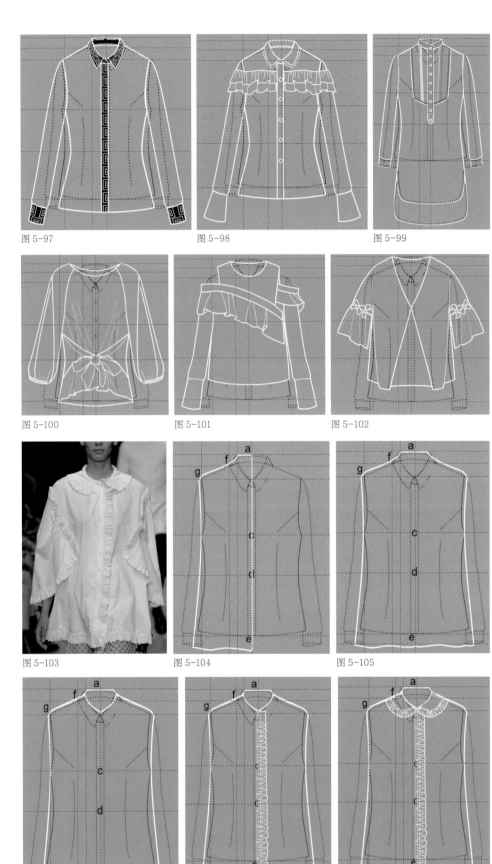

图5-97　　　　图5-98　　　　图5-99

图5-100　　　　图5-101　　　　图5-102

图5-103　　　　图5-104　　　　图5-105

图5-106　　　　图5-107　　　　图5-108

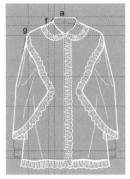
图 5-109

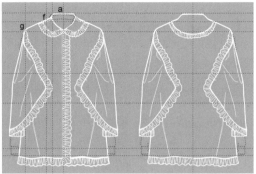
图 5-110

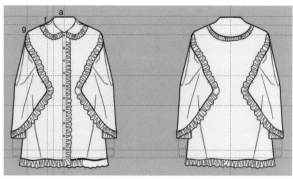
图 5-111

步骤4 提取后片与群组：复制前片款式，删除领子前片部分与门襟，分别框选前片与后片点击属性栏中的组合工具 ⊡（快捷键Ctrl+G），完成衬衫的正背面款式绘制（图5-110）。

步骤5 填充颜色：选择颜色工具 ⬚，左键单击调色板颜色为内部填充色，右键单击黑色为轮廓填充色（图5-111）。

任务3 衬衫以"褶裥"为元素进行系列拓展设计（图5-112~图5-117）

任务4 衬衫变化款式实例

4.1 褶裥下摆A型衬衫

款式概述：立领，A型衬衫，下摆不规则褶裥，A型落肩袖，袖口反折边（图5-118）。

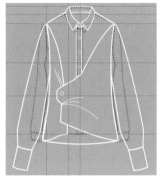
图 5-112

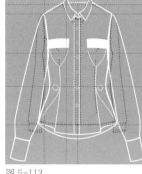
图 5-113

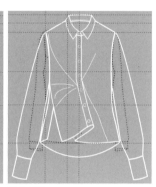
图 5-114

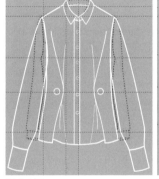
图 5-115

图 5-116

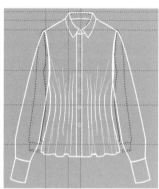
图 5-117

图 5-118

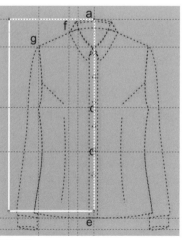
图 5-119

步骤1 绘制后片：选择矩形工具 ⬚，线条粗细为1.5mm，轮廓线条为白色，在原型基础上拉出一个矩形，然后单击转换为曲线图标 ↻（或右键选择，快捷键Ctrl+Q），利用形状工具 ↖，调整成如图5-119所示的框图（可直接在衬衫原型上修改获得）（图5-120）。

步骤2 绘制前片、袖子、领子、下摆、褶裥：利用矩形工具 ⬚、转换为曲线图标 ↻ 和3点曲线工具 ⋰ 在后片的基础上绘制一侧

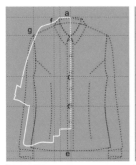
图 5-120

图 5-121

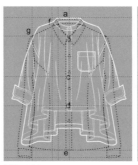
图 5-122

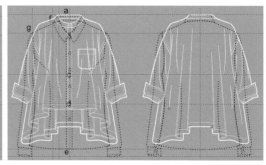
图 5-123

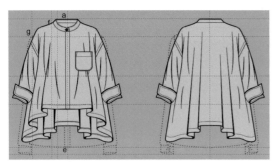
图 5-124

前片（画出门襟宽度）、袖子、领子下摆和褶裥造型。然后选择所有进行复制粘贴，点击水平镜像图标，并移动到合适位置，选择合并工具将后片合并为一个整体（前片左右重叠，注意上下关系）（图5-121~图5-122）。

步骤3 提取背面款式与群组：复制前片款式，删除领子前片部分与门襟，调整好局部得到背面款式图，分别框选前片与后片，点击属性栏中的组合工具（快捷键Ctrl+G），将其组合为一个整体（图5-123）。

步骤4 填充颜色：选择工具分别选择前后片，左键单击调色颜色为内部填充色，右键单击黑色为轮廓填充色（图5-124）。

4.2 露肩式女衬衫

款式概述：翻领、肩头部分裸露，绑带设计，山形下摆（图5-125）。

步骤1 绘制前片、后片、领子：选择矩形工具，线条粗细为1.5mm，轮廓线条为白色，在原型基础上分别拉出三个矩形，然后单击转换为曲线图标（或右键选择，快捷键Ctrl+Q），利用形状工具调整成一侧后片的形状、前片的形状和领子的造型（图5-126~图5-128）。

图 5-125

图 5-126

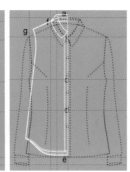
图 5-127

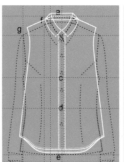
图 5-128

图 5-129

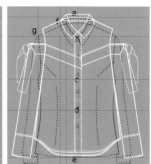
图 5-130

步骤2 镜像合并、画出袖子特点：用选择工具框选右后片、前片、领子所有轮廓，复制轮廓，单击交互式属性栏中的水平镜像图标，并移动到合适位置，选择合并工具将整体框架画好。然后利用矩形工具转换为曲线图标，结合钢笔工具画好袖子的绑带造型（图5-129~图5-130）。

步骤3 提取背面款式与群组: 复制前片款式, 删除领子前片部分与门襟, 分别框选前片与后片, 点击属性栏中的组合工具 (快捷键Ctrl+G), 完成衬衫的正背面款式绘制 (图5-131)。

步骤4 填充颜色: 选择智能填充工具中的渐变填充样式为内部填充渐变色, 右键单击黑色为轮廓填充色 (图5-132)。

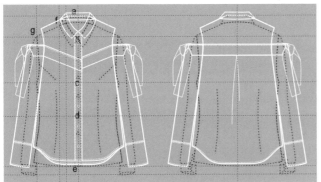

图 5-131

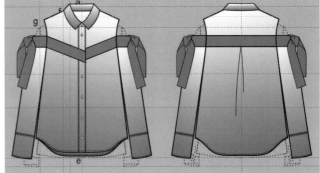

图 5-132

4.3 侧襟缠绕式衬衫

款式概述: 翻领, 宽松型衬衫, 门襟采用缠绕侧边的斜襟形式, 侧边产生丰富的褶皱效果 (图5-133)。

步骤1 绘制前片、后片、领子: 选择矩形工具口, 线条粗细为1.5mm, 轮廓线条为白色, 在原型基础上分别拉出三个矩形, 然后单击转换为曲线图标 (或右键选择, 快捷键Ctrl+Q), 利

图 5-133

图 5-134

图 5-135

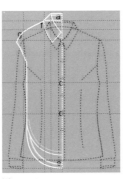

图 5-136

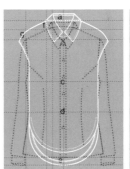

图 5-137

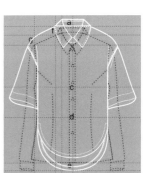

图 5-138

用形状工具调整成一侧后片的形状、前片的形状和领子的造型 (图5-134~图5-136)。

步骤2 镜像合并、画出袖子特点: 用选择工具框选右后片、前片、领子所有轮廓, 复制轮廓, 单击交互式属性栏中的水平镜像图标, 并移动到合适位置, 选择合并工具将整体框架画好。然后利用矩形工具口、转换为曲线图标, 结合钢笔工具画好袖子的造型 (图5-137~图5-138)。

步骤3 绘制侧襟效果: 用钢笔工具绘制斜襟和侧边皱褶效果。利用Ctrl+Shift+Q将褶皱线条转换为对象, 调整每一条褶皱线的虚实关系 (图5-139~图5-140)。

步骤4 提取背面款式与群组: 复制前片款式, 删除领子前片部分与门襟, 分别框选前片与后片, 点击属性栏中的组合工具 (快捷键Ctrl+G), 完成衬衫的正背面款式绘制 (图5-141)。

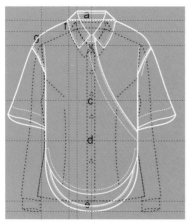

图 5-139

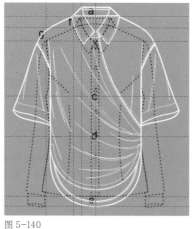

图 5-140

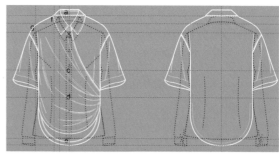

图 5-141

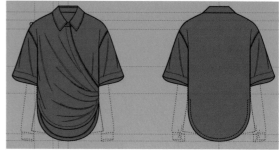

图 5-142

步骤5 填充颜色：选择颜色工具 ，左键单击调色板颜色为内部填充色，右键单击黑色为轮廓填充色（图5-142）。

4.4 前短后长下摆收腰式女衬衫

款式概述：收腰放摆合体式外型，小尖领，前片收侧胸省，腰部分割，下摆前短后长呈圆弧形，泡泡袖，袖克夫钉4粒扣（图5-143）。

步骤1 绘制后片：选择矩形工具 ，线条粗细为1.5mm，轮廓线条为白色，在原型基础上拉出一个矩形，然后单击转换为曲线图标 （或右键选择，快捷键Ctrl+Q），利用形状工具 调整成如图5-144所示的框图（可直接在衬衫原型上修改获得），将收腰放摆的曲线体现出来（图5-145）。

图 5-143

图 5-144

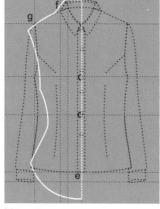

图 5-145

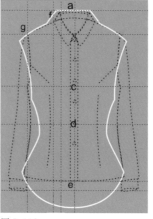

图 5-146

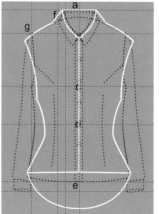

图 5-147

步骤2 镜像合并、画出前片：将第一步的框图多复制一个，选择工具 调整好领口和下摆作为前片，然后用选择工具 框选右后片、前片所有轮廓，复制轮廓，单击交互式属性栏中的水平镜像图标 ，并移动到合适位置，选择合并工具 将后片合并为一个整体，但前片不合并（图5-146~图5-147）。

步骤3 绘制领子、门襟、袖子、下摆及内部细节：利用矩形工具▢、转换为曲线图标⟳和3点曲线工具♾画出小尖领、门襟、侧省、袖子和下摆（对称的部件只需绘制一侧的效果进行复制、粘贴、镜像即可（图5-148~图5-149）。

步骤4 提取背面款式与群组：复制前片款式，删除领子前片部分与门襟，分别框选前片与后片，点击属性栏中的组合工具⧉（快捷键Ctrl+G），完成衬衫的正背面款式绘制（图5-150）。

步骤5 填充颜色：利用选择工具▸分别选择前后片，左键单击调色板颜色为内部填充色，右键单击黑色为轮廓填充色（图5-151）。

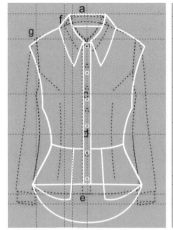
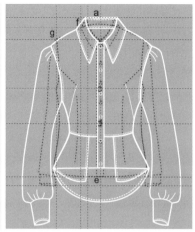

图 5-148　　　　　　图 5-149

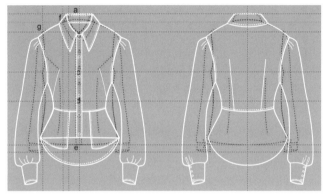

图 5-150

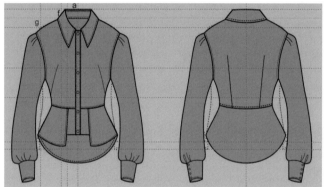

图 5-151

4.5 松紧式收腰宽松衬衫

款式概述：宽松休闲衬衫，立领，后中开扣，落肩宽松袖，腰部、袖口拼松紧收小（图5-152）。

步骤1 绘制后片：选择矩形工具▢，线条粗细为1.5mm，轮廓线条为白色，在原型基础上拉出一个矩形，然后单击转换为曲线图标⟳（或右键选择，快捷键Ctrl+Q），利用形状工具⬙调整成如图5-153所示的框图（可直接在衬衫原型上修改获得）（图5-154）。

图 5-152

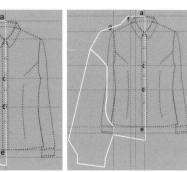

图 5-153　　　图 5-154　　　图 5-155　　　图 5-156　　　图 5-157

步骤2 绘制右前片、右领、右袖：利用矩形工具▢、转换为曲线图标⟳和3点曲线工具♾在后片框图基础上绘制完一侧的前片、袖子、袖口和领子造型（图5-155~图5-157）。

步骤3 镜像合并：用选择工具 ↖ 框选右后片、右前片、领子、袖子所有轮廓，复制轮廓，单击交互式属性栏中的水平镜像图标 ⬌，并移动到合适位置，选择合并工具 ⌐ 将后片合并为一个整体。然后利用钢笔工具 ✎ 和手绘工具 ⤴ 画好腰部松紧效果和穿绳设计（图5-158~图5-159）。

步骤4 提取背面款式与群组：复制前片款式，删除领子前片部分与门襟，调整好局部得到背面款式图，分别框选前片与后片点击属性栏中的组合工具 ⊡（快捷键Ctrl+G）（图5-160）。

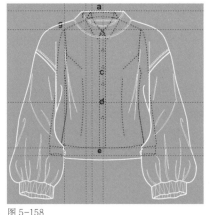

图 5-158　　　　　　　　　　图 5-159

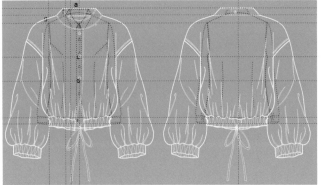

图 5-160

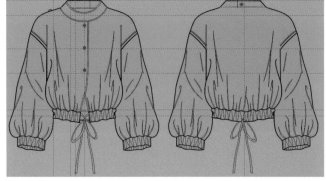

图 5-161

步骤5 填充颜色：用选择工具 ↖ 分别选择前后片，左键单击调色板颜色为内部填充色，右键单击黑色为轮廓填充色（图5-161）。

4.6 两件套衬衫

款式概述：里长外短两件套衬衫，里面衬衫款式，外面背心款式（图5-162）。

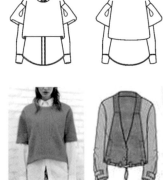

图 5-162

步骤1 绘制后片：选择矩形工具 ▭，线条粗细为1.5mm，轮廓线条为白色，在原型基础上拉出一个矩形，然后单击转换为曲线图标 ↻（或右键选择，快捷键Ctrl+Q），利用形状工具 ↖ 将矩形调整成如图5-163所示的框图（可直接在衬衫原型上修改获得）（图5-164）。

步骤2 绘制右前片、右领、外搭右袖：利用矩形工具

图 5-163

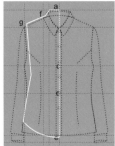

图 5-164

图 5-165

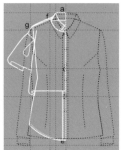

图 5-166

▭、转换为曲线工具 ↻ 和3点曲线工具 ⤴ 在后片框图基础上绘制完一侧的前片、外搭袖子和领子造型（图5-165~图5-166）。

步骤3 镜像合并：用选择工具 ![]，框选右后片、右前片、领子和袖子所有轮廓，复制轮廓，单击交互式属性栏中的水平镜像图标 ![]，并移动到合适位置，选择合并工具 ![]，将后片合并为一个整体。然后利用钢笔工具 ![] 和手绘工具 ![] 画好内衬衬衫的门襟和袖子（图5-167~图5-168）。

步骤4 提取背面款式与群组：复制前片款式，删除领子前片部分与门襟，调整好局部得到背面款式图，分别框选前片与后片，点击属性栏中的组合工具 ![]（快捷键Ctrl+G）将其组合为一个整体（图5-169）。

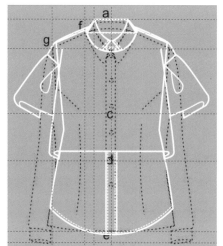
图 5-167

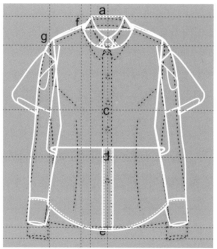
图 5-168

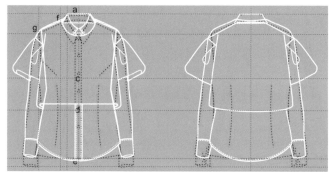
图 5-169

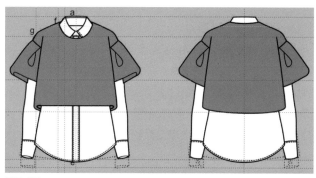
图 5-170

步骤5 填充颜色：用选择工具 ![] 分别选择前后片，左键单击调色板颜色为内部填充色，右键单击黑色为轮廓填充色（图5-170）。

4.7 拼接木耳边衬衫

款式概述：及膝长款衬衫，外型为X型，立领，胸部分割拼接木耳边（图5-171）。

步骤1 绘制后片：选择矩形工具 ![]，线条粗细为1.5mm，轮廓线条为白色，在原型基础上拉出一个矩形，然后单击转换为曲线图标 ![]（或右键选择，快捷键Ctrl+Q），利用形状工具 ![] 调整成如图5-172所示的框图（可直接在衬衫原型上修改获得）（图5-173）。

步骤2 镜像合并：用选择工具 ![] 框选右后片所有轮廓，复制两个轮廓（留一个备用），单击交互式属性栏中的水平镜像图标 ![]，并移动到合适位置，选择合并工具 ![] 将后片合并为一个整体（图5-174）。

步骤3 绘制前片、领子、拼接木耳边、袖子：将上一步复制出的备用后片框图调整领口和前中作为前片框图，然后利用矩形工具 ![]、转换为曲线工具 ![] 和3点曲

图 5-171

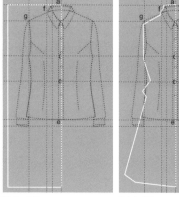
图 5-172　　　图 5-173

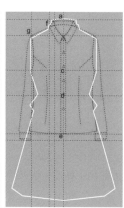
图 5-174

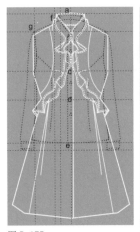

图 5-175

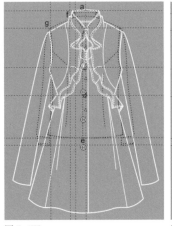

图 5-176

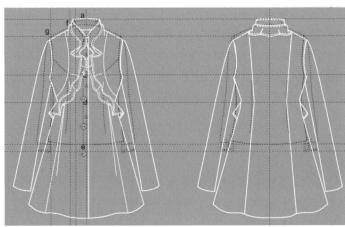

图 5-177

线工具 ♣ 在后片的基础上绘制一侧的领子、拼接木耳边、袖子、腰褶等，使用选择工具 ▶ 选择画好的这些部件和细节复制粘贴，镜像到另一侧，完成正面款式图的整体绘制（图5-175~图5-176）。

步骤4 提取背面款式与群组：复制正面款式效果，删除领子前片部分与门襟，调整好局部得到背面款式图，分别框选前片与后片点击属性栏中的组合工具 ⊡（快捷键Ctrl+G），将其组合为一个整体（图5-177）。

步骤5 填充颜色：用选择工具 ▶ 分别选择前后片，左键单击调色板颜色为内部填充色，右键单击黑色为轮廓填充色（图5-178）。

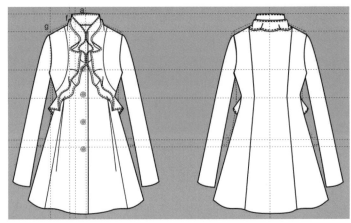

图 5-178

4.8 飘带花边领女衬衫（图5-179）

图 5-179

款式概述：合体型女衬衫，前片左右分割线，飘带领，在肩部加入重叠式花边。

步骤1 绘制后片、袖子：选择矩形工具 ▭，线条粗细为1.5mm，轮廓线条为白色，在原型基础上拉出一个矩形，然后单击转换为曲线工具 ⟳（或右键选择，快捷键Ctrl+Q），利用形状工具 ⟍ 将矩形调整成图所示的框图（可直接在衬衫原型上修改获得）（图5-180~图5-182）。

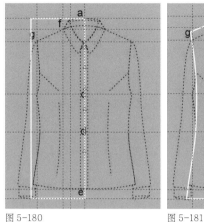
图 5-180

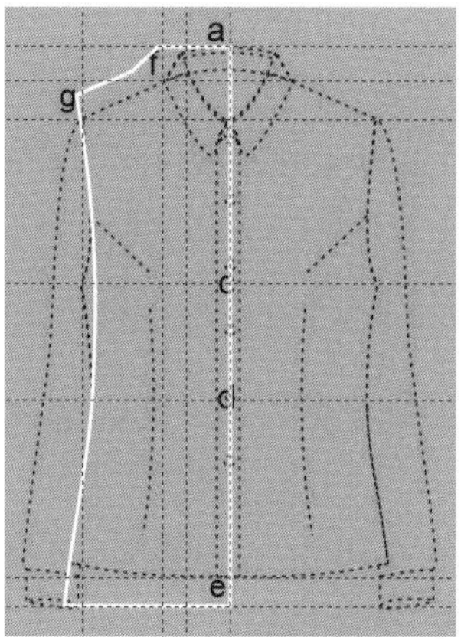

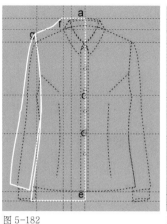
图 5-181

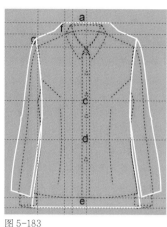
图 5-182

图 5-183

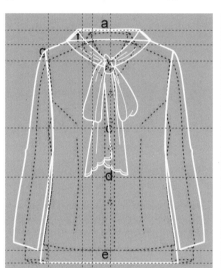
图 5-184

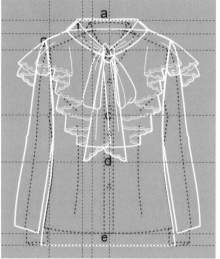
图 5-185

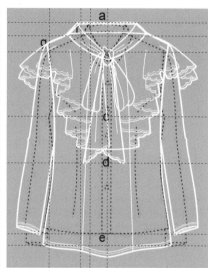
图 5-186

步骤2 镜像合并、画出领子：用选择工具 ，框选右后片所有轮廓，复制轮廓，单击交互式属性栏中的水平镜像图标 ，移动到合适位置并选择合并工具 将后片合并为一个整体。用钢笔工具 画出飘带领的造型（图5-183~图5-184）。

步骤3 绘制肩部花边、调整效果：利用矩形工具 、转换为曲线工具 和3点曲线工具 画好肩部花边的效果和层次关系，同时将衣片底边、袖口调整好（图5-185~图5-186）。

步骤4 提取背面款式与群组：复制前片款式，删除领子前片部分与门襟，画出背面花边的效果，调整好各部分的顺序关系，然后分别框选前片与后片点击属性栏中的组合工具 （快捷键Ctrl+G），完成衬衫的正背面款式绘制（图5-187）。

步骤5 填充颜色：选择颜色工具 ，左键单击调色板颜色为内部填充色，右键单击黑色为轮廓填充色（图5-188）。

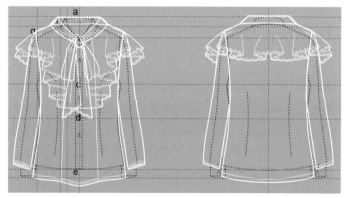
图 5-187

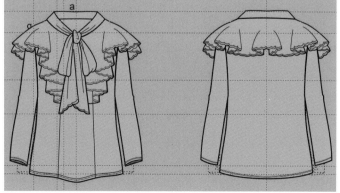
图 5-188

4.9 波浪下摆长袖女衬衫

款式概述：直翻领，外型为S型，腰部侧边设腰带，下摆呈不规则的波浪状，前片左右竖向分割（图5-189）。

步骤1 绘制后片：选择矩形工具口，线条粗细为1.5mm，轮廓线条为白色，在原型基础上拉出一个矩形，然后单击转换为曲线图标 C（或右键选择，快捷

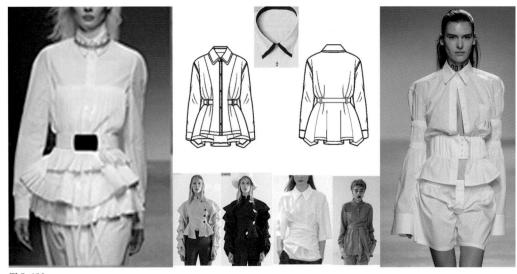

图 5-189

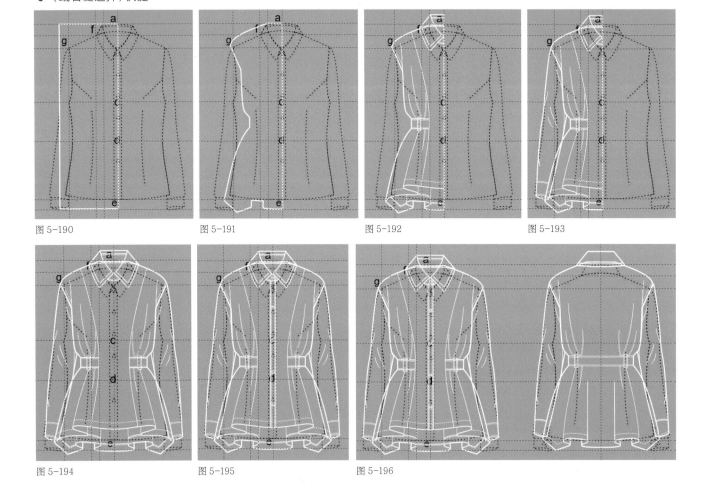

图 5-190   图 5-191   图 5-192   图 5-193

图 5-194   图 5-195   图 5-196

键Ctrl+Q），利用形状工具 调整成如图所示的框图（可直接在衬衫原型上修改获得）（图5-190~图5-191）。

步骤2 绘制前片、袖子、领子、腰带、下摆波浪：利用矩形工具口、转换为曲线工具 C 和3点曲线工具 在后片的基础上绘制一侧领子、腰带、下摆波浪和袖子（图5-192~图5-193）。

步骤3 镜像合并：用选择工具 框选右后片、前片、领子和袖子所有轮廓，复制轮廓，单击交互式属性栏中的水平镜像图标 ，移动到合适位置，选择合并工具 并将后片合并为一个整体，用矩形工具口和椭圆工具 绘制门襟和纽扣（图5-194~图5-195）。

步骤4 提取背面款式与群组：复制前片款式，删除领子前片部分与门襟，分别框选前片与后片，点击属性栏中的组合工具 （快捷键Ctrl+G），完成衬衫的正背面款式绘制（图5-196）。

步骤5 填充颜色:选择颜色工具，左键单击调色板颜色为内部填充色，右键单击黑色为轮廓填充色(图5-197)。

4.10 主教袖衬衫

款式概述:小立领适身型衬衫,袖子为骑士袖口放褶宽松,装合体宽袖克夫的主教袖款式,后背过肩处理(图5-198)。

步骤1 绘制后片:选择矩形工具□,线条粗细为1.5mm,轮廓线条为白色,在原型基础上拉出一个矩形,然后单击转换为曲线图标↻(或右键选择,快捷键Ctrl+Q),利用形状工具↖调整成如图所示的框图(可直接在衬衫原型上修改获得)(图5-199~图5-200)。

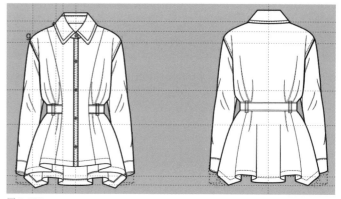

图 5-197

图 5-198

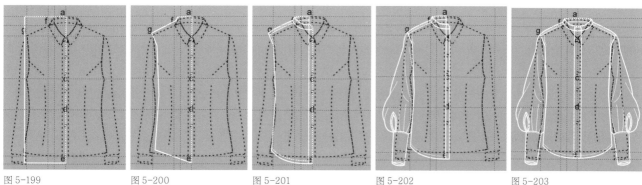

图 5-199　　图 5-200　　图 5-201　　图 5-202　　图 5-203

步骤2 绘制前片、袖子、领子:利用矩形工具□、转换为曲线图标↻和3点曲线工具品在后片的基础上绘制一侧前片、袖子和领子(图5-201~图5-202)。

步骤3 镜像合并:用选择工具▶框选右后片、前片、领子、袖子所有轮廓,复制轮廓,单击交互式属性栏中的水平镜像图标，移动到合适位置,并选择合并工具凸将后片合并为一个整体(图5-203)。

步骤4 提取背面款式与群组:复制前片款式,删除领子前片部分与门襟,分别框选前片与后片,点击属性栏中的组合工具（快捷键Ctrl+G),完成衬衫的正背面款式绘制(图5-204)。

步骤5 填充颜色:选择颜色工具，左键单击调色板颜色为内部填充色,右键单击黑色为轮廓填充色(图5-205)。

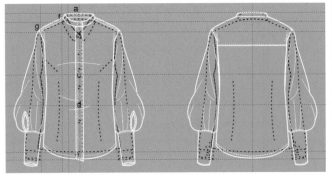

图 5-204

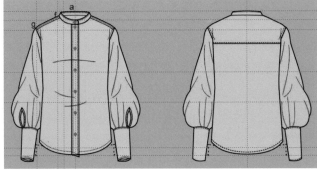

图 5-205

4.11 前中腰部扭结女衬衫

款式概述: 无袖及腰女衬衫, 前下摆中部扭结设计, 后摆长于前摆, 前片左右各一贴袋(图5-206)。

图 5-206

步骤1 绘制后片: 选择矩形工具口, 线条粗细为1.5mm, 轮廓线条为白色, 在原型基础上拉出一个矩形, 然后单击转换为曲线图标↻(或右键选择, 快捷键Ctrl+Q), 利用形状工具↖将矩形调整成如图所示的框图(可直接在衬衫原型上修改获得)(图5-207~图5-209)。

步骤2 镜像合并: 用选择工具▶框选右后片所有轮廓, 复制轮廓, 单击交互式属性栏中的水平镜像图标呬, 移动到合适位置, 选择合并工具凸将后片合并为一个整体。利用矩形工具口绘制领子、口袋、过肩造型, 然后在后片的基础上绘制前片造型, 利用钢笔工具▲调整前中扭结造型(图5-210~图5-212)。

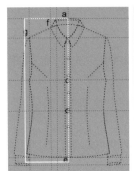

图 5-207

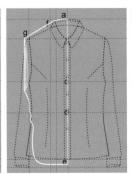

图 5-208

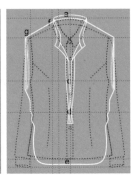

图 5-209

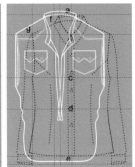

图 5-210

图 5-211

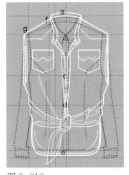
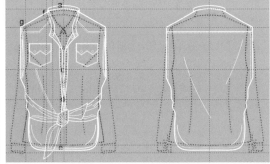

图 5-212　　　　　　　图 5-213

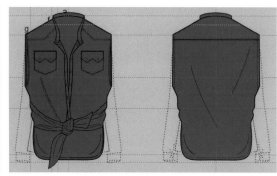

图 5-214

步骤3 提取背面款式与群组：复制前片款式，删除领子前片部分与门襟，分别框选前片与后片，点击属性栏中的组合工具🔲（快捷键Ctrl+G），完成衬衫的正背面款式绘制（图5-213）。

步骤4 填充颜色：选择颜色工具▦，左键单击调色板颜色为内部填充色，右键单击黑色为轮廓填充色（图5-214）。

4.12 喇叭袖女衬衫

款式概述：直筒衬衫，小翻领，袖子为喇叭袖（图5-215）。

步骤1 绘制后片和袖子：选择矩形工具▢，线条粗细为1.5mm，轮廓线条为白色，在原型基础上拉出一个矩形，然后单击转换为曲线图标↻（或右键选择，快捷键Ctrl+Q），利用形状工具↖将矩形调整成如图所示的框图（可直接在衬衫原型上修改获得）（图5-216~图5-218）。

步骤2 镜像合并：用选择工具▶框选右后片和袖子所有轮廓，复制轮廓，单击交互式属性栏中的水平镜像图标◫，移动到合适位置，选择合并工具◠将后片合并为一个整体（图5-219）。

步骤3 绘制前片、领子、门襟：利用矩形工具▢、转换为曲线图标↻和3点曲线工具⌔在后片的基础上绘制一侧前片、领子和门襟造型，并用椭圆工具○绘制纽扣（图5-220~图5-221）。

图 5-215

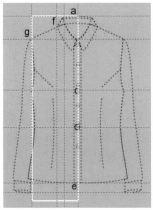

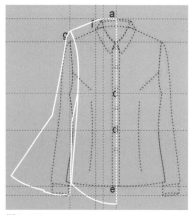

图 5-216　　　　　　　图 5-217　　　　　　　图 5-218

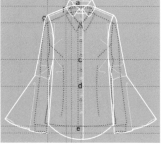

图 5-219　　　　　　　图 5-220　　　　　　　图 5-221

步骤4 提取背面款式与群组：复制前片款式，删除领子前片部分与门襟，分别框选前片与后片，点击属性栏中的组合工具⊡（快捷键Ctrl+G），完成衬衫的正背面款式绘制（图5-222）。

步骤5 填充颜色：选择颜色工具▦，左键单击调色板颜色为内部填充色，右键单击黑色为轮廓填充色（图5-223）。

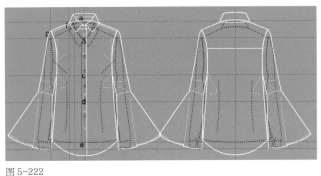

图 5-222

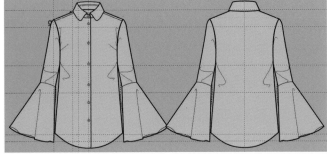

图 5-223

任务5 衬衫款式课后练习（图5-224~图5-237）

图 5-224

图 5-225

图 5-226

图 5-227

图 5-228

图 5-229

图 5-230

图 5-231

图 5-232

图 5-233

图 5-234

图 5-235

图 5-236

图 5-237

项目六　外套款式设计

图6-1

任务1 外套基本原型绘制

1.1 外套（女西装）原型绘制

1）外套（女西装）款式特点：

西装又称作"西服""洋装"，是指有翻领和驳头，三个口袋，衣长在臀围线以下的上衣（图6-1）。

2）外套（女西装）原型绘制步骤

步骤1 新建文件：单击文件→新建文件，文件名为"女西装原型"，图纸大小为A4横向，颜色模式为CMYK，分辨率设置为300dpi（图6-2）。

步骤2 设置图纸标尺及绘图比例：单击选项图标 ⚙（快捷键Ctrl+J，或双击标尺），弹出选项对话框，设置绘图单位为cm，绘图比例为1:5（图6-3）。

步骤3 设置图纸标尺起点与计量单位：单击标尺左上角的 ⬛ 按钮并按住鼠标不放，拖动鼠标，将坐标原点拖动到需要的位置。释放鼠标后，标尺会以释放点作为计量起点（图6-4）。

图6-2

图 6-3　　　　　　　　　　　　　　　　图 6-4

步骤4　根据款式、结合人体结构设置相应的辅助线。

水平辅助线设置：A—上领高线（标尺上0的位置）；B—领子的高度（标尺上-3.5的位置）；C—肩斜的高度（标尺上-6.7的位置）；D—袖山深线（标尺上-27的位置）；E—腰节线（标尺上-42的位置）；F—后衣长线（标尺上-56的位置）；G—前衣长线（标尺上-62的位置）（图6-5）。

垂直辅助线设置：H—前中线（标尺上0的位置）；I—叠门线（标尺上-2的位置）；J—后领宽线（标尺上-5的位置）；K—前领宽线（标尺上-8的位置）；L—腰宽线（标尺上-12的位置）；M—肩宽线（标尺上-15.5的位置）；N—侧摆宽线（标尺上-19的位置）；O—门襟线（标尺上2的位置）（图6-6）。

步骤5　根据辅助线绘制外框：选择矩形工具口，设置线条粗细为1.5mm ✒ ▢1.5 mm ▼ ，右键单击颜色色块设置线条的颜色，并在辅助线范围内拉出一个矩形，然后单击转换为曲线图标 ⟳（或右键选择，快捷键Ctrl+Q），利用形状工具 ⟍ 在合适的位置双击添加节点 ⬚ 调整成外套后衣片的直线框图。

添加节点位置：a—后中心点（坐标原点）；b—后领宽点；c—领肩点；d—肩端点；e—袖窿深点；f—侧腰点；g—侧摆点；h—后衣长点；I—前衣长点；j—叠门宽点（图6-7~图6-8）。

步骤6　调整外套轮廓：利用形

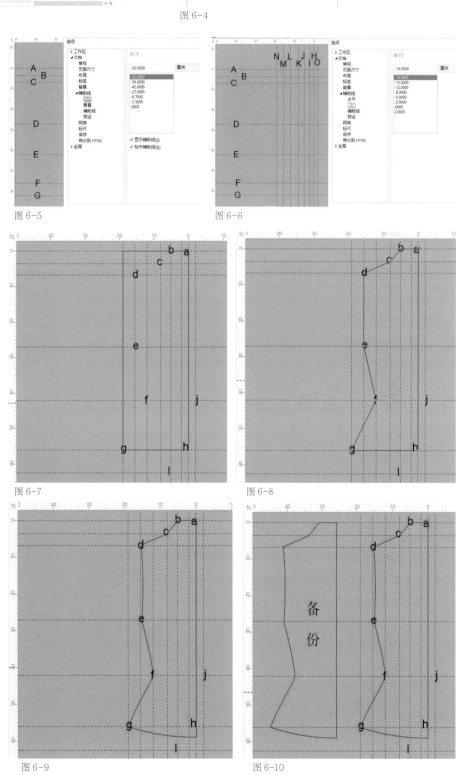

图 6-5　　　　　　　　　　　　　　图 6-6

图 6-7　　　　　　　　　　　　　　图 6-8

图 6-9　　　　　　　　　　　　　　图 6-10

状工具，选择需要调整的线段，通过单击交互式属性栏的转换为曲线图标，将其转换为曲线图形，按照人体形态调整贝塞尔曲线的两个拉杆，将其调整为所需形状，并将调整好的外套轮廓再复制一个放在旁边备用（图6-9~图6-10）。

步骤7 镜像半边外套轮廓，并将其组合成外套的后衣片：利用再制工具（Ctrl+D）将外套轮廓复制一个，选中选择工具，通过单击交互式属性栏的水平镜像图标进行镜像操作，并将其移动到合适的位置（快捷方法：挑选外套衣片轮廓，按住Ctrl键，移动到另一边合适的位置，按右键即可完成镜像）。然后按住Shift键同时选择右侧衣片和左侧衣片，在属性栏中选择合并图标，将左右衣片组合为一个后衣片整体（图6-11）。

步骤8 绘制前衣片：利用形状工具选择备用的后衣片，并结合转换为曲线图标调整成前衣片的造型。再复制（Ctrl+D）一个前衣片，并通过镜像工具放在左边相应的位置作为左前衣片（选择左前衣片，按住Ctrl直接拉至右边按右键结束也可）（图6-12~图6-13）。

步骤9 绘制袖子：利用钢笔工具参照与衣片的比例关系绘制一侧袖子的造型，然后将其复制粘贴，并利用镜像工具到另一侧（图6-14）。

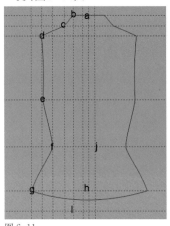
图 6-11

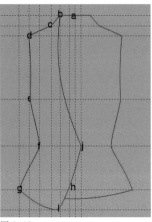
图 6-12

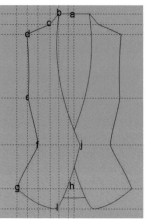
图 6-13

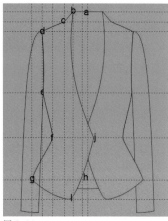
图 6-14

步骤10 绘制领子：用矩形工具绘制，结合转换成曲线工具绘制后领座和前翻领和驳领，将翻领和驳领复制粘贴镜像到另一侧，选择左右翻领和后领座，利用合并工具将其组合在一起，然后利用3点曲线工具补充翻折线，并将其转换为对象（Ctrl+Shift+Q），调整虚实关系，选择左边驳领，右键→顺序→置于此对象后，将其放在右驳领下，并将未遮盖的部位删除（图6-15~图6-16）。

步骤11 绘制后片：复制正面衣片轮廓，利用3点曲线工具和形状工具调整后面衣片所需的形状（图6-17）。

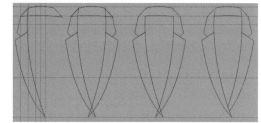
图 6-15

1.2 外套（女大衣）原型绘制

1）外套（女大衣）款式特点：女大衣是一种常见的外套，衣裾长至腰部及以下。按长度分为长、中、短三种；按材料分为呢大衣、裘皮大衣、棉大衣、皮革大衣、夹棉大衣、羽绒大衣；按用途分为礼服大衣，风雪大衣，御寒、防雨两用大衣。

女大衣有明显的腰身，下摆较宽，一般为长袖，领子有立领、关领、翻驳领等，前方可打开并可以使用双、单排扣（四粒扣、五粒扣）拉链、魔鬼毡开合，或采用腰带束起多用软线条分割。

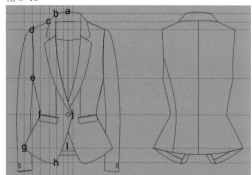
图 6-16

女大衣可从外形上加以变化，如束腰式、直统式、连帽式，或从领、袖、口袋以及衣身的各种切割线条进行拓展，使款式纷繁不一，风格各异。

2）外套（女大衣）原型绘制步骤：

步骤1 新建文件并设置绘图比例、标尺起点（与本项目1.1方法一致）。

步骤2 根据款式、结合人体结构设置相应的辅助线。

水平辅助线设置：A —上领高线（标尺上0的位置）；B—领子的高度（标尺上-4的位置）；C—肩斜的高度（标尺上-7的位置）；D—袖山深线（标尺

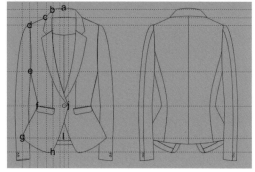
图 6-17

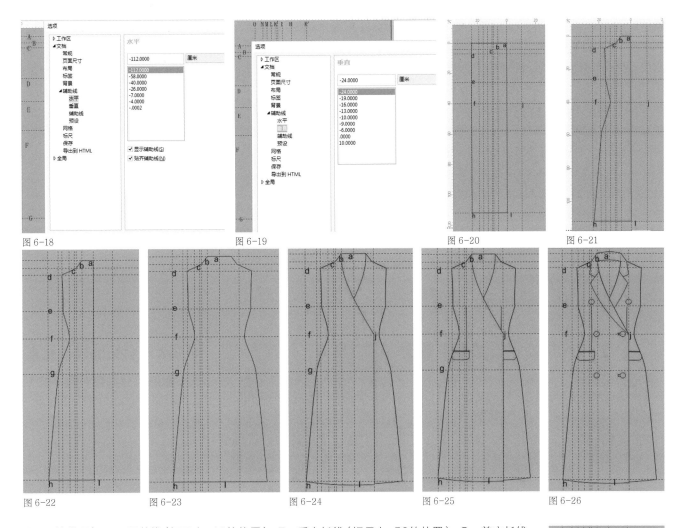

图 6-18　　　　　　　　　　　图 6-19　　　　　　　　　　图 6-20　　　　　　　　图 6-21

图 6-22　　　　图 6-23　　　　图 6-24　　　　图 6-25　　　　图 6-26

上-26的位置）；E—腰节线（标尺上-40的位置）；F—后衣长线（标尺上-58的位置）；G—前衣长线
（标尺上-112的位置）（图6-18）。

　　垂直辅助线设置：H—前中线（标尺上0的位置）；I—后领宽线（标尺上-6的位置）；J—前领宽
线（标尺上-9的位置）；K—双排扣叠门宽线（标尺上-10的位置）；L—腰宽线（标尺上-13的位置）；
M—肩宽线（标尺上-16的位置）；N—臀宽线（标尺上-19的位置）；O—摆缝线（标尺上-24的位
置）；K'—双排扣门襟线（标尺上-8的位置）（图6-19）。

　　步骤3 根据辅助线绘制外框：选择矩形工具□，设置线条粗细为1.5mm ◢ [1.5 mm ▾]，右键单击颜
色色块设置线条的颜色，并在辅助线范围内拉出一个矩形，然后单击转换为曲线图标 ⟳（或右键选择，快
捷键Ctrl+Q），利用形状工具 ⟲ 在合适的位置双击添加节点 ⬚⬚⬚ 将矩形调整成外套后衣片的直线框图。

　　添加节点 ⬚⬚⬚ 位置：a—后中心点（坐标原点）；b—后领宽点；c—领肩点；d—肩端点；e—袖窿深
点；f —侧腰点；g—臀围大点；h—侧摆点；I—前衣长点（图6-20~图6-21）。

图 6-27

　　步骤4 调整外套轮廓，镜像半边外套轮廓，并将其组合成女大衣的后衣片：利用形状工具 ⟲，选
择需要调整的线段，通过单击交互式属性栏的转换为曲线图标 ⟳，并将其转换为曲线图形；按照人体
形态调整贝塞尔曲线的两个拉杆，将其调整为所需形状，并将调整好的外套轮廓再复制（Ctrl+D）一个放在旁边备用。利用再制工具
（Ctrl+D）将外套轮廓复制一个，选中选择工具 ▸，通过单击交互式属性栏的水平镜像图标 ◲ 进行镜像操作，并将其移动到合适的位
置，然后按住Shift键同时选择右侧衣片和左侧衣片，在属性栏中选择合并图标 ◳，将左右衣片组合为一个整体（图6-22~图6-23）。

　　步骤5 绘制前衣片：利用形状工具 ⟲ 选择备用的后衣片，并结合转换为曲线图标 ⟳ 将衣片调整成前衣片的造型。再制
（Ctrl+D）一个前衣片，并通过镜像工具 ◲ 放在左边相应的位置作为左前衣片（选择右前衣片，按住Ctrl直接拉至右边按右键结束
也可）。J点为驳口止点。同时利用矩形工具□及3点曲线工具 ⌇ 绘制左右口袋及省道（图6-24~图6-25）。

　　步骤6 绘制领子、袖子：用矩形工具□绘制，结合转换曲线图标 ⟳ 绘制后领座、前翻领和驳领，将翻领和驳领复制粘贴并水平

119

镜像到另一侧；选择左右翻领和后领座，利用合并工具凸将其组合在一起，然后利用3点曲线工具♣补充翻折线，并将其转换为对象（Ctrl+Shift+Q）；调整虚实关系，选择左边驳领，右键→顺序→置于此对象后，将其放在右驳领下，并将未遮盖的部位进行删除。选择椭圆工具◯绘制扣子。利用钢笔工具◢参照与衣片的比例关系绘制一侧袖子的造型，然后将其复制粘贴，并利用镜像工具◫复制到另一侧。利用椭圆工具◯绘制好袖衩位置的扣子（图6-26~图6-27）。

步骤7 绘制后片：将正面衣片轮廓进行复制，利用3点曲线工具♣和形状工具调整后衣片所需的形状，同时画好左右肩省（图6-28~图6-29）。

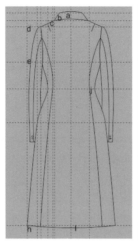
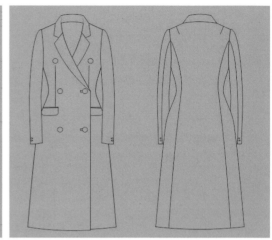

图6-28　　　　　图6-29

图6-30

任务2 外套拓展设计元素

2.1 廓形和分割线（图6-30）

1）廓形变化：通过改变肩宽、胸围、腰围、臀围辅助线可以进行八开身X型、H型、Y型、A型变化，结合3点曲线工具♣和形状工具✎进行调整，可得到不同廓形的外套（图6-31~图6-34）。

2）分割变化：按照外套的几条基本辅助线进行分割变化，可进行胸线分割、腰线分割、臀围线分割、下摆分割、不规则分割等，可直向、横向、斜向，可单独，也可组合（图6-35~图6-38）。

3）外套廓形和分割元素拓展设计范例绘制步骤（图6-39）：

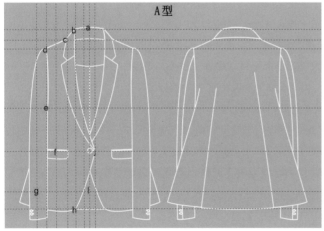

图6-31

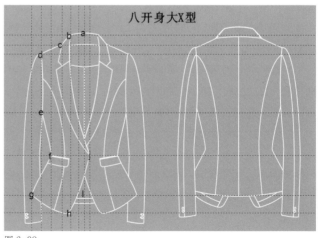

图6-32

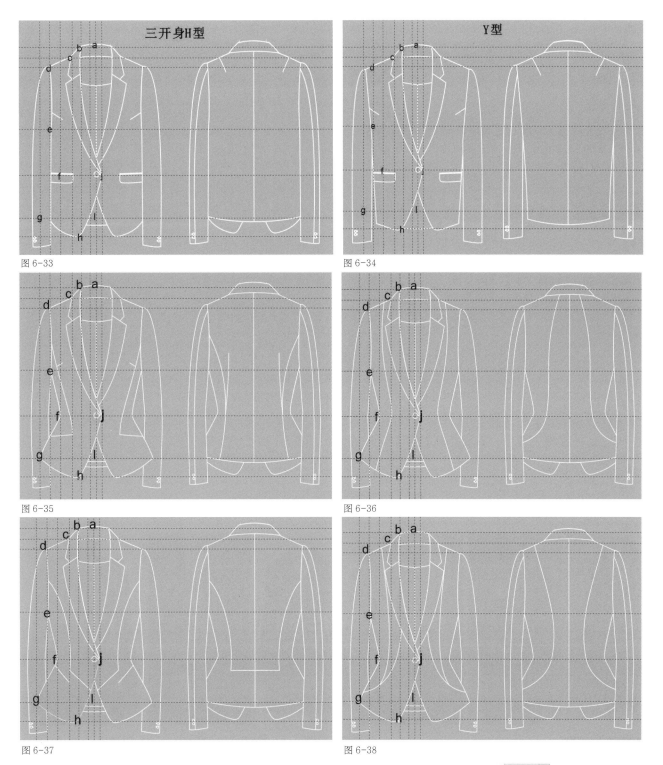

图 6-33　　　　　　　　　　　　　　　图 6-34

图 6-35　　　　　　　　　　　　　　　图 6-36

图 6-37　　　　　　　　　　　　　　　图 6-38

步骤1 根据西装原型绘制外套外框并合并后片：选择矩形工具▢，设置线条粗细为1.5mm✎ 1.5 mm ▾，线条颜色为白色。根据原型比例关系拉出两个矩形，然后单击转换为曲线图标↻（或右键选择，快捷键Ctrl+Q），利用形状工具↖在合适的位置双击添加节点⚬⚬⚬，将矩形调整成一侧的前片和后片造型。然后用选择工具▶框选一侧后片复制粘贴并水平镜像▯▯到另一侧，选择合并工具⌐将后片合并为一个整体（图6-40~图6-41）。

步骤2 绘制款式前片、领子、袖子款式结构：使用矩形工具▢，钢笔工具✍及3点曲线工具ᨀ绘制圆领、前片门襟、分割、袖子等款式特征，然后用选择工具▶框选所有轮廓复制粘贴并水平镜像▯▯到另一侧合适的位置（注意门襟的重叠）（图6-42~图6-43）。

步骤3 调整背面款式特征：将前片拖动到合适位置点击右键再得到一个前片，用选择工具▶选择需要的区域进行修改（领子、底摆、袖口等），然后点击右键调整好衣片与袖子的前后顺序关系，完成后片造型（图6-44）。

步骤4 填充颜色：用选择工具▶分别选择前后片，左键单击调色板颜色为内部填充色，右键单击黑色为轮廓填充色（图6-45）。

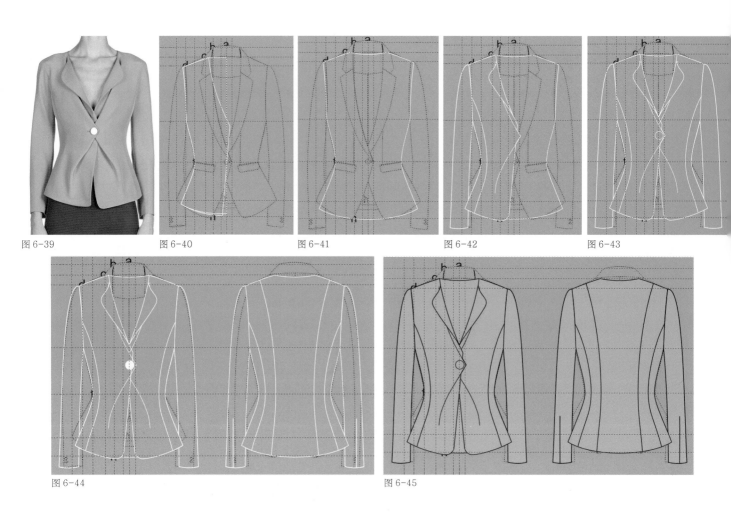

图 6-39　　　　　图 6-40　　　　　图 6-41　　　　　图 6-42　　　　　图 6-43

图 6-44

图 6-45

2.2 领口及领子（图6-46）

图 6-46

1）领口、领子变化：外套的领子可以有立领、翻领、翻驳领、青果领、丝瓜领、无领和造型领等样式，每一种领型又可变化出无穷的造型（图6-47~图6-51）。

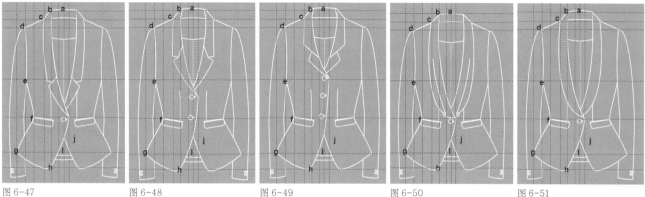

图 6-47　　　　　图 6-48　　　　　图 6-49　　　　　图 6-50　　　　　图 6-51

2）外套领口及领子元素拓展设计范例绘制步骤：

步骤1 根据西装原型绘制外框、合并后片：选择矩形工具口，设置线条粗细为1.5mm [1.5 mm]，线条颜色为白色。根据原型比例关系拉出两个矩形，然后单击转换为曲线图标 ☾（或右键选择，快捷键Ctrl+Q），利用形状工具 ↖ 在合适的位置双击添加节点 将矩形调整成一侧的前片和后片造型。然后用选择工具 ↖ 框选一侧后片复制粘贴并水平镜像 到另一侧，选择合并工具 将后片合并为一个整体（图6-53~图6-54）。

步骤2 绘制前片、领子、袖子、下摆波浪款式结构：使用矩形工具口、钢笔工具 及3点曲线工具 绘制青果领、下摆分割、袖子等款式特征，然后用选择工具 ↖ 框选所有轮廓，复制粘贴并水平镜像 到另一侧合适的位置（注意对襟）（图6-55~图6-56）。

步骤3 调整背面款式特征：将前片拖动到合适位置点击右键再得到一个前片，用选择工具 ↖ 选择需要的区域进行修改（领子、底摆、袖口等），然后右键调整好衣片与袖子的前后顺序关系完成后片造型（图6-57）。

步骤4 填充颜色：用选择工具 ↖ 分别选择前后片，左键单击调色板颜色为内部填充色，右键单击黑色为轮廓填充色（图6-58）。

图 6-52

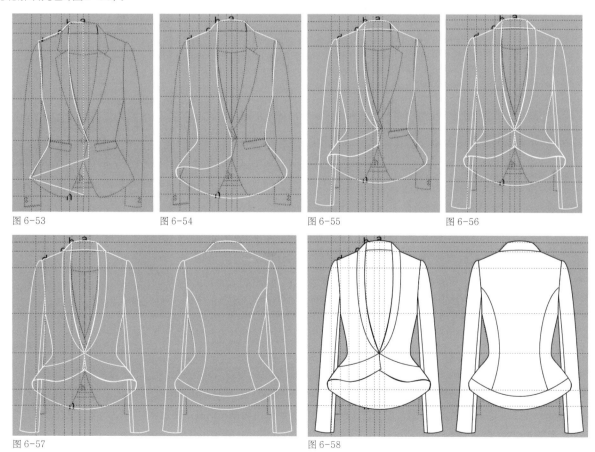

图 6-53　　　　　图 6-54　　　　　图 6-55　　　　　图 6-56

图 6-57　　　　　图 6-58

2.3 袖子及袖口（图6-59）

图6-59

1）袖子、袖口变化：外套的袖子有平装袖、圆装袖、插肩袖及连袖等，在袖子造型上可以翘肩、泡泡、收褶，袖口造型上可以装饰袖衩、开衩、收褶等（图6-60~图6-63）。

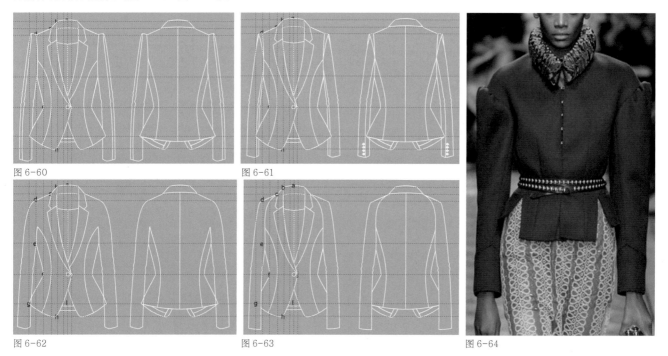

图6-60　　　　　　　　　　图6-61

图6-62　　　　　　　　　　图6-63　　　　　　　　　　图6-64

2）外套袖子及袖口元素拓展设计范例绘制步骤（图6-64）：

步骤1 根据西装原型绘制外框，合并后片：选择矩形工具□，设置线条粗细为1.5mm✐ 1.5 mm ▾，线条颜色为白色。根据原型比例关系拉出两个矩形，然后单击转换为曲线图标Ϛ（或右键选择，快捷键Ctrl+Q），利用形状工具↖在合适的位置双击添加节点▦将矩形调整成一侧的前片和后片造型。然后用选择工具▸框选一侧后片复制粘贴并水平镜像▣到另一侧，选择合并工具╚将后片合并为一个整体（图6-65~图6-66）。

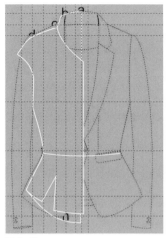
图 6-65

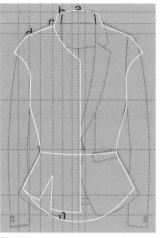
图 6-66

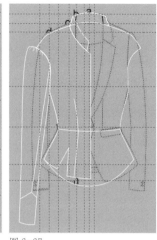
图 6-67

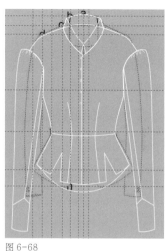
图 6-68

步骤2 绘制款式前片、领子、袖子款式结构：使用矩形工具 □、钢笔工具 及3点曲线工具 绘制立领、前片底边开衩、袖子等款式特征，然后用选择工具 框选所有轮廓复制粘贴并水平镜像 到另一侧合适的位置（注意门襟的纽襻）（图6-67~图6-68）。

步骤3 调整背面款式特征：将前片拖动到合适位置，点击右键再得到一个前片，使用选择工具 选择需要的区域进行修改（领子、底摆等），然后右键调整好衣片与袖子的前后顺序关系，完成后片造型（图6-69）。

步骤4 填充颜色：用选择工具 分别选择前后片，左键单击调色板颜色为内部填充色，右键单击黑色为轮廓填充色（图6-70）。

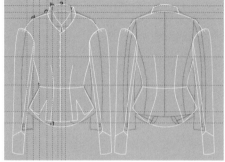
图 6-69

图 6-70

2.4 门襟和下摆（图6-71）

1）门襟变化：门襟可以单门襟、双门襟、明门襟、暗门襟，在样式上可以加入色彩拼接、扭转式交叠、附片设计、装饰性边缘、趣味性组合等各种变化（图6-72~图6-75）。

2）下摆变化：外套的下摆可以有直的、斜的、圆弧的、不对称的，还可以有很多附加装饰的造型，如波浪边、花边、褶裥等（图6-76~图6-79）。

图 6-71

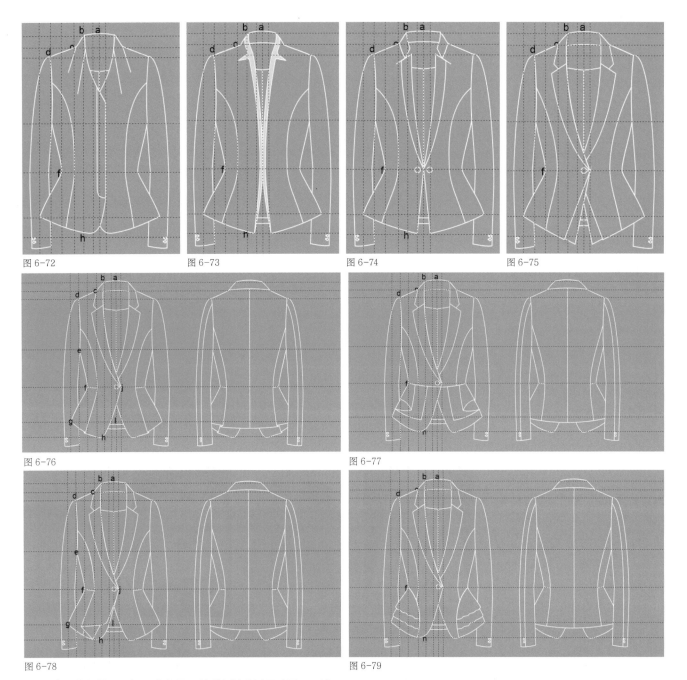

图 6-72　　　　　　图 6-73　　　　　　图 6-74　　　　　　图 6-75

图 6-76

图 6-77

图 6-78

图 6-79

3）外套门襟和下摆元素拓展设计范例绘制步骤（图6-80）：

步骤1 根据女西装原型绘制外框，合并后片：选择矩形工具▢，设置线条粗细为1.5mm ◉ [1.5 mm ▾]，线条颜色为白色。根据原型比例关系拉出两个矩形，然后单击转换为曲线图标↻（或右键选择，快捷键Ctrl+Q），利用形状工具⬚在合适的位置双击添加节点▦将矩形调整成一侧的前片和后片造型。然后用选择工具▶框选一侧后片复制粘贴并水平镜像⬚到另一侧，选择合并工具⬚将后片合并为一个整体（图6-81~图6-82）。

步骤2 绘制前片、领子、袖子款式结构：使用矩形工具▢，钢笔工具▨及3点曲线工具⬚绘制翻驳领、前片门襟、分割、袖子等款式特征，然后用选择工具▶框选所有轮廓复制粘贴并水平镜像⬚到另一侧合适的位置（注意前片左右的不对称）（图6-83~图6-84）。

步骤3 调整背面款式特征：将前片拖动到合适位置，点击右键再得到一个前片，然后用选择工具▶选择需要的区域进行修改（领子、底摆、袖口等），然后右键调整好衣片与袖子的前后顺序关系完成后片造型（图6-85）。

图 6-80

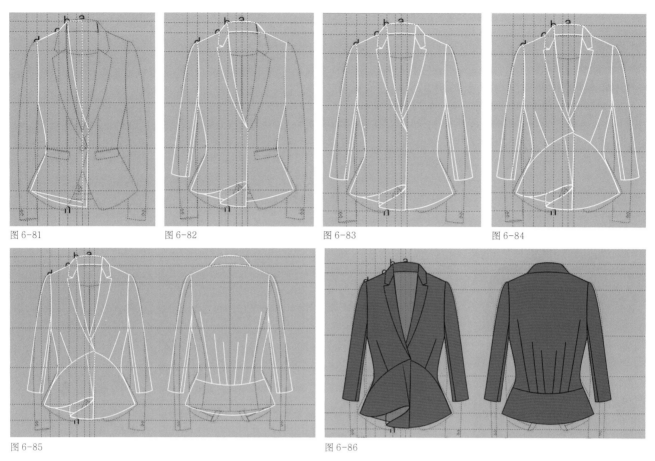

图 6-81　　　　　　　　　图 6-82　　　　　　　　　图 6-83　　　　　　　　　图 6-84

图 6-85　　　　　　　　　　图 6-86

步骤4 填充颜色：选择工具 ✎ 分别选择前后片，左键单击调色板颜色为内部填充色，右键单击黑色为轮廓填充色（图6-86）。

2.5 口袋及装饰

图 6-87

1）口袋变化：根据款式的风格，外套一般采用单嵌挖袋、双嵌挖袋、带袋盖挖袋、暗贴袋、立体口袋、风琴口袋、斜插袋等（图6-87）。

2）装饰变化：在外套上可运用的装饰手法有镶边、刺绣、织带、贴图案及面料拼接等（图6-88～图6-93）。

3）外套口袋和装饰元素拓展设计范例绘制步骤（图6-94）：

图6-94

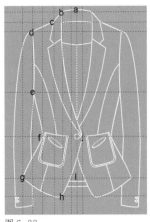

图6-88

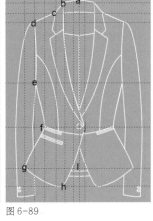

图6-89

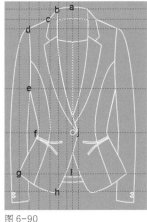

图6-90

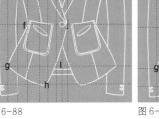

图6-91

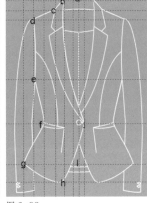

图6-92

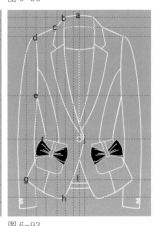

图6-93

步骤1 根据西装原型绘制外框，合并后片：选择矩形工具口，设置线条粗细为1.5mm，线条颜色为白色。根据原型比例关系拉出两个矩形，然后单击转换为曲线图标（或右键选择，快捷键Ctrl+Q），利用形状工具在合适的位置双击添加节点将矩形调整成一侧的前片和后片造型。然后用选择工具框选一侧后片复制粘贴并水平镜像到另一侧，选择合并工具将后片合并为一个整体（图6-95～图6-96）。

步骤2 绘制前片、领子、袖子、分割及口袋款式结构：使用矩形工具口、钢笔工具及3点曲线工具绘制翻领、前片分割、袖子、口袋、镶边等款式特征，然后用选择工具框选所有轮廓复制粘贴并水平镜像到另一侧合适的位置（口袋、分割线侧边的装饰可用调和工具操作）（图6-97～图6-98）。

步骤3 调整背面款式特征：将前片拖动到合适位置，点击右键再得到一个前片，用选择工具选择需要的区域进行修改（领子、底摆、袖口等），然后右键调整好衣片与袖子的前后顺序关系，完成后片造型（图6-99）。

步骤4 填充颜色：用选择工具分别选择前后片，左键单击调色板颜色为内部填充色，右键单击黑色为轮廓填充色（图6-100）。

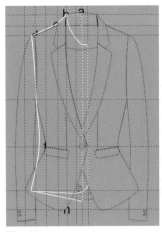

图6-95

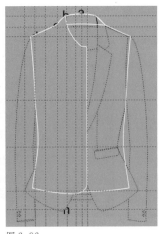

图6-96

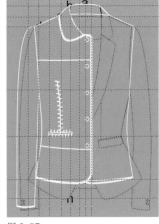

图6-97

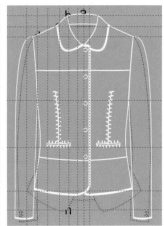

图6-98

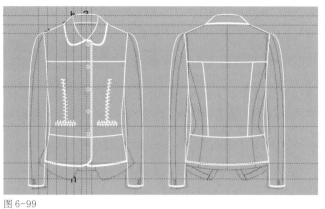

图 6-99

图 6-100

任务3 外套系列拓展设计(以女西装为例)

3.1 以"刀型翻领"为不变元素,在分割线上进行变化的系列拓展设计(图6-101~图6-106)

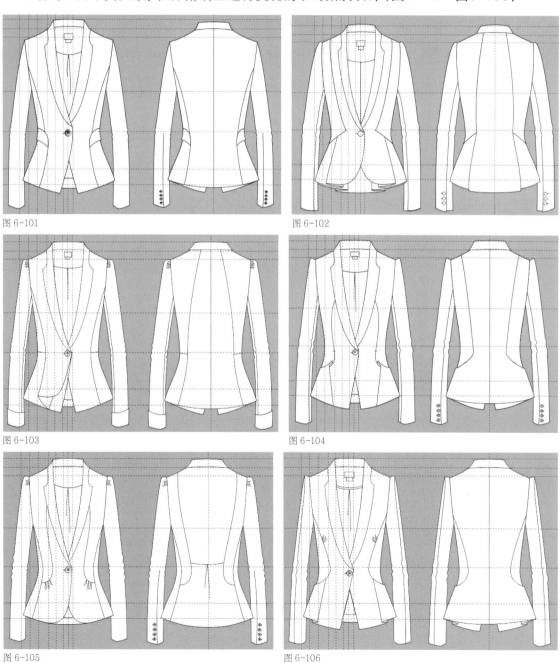

图 6-101

图 6-102

图 6-103

图 6-104

图 6-105

图 6-106

3.2 以"连立领"为不变元素，在分割线上进行变化的系列拓展设计（图6-107~图6-114）

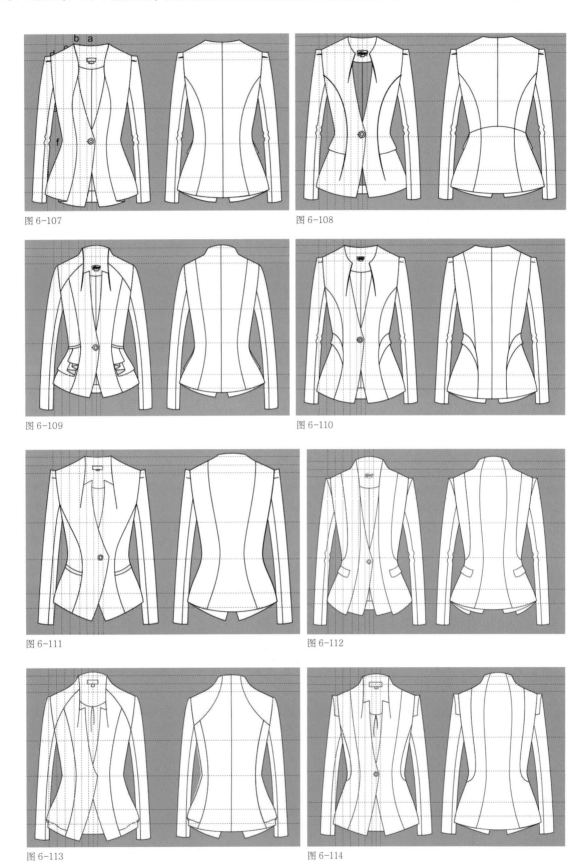

图 6-107

图 6-108

图 6-109

图 6-110

图 6-111

图 6-112

图 6-113

图 6-114

3.3 以"短袖"为不变元素，在褶裥上进行变化的系列拓展设计（图6-115~图6-122）

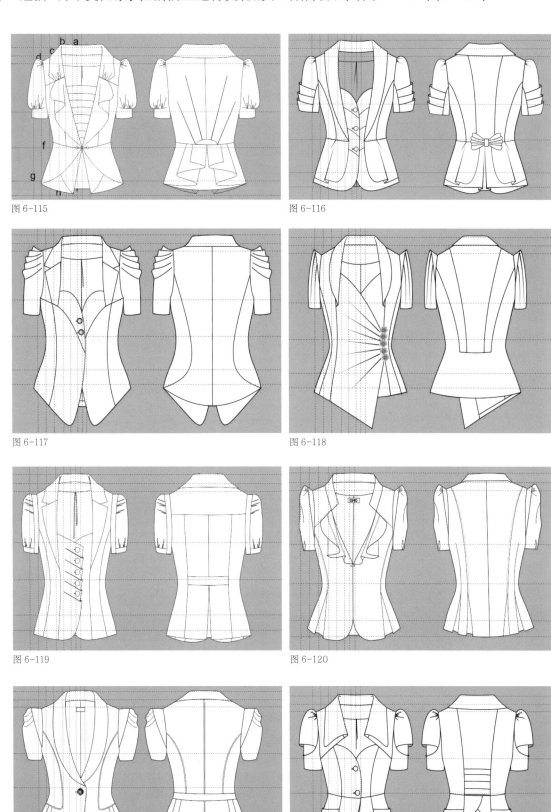

图 6-115

图 6-116

图 6-117

图 6-118

图 6-119

图 6-120

图 6-121

图 6-122

任务4 外套综合设计案例

4.1 褶裥飘带领外套

款式概述:合体西装外套,领子为褶裥飘带领,后片分割线上收4个褶(图6-123)。

步骤1 根据西装原型绘制外框,合并后片:选择矩形工具口,设置线条粗细为1.5mm，线条颜色为白色。根据原型比例关系拉出两个矩形,然后单击转换为曲线图标（或右键选择,快捷键Ctrl+Q）。利用形状工具在合适的位置双击添加节点调整成一侧的前片、后片和袖子造型。然后用选择工具框选一侧后片复制粘贴并水平镜像到另一侧,选择合并工具将后片合并为一个整体(图6-124~图6-125)。

步骤2 绘制前片、领子、袖子款式结构:用选择工具框选前片和袖子复制粘贴并水平镜像到另一侧合适的位置（注意门襟的重叠）。然后使用矩形工具口,钢笔工具及3点曲线工具绘制翻领造型（参照女西装原型的领子画法）(图6-126~图6-127)。

步骤3 调整背面款式特征:将前片拖动到合适位置,点击右键再得到一个前片,用选择工具选择需要的区域进行修改（领子、背面分割、褶裥等）,然后点击右键调整好衣片与袖子的前后顺序关系,完成后片造型(图6-128)。

步骤4 填充颜色:用选择工具分别选择前后片,左键单击调色板颜色为内部填充色,右键单击黑色为轮廓填充色(图6-129)。

4.2 花边领直身外套

款式概述:直身型外套,领子为花边领,左右装立体贴袋(图6-130)。

图6-123

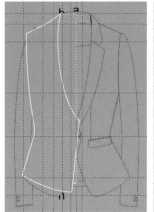
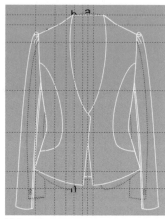

图6-124　图6-125　图6-126

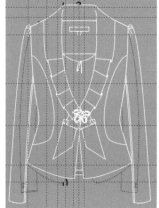
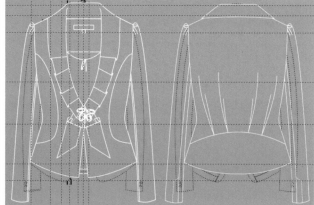

图6-127　图6-128

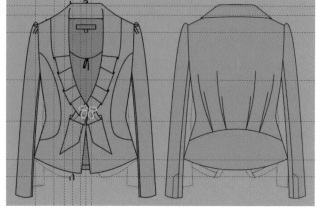

图6-129

步骤1 根据西装原型绘制外框,合并后片:选择矩形工具口,设置线条粗细为1.5mm✒ 1.5mm▾,线条颜色为白色。根据原型比例关系拉出两个矩形,然后单击转换为曲线图标↻(或右键选择,快捷键Ctrl+Q),利用形状工具🖉在合适的位置双击添加节点➕,将矩形调整成一侧的前片和后片造型。然后用选择工具➤框选一侧后片,复制粘贴并水平镜像🔁到另一侧,选择合并工具🔁将后片合并为一个整体(图6-131~图6-132)。

步骤2 绘制前片、袖子、领子款式结构:使用矩形工具口,钢笔工具🖉及3点曲线工具✂绘制前片口袋、分割、袖子等款式特征,用选择工具➤框选所有轮廓复制粘贴并水平镜像🔁到另一侧合

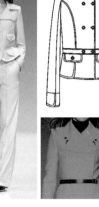
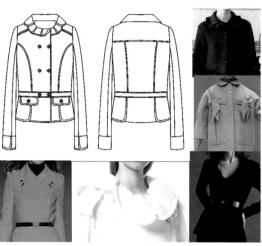

图6-130

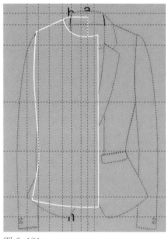
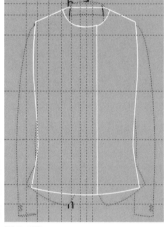
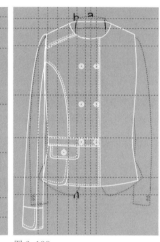

图6-131　　　　　图6-132　　　　　图6-133

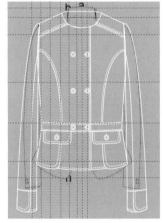
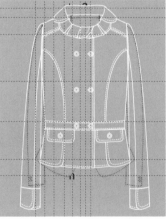
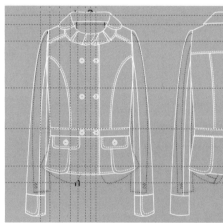

图6-134　　　　　图6-135　　　　　图6-136

适的位置(注意双排扣门襟的重叠),然后画上花边领(图6-133~图6-135)。

步骤3 调整背面款式特征:将前片拖动到合适位置,点击右键再得到一个前片,用选择工具➤选择需要的区域进行修改(领子、底摆、袖口等),然后右键调整好衣片与袖子的前后顺序关系,完成后片造型(图6-136)。

步骤4 填充颜色:用选择工具➤分别选择前后片,左键单击调色板颜色为内部填充色,右键单击黑色为轮廓填充色(图6-137)。

图6-137

4.3 连立领弧线分割外套

款式概述: 连立领, 前后弧线分割, 小翘肩袖, 侧面装口袋 (图6-138)。

步骤1 根据西装原型绘制外框, 合并后片: 选择矩形工具□, 设置线条粗细为1.5mm ▯ 1.5 mm ▾, 线条颜色为白色。根据原型比例关系拉出两个矩形, 然后单击转换为曲线图标 ↻ (或右键选择, 快捷键Ctrl+Q), 利用形状工具 ⟨ 在合适的位置双击添加节点, 将矩形调整成一侧的前片和后片造型。然后用选择工具 ▸ 框选一侧后片复制粘贴, 并水平镜像 ◖▸ 到另一侧, 选择合并工具 ⊐ 将后片合并为一个整体 (图6-139~图6-140)。

步骤2 绘制前片、袖子款式结构: 使用矩形工具□, 钢笔工具 ▯ 及3点曲线工具 ♣ 绘制圆领、前片分割、口袋、袖子等款式特征, 然后用选择工具 ▸ 框选所有轮廓复制粘贴并水平镜像 ◖▸ 到另一侧合适的位置 (注意门襟的重叠) (图6-141~图6-142)。

步骤3 调整背面款式特征: 将前片拖动到合适位置, 点击右键再得到一个前片, 用选择工具 ▸ 选择需要的区域进行修改 (领子、底摆、袖口等), 然后右键调整好衣片与袖子的前后顺序关系, 完成后片造型 (图6-143)。

步骤4 填充颜色: 用选择工具 ▸ 分别选择前后片, 左键单击调色颜色为内部填充色, 右键单击黑色为轮廓填充色 (图6-144)。

图 6-138

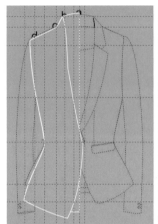

图 6-139

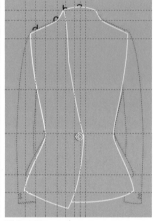

图 6-140

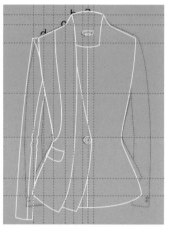

图 6-141

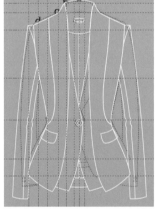

图 6-142

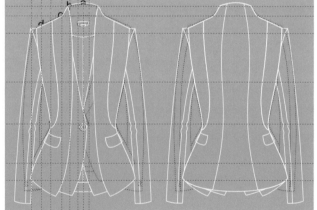

图 6-143

图 6-144

4.4 重复扣子装饰军装风格外套

款式概述：军装式外套，前中立领扣子装饰，硬朗斜线风格，直线分割插肩袖（图6-145）。

步骤1 根据西装原型绘制外框，合并后片：选择矩形工具口，设置线条粗细为1.5mm ⏚ 1.5 mm ▼，线条颜色为白色。根据原型比例关系拉出两个矩形，然后单击转换为曲线图标 ᗡ（或右键选择，快捷键Ctrl+Q）。利用形状工具 ⬍ 在合适的位置双击添加节点 ⬚，将矩形调整成一侧的前片和后片造型。然后用选择工具 ⬏ 框选一侧后片复制粘贴并水平镜像 ⬚ 到另一侧，选择合并工具 ⬚ 将后片合并为一个整体（图6-146~图6-147）。

步骤2 绘制前片、领子、袖子款式结构：使用矩形工具口，钢笔工具 ⬚ 及3点曲线工具 ⬚ 绘制圆领、前片门襟、领子、分割及袖子等款式特征，然后用选择工具 ⬏ 框选所有轮廓复制粘贴并水平镜像 ⬚ 到另一侧合适的位置（注意对襟的画法）（图6-148~图6-149）。

步骤3 调整背面款式特征：将前片拖动到合适位置，点击右键再得到一个前片，用选择工具 ⬏ 选择需要的区域进行修改（领子、底摆、袖口等），然后右键调整好衣片与袖子的前后顺序关系，完成后片造型（图6-150）。

步骤4 填充颜色：用选择工具 ⬏ 分别选择前后片，左键单击调色颜色为内部填充色，右键单击黑色为轮廓填充色（图6-151）。

图6-145

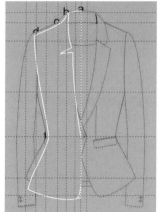

图6-146

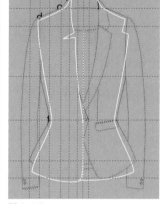

图6-147

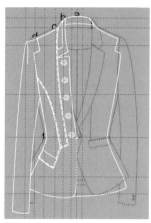

图6-148

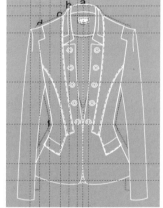

图6-149

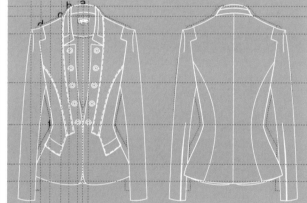

图6-150

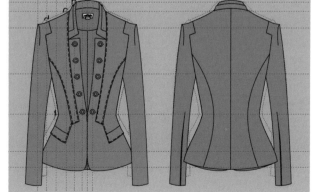

图6-151

135

4.5 A型斗篷式外套

款式概述：A型外套，连袖，袖底开口，弧形下摆（图6-152）。

步骤1 根据西装原型绘制外框，合并后片：选择矩形工具⬜，设置线条粗细为1.5mm⬚ 1.5 mm ，线条颜色为白色。拉出矩形，然后单击转换为曲线图标⟳（或右键选择，快捷键Ctrl+Q），利用形状工具➹在合适的位置双击添加节点⬚将矩形将矩形调整成后片造型。然后用选择工具�‑框选一侧后片，复制粘贴两个并水平镜像⬚到另一侧，选择一个用合并工具⬚将后片合并为一个整体（图6-153~图6-154）。

步骤2 根据后片造型绘制前片：将第一步备份的后片造型用选择工具➹

图 6-152

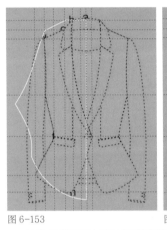

图 6-153

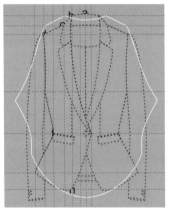

图 6-154

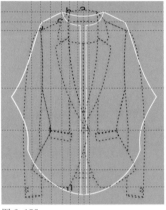

图 6-155

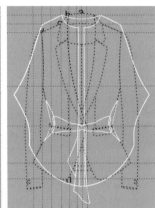

图 6-156

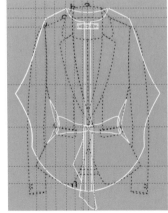

图 6-157

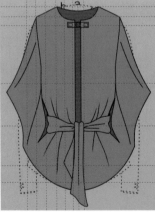

图 6-158

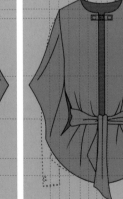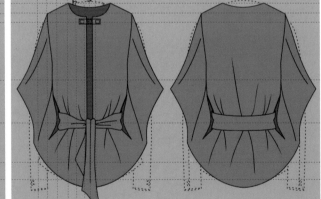

图 6-159

调整成前片的款式，复制粘贴镜像移动到另一侧，然后用钢笔工具⬚绘制腰带造型（图6-155~图6-156）。

步骤3 刻画前片内部结构：使用矩形工具⬜，钢笔工具⬚及3点曲线工具⬚刻画前片内部的一些褶、门襟扣子等（图6-157~图6-158）。

步骤4 调整背面款式特征、填充颜色：将前片拖动到合适位置，点击右键再得到一个前片，用选择工具➹选择需要的区域进行修改（领子、底摆、袖口等），然后右键调整好衣片与袖子的前后顺序关系完成后片造型，左键单击调色颜色为内部填充色，右键单击黑色为轮廓填充色（图6-159）。

4.6 截短式外套

款式概述：及腰外套，无领，泡泡袖，下摆前短后长（图6-160）。

步骤1 根据西装原型绘制外框，合并后片：选择矩形工具□，设置线条粗细为1.5mm ◢ `1.5 mm` ▼，线条颜色为白色。根据原型比例关系拉出两个矩形，然后单击转换为曲线图标 ⟳（或右键选择，快捷键Ctrl+Q），利用形状工具 ◥ 在合适的位置双击添加节点 ◢ 将矩形调整成一侧的前片和后片造型。然后用选择工具 ◥ 框选一侧后片复制粘贴并水平镜像 ◫ 到另一侧，选择合并工具 ◹ 将后片合并为一个整体，前片则门襟重叠（图6-161~图6-162）。

步骤2 绘制前片内部、袖子结构：使用矩形工具□，钢笔工具 ◢ 及3点曲线工具 ◞ 绘制前后片分割线、袖子等款式特征，然后用选择工具 ◥ 框选所有轮廓复制粘贴并水平镜像 ◫ 到另一侧合适的位置（图6-163~图6-164）。

步骤3 填充颜色：选择工具 ◥ 右键依次调整前片、后片、袖子的前后顺序，然后单击调色颜色填充前片，用钢笔工具 ◢ 绘制侧边扣袢（图6-165~图6-166）。

步骤4 调整背面款式特征、填充颜色：将前片拖动到合适位置，点击右键再得到一个前片，用选择工具 ◥ 选择需要的区域进行修改（领子、底摆、袖口等），然后右键调整好衣片与袖子的前后顺序关系，完成后片造型，用颜色滴管工具 ◢ 点击正面颜色填充到背面款式中（图6-167）。

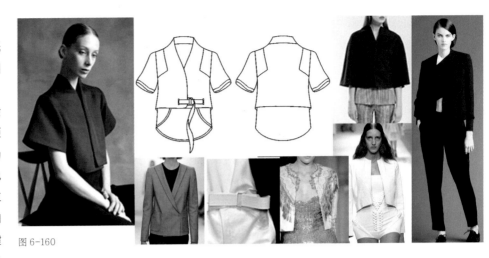

图 6-160

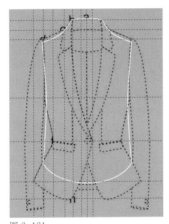

图 6-161

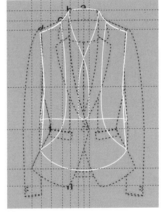

图 6-162

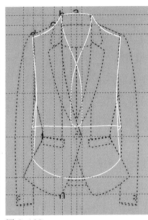

图 6-163

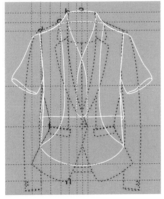

图 6-164

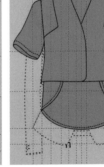

图 6-165

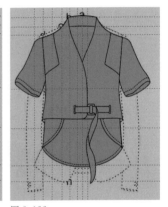

图 6-166

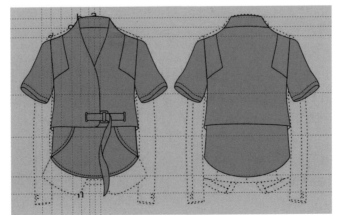

图 6-167

4.7 罗纹立领束腰外套

宽松型外套，立领、袖口、下摆装罗纹，腰部打孔穿绳束腰（图6-168）。

步骤1 根据西装原型绘制外框，合并后片：选择矩形工具□，设置线条粗细为1.5mm ✎ 1.5 mm ▾，线条颜色为白色。根据原型比例关系拉出两个矩形，然后单击转换为曲线图标 ↻ （或右键选择，快捷键Ctrl+Q），利用形状工具 ⬛ 在合适的位置双击添加节点 ⬛ 将矩形调整成一侧的前片和后片造型。然后用选择工具 ➤ 框选一侧后片复制粘贴并水平镜像 ᐊᐅ 到另一侧，选择合并工具 ↬ 将后片合并为一个整体（图6-169~图6-170）。

步骤2 绘制前片、袖子、领子款式结构：使用矩形工具□，钢笔工具 ✎ 及3点曲线工具 ➦ 绘制袖子、腰带、口袋及拉链造型（拉链使用简易画法，画一条线

图 6-168

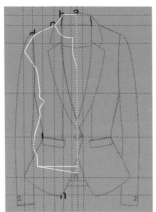
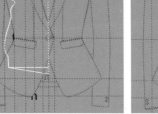
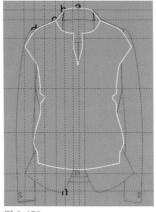
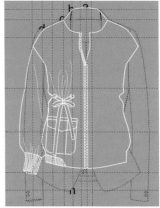

图 6-169　　　　　　图 6-170　　　　　　图 6-171

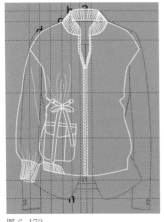
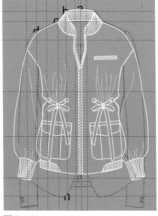
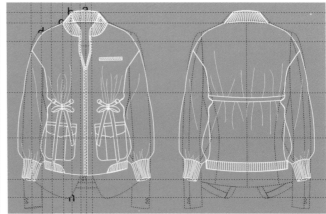

图 6-172　　　　　　图 6-173　　　　　　图 6-174

后用拉链变形工具 ⚙ 调整属性栏中的数值即可），然后用调和工具 ♒ 绘制领子、下摆、袖口的罗纹（图6-171~图6-173）。

步骤3 调整背面款式特征：将前片拖动到合适位置，点击右键再得到一个前片，用选择工具 ➤ 选择需要的区域进行修改（领子、底摆、袖口等），然后右键调整好衣片与袖子的前后顺序，关系完成后片造型（图6-174）。

步骤4 填充颜色：用选择工具 ➤ 分别选择前后片，左键单击调色颜色为内部填充色，右键单击黑色为轮廓填充色（图6-175）。

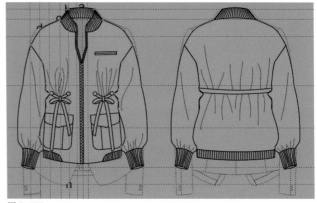

图 6-175

4.8 A字型大衣外套

款式概述：外型为宽松的A字造型，袖子也相应地采用A型设计，领子为翻领，并设有暗门襟和横向分割，在分割处装袋盖（图6-176）。

步骤1 根据大衣原型绘制外框：选择矩形工具 ▭，设置线条粗细为1.5mm ✎ 1.5 mm ▾ ，线条颜色为白色。根据原型比例关系拉出矩形，然后单击转换为曲线图标 ↻（或右键选择，

图 6-176

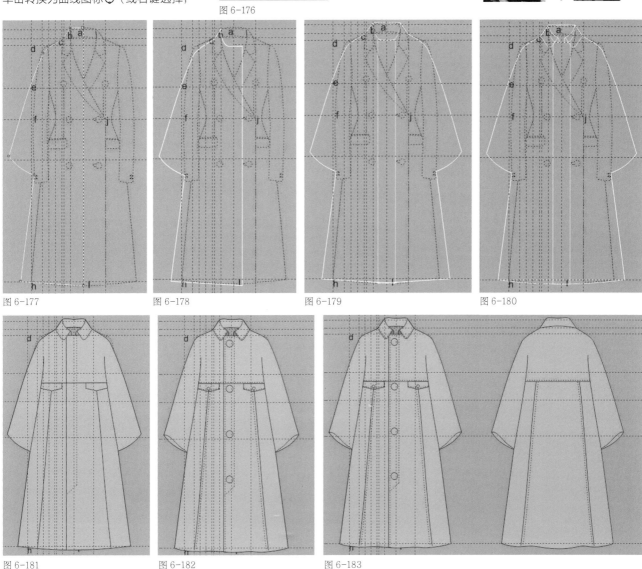

图 6-177　　　　图 6-178　　　　图 6-179　　　　图 6-180

图 6-181　　　　图 6-182　　　　图 6-183

快捷键Ctrl+Q），利用形状工具 ↘，在合适的位置双击添加节点 ▣ 将矩形调整成一侧的前片和后片造型（图6-177~图6-178）。

步骤2 镜像前片，绘制领子：用选择工具 ▶，框选一侧前片复制粘贴并水平镜像 ◫ 到另一侧，然后用钢笔工具 ✎ 绘制领子效果（图6-179~图6-180）。

步骤3 填充前片颜色并刻画内部细节：用选择工具 ▶ 选择前片，左键单击调色颜色进行填充，用钢笔工具 ✎ 及3点曲线工具 ✎ 刻画前片口袋和分割线（图6-181~图6-182）。

步骤4 调整背面款式特征、填充颜色：将前片拖动到合适位置，点击右键再得到一个前片，用选择工具 ▶ 选择需要的区域进行修改（领子、底摆、分割线等），然后右键调整好衣片与袖子的前后顺序关系，完成后片造型，用颜色滴管工具 ✐ 点击正面颜色填充到背面款式中（图6-183）。

139

4.9 降落伞式大衣外套

款式概述: 外型为降落伞式, 袖子采用喇叭形贴边袖, 并设计袖绳使袖子往后缩, 领子为青果领, 斜开口袋 (图6-184)。

步骤1 根据大衣原型绘制外框, 合并后片: 选择矩形工具口, 设置线条粗细为1.5mm ⬡ 1.5 mm ▾, 线条颜色为白色。根据原型比例关系拉出矩形, 然后单击转换为曲线图标 ⟳ (或右键选择, 快捷键Ctrl+Q), 利用形状工具 ⬦ 在合适的位置双击添加节点 ⬙ 将矩形调整成后片造型。然后用选择工具 ▶ 框选复制粘贴并水平镜像 ⬓ 到另一侧, 选择合并工具 ⬚ 将后

图 6-184

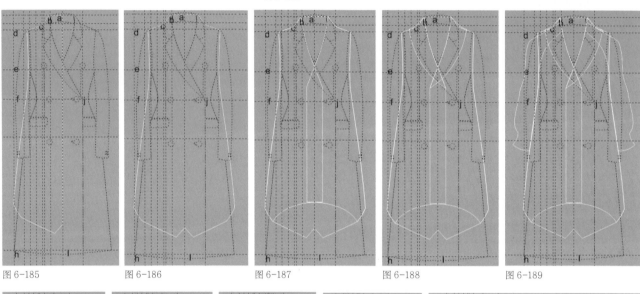

图 6-185   图 6-186   图 6-187   图 6-188   图 6-189

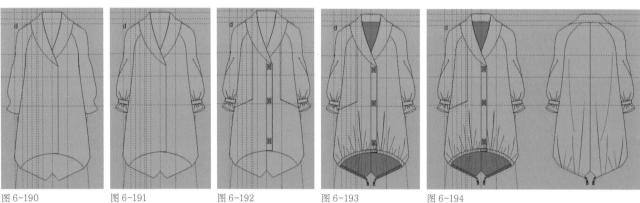

图 6-190   图 6-191   图 6-192   图 6-193   图 6-194

片合并为一个整体 (图6-185~图6-186)。

步骤2 绘制前片: 用步骤1的相同方法绘制一侧前片造型, 然后用选择工具 ▶ 框选所有轮廓复制粘贴并水平镜像 ⬓ 到另一侧 (图6-187)。

步骤3 绘制领子、袖子款式结构: 使用矩形工具口, 钢笔工具 ⬙ 及3点曲线工具 ⬥ 绘制青果领和插肩袖 (图6-188~图6-189)。

步骤4 填充正面款式颜色: 用选择工具 ▶ 调整好衣片和袖子的前后顺序关系, 左键单击调色颜色进行填充 (图6-190~图6-191)。

步骤5 深入刻画细节: 使用矩形工具口, 钢笔工具 ⬙ 及3点曲线工具 ⬥ 深入刻画扣子、袖口裥及底摆褶的效果, 用Ctrl+Shift+Q将褶转换为对象, 调整其虚实关系 (图6-192~图6-193)。

步骤6 调整背面款式特征、填充颜色: 将前片拖动到合适位置, 点击右键得到一个前片, 选择工具 ▶ 选择需要的区域进行修改 (领子、底摆等), 然后右键调整好衣片与袖子的前后顺序关系, 完成后片造型, 用颜色滴管工具 ⬥ 点击正面颜色填充到背面款式中 (图6-194)。

4.10 和服式大衣外套

款式概述：外型为长下摆和服式，和式宽松分割袖，宽的枪驳领，圆下摆并系有腰带，是新颖的丹宁式服装（图6-195）。

步骤1 根据大衣原型绘制外框，合并后片：选择矩形工具▭，设置线条粗细为1.5mm ✐ 1.5 mm ▾，线条颜色为白色。根据原型比例关系拉出两个矩形，然后单击转换为曲线图标 ⟳（或右键选择，快捷键Ctrl+Q），利用形状工具 ⟍ 在合适的位置双击添加节点 ⊞ 将矩形调整成一侧的前片和后片造型。然后用选择工具 ▸ 框选一侧后片复制粘贴

图 6-195

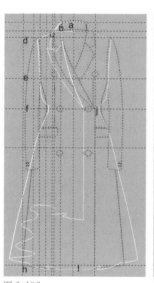

图 6-196

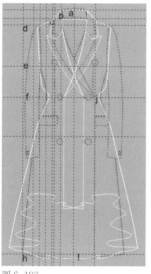

图 6-197

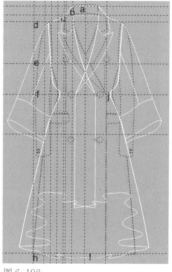

图 6-198

图 6-199

并水平镜像 ◫ 到另一侧，选择合并工具 ⬚ 将后片合并为一个整体（图6-196~图6-197）。

步骤2 绘制袖子：使用矩形工具▭结合转换为曲线图标 ⟳ 绘制袖子，然后复制粘贴并水平镜像 ◫ 到另一侧合适的位置（图6-198）。

步骤3 填充正面颜色、绘制底摆、腰带：用选择工具 ▸ 选择前片，左键单击调色颜色进行填充，然后使用钢笔工具 ✒ 和3点曲线工具 ⌇ 刻画腰带和底摆褶的效果（图6-199~图6-200）。

图 6-200

图 6-201

步骤4 调整背面款式特征、填充颜色：将前片拖动到合适位置，点击右键再得到一个前片，用选择工具 ▸ 选择需要的区域进行修改（领子、底摆等），然后右键调整好衣片与袖子的前后顺序关系，完成后片造型，用颜色滴管工具 ✐ 点击正面颜色填充到背面款式中（图6-201）。

4.11 双面呢修身大衣外套

款式概述：修身长款，双面呢面料，双排扣立翻驳领，背部加装饰片（图6-202）。

步骤1 根据大衣原型绘制后片外框：选择矩形工具 □，设置线条粗细为1.5mm ⬤ 1.5 mm ▾ ，线条颜色为白色。根据原型比例关系拉出矩形，然后单击转换为曲线图标 ⟳（或右键选择，快捷键Ctrl+Q），利用形状工具 ⬏ 在合适的位置双击添加节点 ⬓ 将矩形调整成一侧的后片造型。然后用选择工具 ▸ 框选后片复制粘贴并水平镜像 ⬓ 到另一侧，选择合并工具 ⬓ 将后片合并为一个整体（图6-203~图6-204）。

步骤2 绘制前片、袖子：用步骤1的相同方法绘制一侧前片和袖子造型，然后选择工具 ▸ 框选所有轮廓复制粘贴并水平镜像 ⬓ 到另一侧（图6-205~图6-206）。

步骤3 填充正面款式颜色：选择工具 ▸ 调整好衣片和袖子的前后顺序关系，左键单击调色颜色进行填充（图6-207）。

图6-202

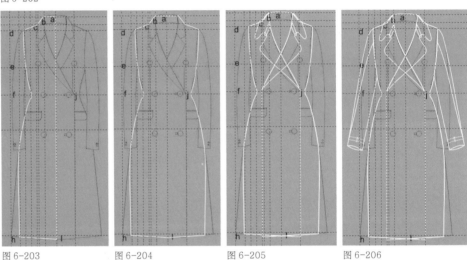

图6-203 图6-204 图6-205 图6-206

图6-207

图6-208

图6-209

图6-210

步骤4 刻画扣子、腰带、口袋造型：使用矩形工具 □、钢笔工具 ⬓ 及3点曲线工具 ⬓ 刻画扣子、腰带、口袋形状，然后用选择工具 ▸ 框选所有轮廓复制粘贴并水平镜像 ⬓ 到另一侧合适的位置（图6-208~图6-209）。

步骤5 调整背面款式特征、填充颜色：将前片拖动到合适位置，点击右键再得到一个前片，用选择工具 ▸ 选择需要的区域进行修改（领子、背面装饰片等），然后右键调整好衣片与袖子的前后顺序关系，完成后片造型，用颜色滴管工具 ✐ 点击正面颜色填充到背面款式中（图6-210）。

任务5 外套款式课后练习（图6-211~图6-234）

图 6-211

图 6-212

图 6-213

图 6-214

图 6-215

图 6-216

图 6-217

图 6-218

图 6-219

图 6-220

图 6-221

图 6-222

图 6-223

图 6-224

图 6-225

图 6-226

图 6-227

图 6-228

图 6-229

图 6-230

图 6-231

图 6-232

图 6-233

图 6-234

项目七 连衣裙款式设计

图7-1

任务1 连衣裙基本原型绘制

连衣裙是指将上衣和裙子连在一起的服装。从功能上分,有常服连衣裙和礼服连衣裙(如旗袍、晚礼裙、婚礼裙等);从与人体关系可分为合身连衣裙、宽松连衣裙等;从造型上可分为直身裙、A字裙、O型裙等。连衣裙在各种款式造型中被称为"时尚皇后",是变化莫测、种类最多、最受大众喜爱的款式(图7-1)。

1.1 常服连衣裙原型绘制

1)常服连衣裙款式特点:用于日常工作、生活、休闲穿着的各式连衣裙统称为常服连衣裙。

2)连衣裙绘制步骤:

步骤1 新建文件:单击文件"新建文件",文件名为"连衣裙原型",图纸大小为A4横向,颜色模式为CMYK,分辨率设置为300dpi(图7-2)。

步骤2 设置图纸标尺及绘图比例:单击选项图标 ⚙(快捷键Ctrl+J,或双击标尺),弹出选项对话框,设置绘图单位为cm,绘图比例为1:5(图7-3)。

图7-2

图7-3

步骤3 设置图纸标尺起点与计量单位：单击标尺左上角的按钮并按住鼠标不放，拖动鼠标，将其拖动到需要设置为零点的位置。释放鼠标后，标尺会以释放点作为计量起点（图7-4）。

水平辅助线设置：A—上领高线（标尺上0的位置）；B—领子的高度（标尺上-5的位置）；C—袖山深线（标尺上-27的位置）；D—腰节线（标尺上-38的位置）；E—臀围线（标尺上-56的位置）；F—裙长线（标尺上-90的位置）（图7-5）。

垂直辅助线设置：H—前中线（标尺上0的位置）；I—前领宽线（标尺上-7的位置）；J—腰宽线（标尺上-11的位置，去掉人体厚度4cm）；K—肩宽线（标尺上-15的位置）；L—臀宽线（标尺上-16的位置，去掉人体厚度4cm）（图7-6）。

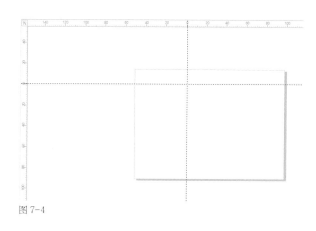

图 7-4

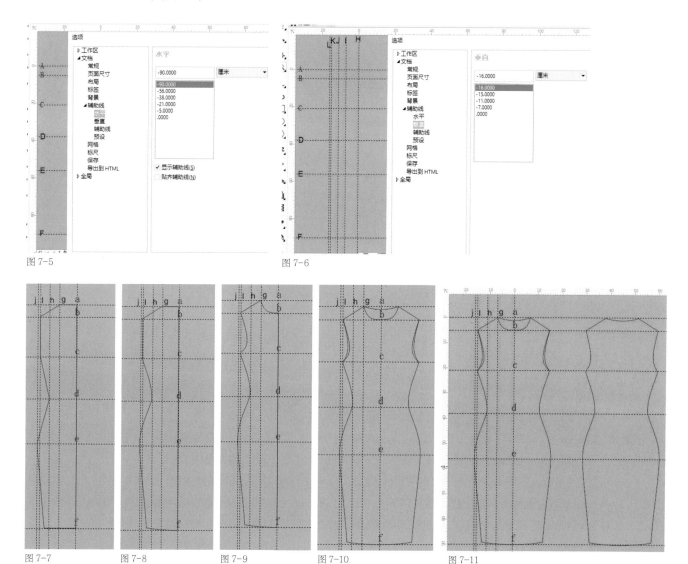

图 7-5　　　　　图 7-6

图 7-7　　　图 7-8　　　图 7-9　　　图 7-10　　　图 7-11

步骤4 绘制外轮廓：选择矩形工具口，设置线条粗细为1.5mm▮ 1.5 mm ▾ 和线条颜色，拉出一个矩形，然后单击转换为曲线图标 ⟲（或右键选择，快捷键Ctrl+Q），利用形状工具 ↖，在合适的位置双击添加节点 ◌◌将矩形调整成如图7-7所示的直线框图。利用形状工具 ↖，选择需要调整的线段，通过右键到曲线 ⟲ 调整好造型（图7-8~图7-9）。

步骤5 镜像合并：用选择工具 ↖选择再制的裙子轮廓，单击水平镜像图标 ▯▯进行镜像操作，然后按住Shift键同时选择右侧裙子和左侧裙子，在属性栏中选择合并图标 ▢，将左右裙片组合为一个整体。将正面裙子轮廓进行复制，利用3点曲线工具 ⌒和形状工具 ↖调整曲线所需的形状（图7-10~图7-11）。

1.2 旗袍原型绘制

1）旗袍款式特点：旗袍极具东方文化元素，是出席一些正式活动或宴会时穿的中式礼服，勾勒出人体简洁柔美的S外型。旗袍主要由领子、袖子、开襟、下摆、侧衩构成。领子有高低立领、无领之分；袖型有削肩袖、长袖、中袖、短袖、无袖、宽袖型、窄袖型、小喇叭袖、大喇叭袖、马蹄袖、反摺袖、荷叶袖、开衩袖、镶蕾丝袖之分；袖口滚镶锯齿形、波浪形、线香形的边，或白色蕾丝花边；开襟有如意襟、斜襟、圆襟、直襟、方襟、琵琶襟、双圆襟、双开襟等；开衩有高开衩、低开衩；下摆有宽摆、直摆、A字摆、连衣裙摆、鱼尾摆、前短后长摆、锯齿摆等。

2）旗袍原型绘制步骤：

步骤1 新建文件并设置绘图比例、标尺起点（与本项目1.1方法一致）。

步骤2 根据款式、结合人体结构设置相应的辅助线。

水平辅助线设置：A—上领高线（标尺上0的位置）；B—领子的高度（标尺上-6的位置）；C—肩斜的高度（标尺上-10的位置）；D—袖山深线（标尺上-24的位置）；E—腰节线（标尺上-40的位置）；F—臀围线（标尺上-59的位置）；G—裙长线（标尺上-125的位置）（图7-12）。

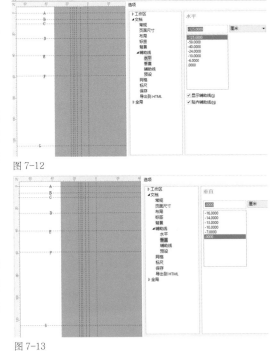

图 7-12

图 7-13

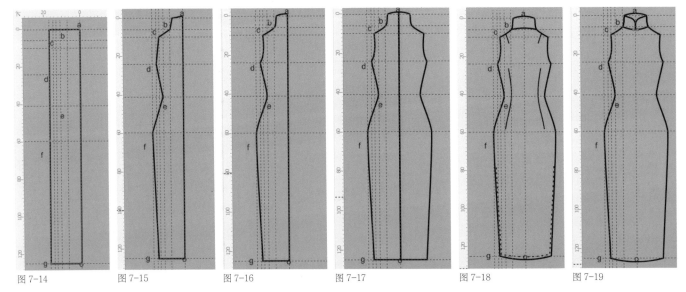

图 7-14　　图 7-15　　图 7-16　　图 7-17　　图 7-18　　图 7-19

垂直辅助线设置：H—前中线（标尺上0的位置）；I—后领宽线（标尺上-7的位置）；J—腰宽线（标尺上-10的位置）；K—肩宽线（标尺上-13的位置）；L—胸宽线（标尺上-14的位置）；M—臀宽线（标尺上-16的位置）（图7-13）。

步骤3 根据辅助线绘制外框：选择矩形工具▢，设置线条粗细1.5mm 🖋 1.5 mm ▾ 和线条颜色，拉出一个矩形，然后单击转换为曲线图标 ↻ （或右键选择，快捷键Ctrl+Q），利用形状工具 ↖，在合适的位置双击添加节点调整成连衣裙后裙片的直线框图。利用形状工具 ↖，选择需要调整的线段，通过单击交互式属性栏的转换为曲线图标 ↻，调整好连衣裙外型轮廓并再制一个放在旁边备用。

添加节点位置：a—后中心点（坐标原点）；b—后领宽点；c—肩端点；d—袖窿深点；e—侧腰点；f—侧臀点；g—侧摆点；o—前中心下点（图7-14~图7-16）。

步骤4 绘制正面效果：用选择工具 ↖ 选取再制出的裙片，通过单击交互式属性栏的水平镜像图标 ▥ 进行镜像操作，按住Shift键同时选择右侧裙片和左侧裙片，再点击合并图标 ▣，将左右裙片组合为一个整体。然后用矩形工具▢，结合转换成曲线图标 ↻ 绘制后领座和前翻领和驳领，用合并工具 ⊔ 将其组合在一起，然后利用3点曲线工具 ⌒ 补充翻折线，并将其转换为对象（Ctrl+Shift+Q）。调整虚实关系，选择左边驳领，右键→顺序→置于此对象后，将其放在右驳领下，并将未遮盖的部位进行删除。利用钢笔工具 🖋 参照与裙片的比例关系绘制一侧胸省、腰省，然后将其复制粘贴，并水平镜像 ▥ 到另一侧。同时将偏襟、开衩画好（图7-17~图7-19）。

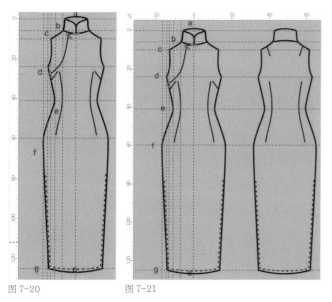

图 7-20　　　　　图 7-21

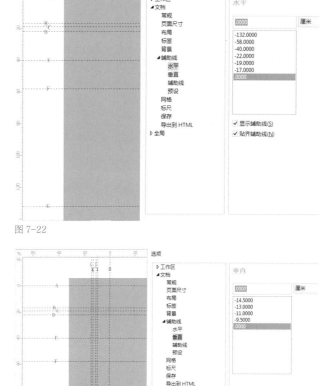

图 7-22

图 7-23

步骤5 绘制后片：将正面裙片轮廓进行复制，利用3点曲线工具 ❧和形状工具 ❧,将其调整后面裙片所需的形状（图7-20~图7-21）。

1.3 晚礼服原型绘制

1）晚礼服款式特点：晚礼服也叫夜连衣裙或晚装，是晚间八点以后在出席舞会、音乐会、晚宴、夜总会活动中穿用的正式连衣裙，也是女士连衣裙中档次最高、最具特色并能充分展示个性的穿着样式。

晚礼服强调女性窈窕的腰肢，夸张臀部以及裙子的重量感，肩、胸、臂充分展露，形式多为低胸、露肩、露背、收腰和贴身的长裙，常与披肩、外套、斗篷之类的衣服相配，如抹胸礼服、吊带连衣裙、含披肩连衣裙、露背连衣裙、拖尾连衣裙、短款连衣裙、鱼尾连衣裙。而现代晚礼服则加入了西装套装式、短上衣长裙式、内外两件的组合式甚至长裤。

2）晚礼服原型绘制步骤：

步骤1 新建文件并设置绘图比例、标尺起点（与本项目1.1方法一致）。

步骤2 根据款式、结合人体结构设置相应的辅助线。

水平辅助线设置：A—上领高线（标尺上0的位置）；B—后领深线（标尺上-17的位置）；C—前领深线（标尺上-19的位置）；D—袖山深线（标尺上-22的位置）；E—腰节线（标尺上-40的位置）；F—臀围线（标尺上-58的位置）；G—裙长线（标尺上-132的位置）（图7-22）。

垂直辅助线设置：H—前中线（标尺上0的位置）；I—后领宽线（标尺上-9.5的位置）；J—腰宽线（标尺上-11的位置）；K—胸宽线（标尺上-13的位置）；L—臀宽线（标尺上-14.5的位置）（图7-23）。

步骤3 根据辅助线绘制外框：选择矩形工具 ▢,设置线条粗细1.5mm ✎ 1.5 mm ▾ 和线条颜色，拉出一个矩形，然后单击转换为曲线图标 ᖰ（或右键选择，快捷键Ctrl+Q），利用形状工具 ❧,在合适的位置双击添加节点 ⬚ 并将其调整成连衣裙后裙片的直线框图。利用形状工具 ❧,选择需要调整的线段，并通过单击交互式属性栏的转换为曲线图标 ᖰ进行调整。

添加节点位置：a—后中心点（坐标原点）；b—后领宽点；c—肩宽点；d—袖窿深点；e—侧腰点；f—侧臀点；g—侧摆点；o—后裙长点（图7-24~图7-26）。

步骤4 镜像半边连衣裙轮廓，并将其组合成连衣裙的后裙片：用选择工具 ▸ 选择复制出来的裙片，通过水平镜像图标 ◫进行镜像操作，然后按住Shift键同时选择右侧裙片和左侧裙片，在属性栏中选择合并图标 ◲,将左右裙片组合为一个整体。利用钢笔工具 ✑参照与裙片的比例关系绘制领圈弧线、腰省（图7-27~图7-28）。

步骤5 绘制后片：将正面裙片轮廓进行复制，利用3点曲线工具 ❧和形状工具 ❧,调整后面裙片所需的形状（图7-29~图7-30）。

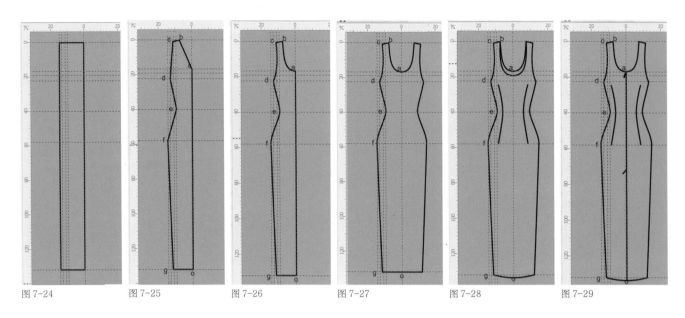

图 7-24   图 7-25   图 7-26   图 7-27   图 7-28   图 7-29

1.4 西式婚礼服原型绘制

1）西式婚礼服款式特点：西式婚礼服是新郎新娘举行婚礼时穿着的服装。即新郎穿西装，新娘为裙装。

新娘裙装通过女性人体曲线、薄、透、露、柔美、流畅、轻盈、端庄、含蓄、朦胧等特点突显人体美。西式婚礼连衣裙通常为高腰式上紧下宽连衣裙，裙后摆长拖及地，塑造人体立体轮廓和优雅曲线。款式主要有A字型西式婚礼连衣裙、直身西式婚礼连衣裙、齐地西式婚礼连衣裙、小拖尾西式婚礼连衣裙、大拖尾西式婚礼连衣裙、蓬蓬裙西式婚礼连衣裙、连身西式婚礼连衣裙、吊带西式婚礼连衣裙、抹胸西式婚礼连衣裙、素面西式婚礼连衣裙、珠绣西式婚礼连衣裙、泡泡袖西式婚礼连衣裙、公主型西式婚礼连衣裙、贴身型西式婚礼连衣裙、高腰线型西式婚礼连衣裙、及膝短式西式婚礼连衣裙。

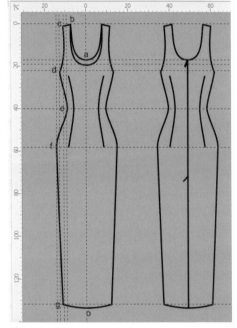

图 7-30

2）西式婚礼服原型绘制步骤：

步骤1 新建文件并设置绘图比例、标尺起点（与本项目1.1方法一致）。

步骤2 根据款式、结合人体结构设置相应的辅助线。

水平辅助线设置：A—上领高线（标尺上0的位置）；B—落肩的高度（标尺上-9的位置）；C—领子的深度（标尺上-14的位置）；D—袖山深线（标尺上-22的位置）；E—腰节线（标尺上-40的位置）；F—裙长线（标尺上-140的位置）（图7-31）。

垂直辅助线设置：H—前中线（标尺上0的位置）；I—腰宽线（标尺上-10的位置）；J—胸宽线（标尺上-14的位置）；K—肩宽线（标尺上-20的位置）；L—侧摆线（标尺上-37的位置）（图7-32）。

步骤3 根据辅助线绘制外框并调整轮廓造型：选择矩形工具口，设置线条粗细为1.5mm 和线条颜色，在辅助线范围内拉出一个矩形，然后单击转换为曲线图标 〇（或右键选择，快捷键Ctrl+Q），利用形状工具 ，在合适的位置双击添加节点 。选择需要调整的线段，通过单击交互式属性栏的转换为曲线图标 〇，将其调整为所需形状（图7-33~图7-34）。

添加节点位置：a—前领深点；b—前领宽点；c—肩端点；d—袖窿深点；e—侧腰点；f—侧摆点；o—前中长点。

步骤4 镜像半边连衣裙轮廓，完成前裙片：用选择工具 ，选择再制的连衣裙轮廓，通过单击交互式属性栏的水平镜像图标 进行镜像操作，然后按住Shift键同时选择右侧裙片和左侧裙片，在属性栏中选择合并图标 ，将左右裙片组合为一个整体。利用钢笔工具 根据比例关系绘制一侧刀背分割线、腰褶，然后将其复制粘贴，并水平镜像 到另一侧（图7-35~图7-36）。

步骤5 绘制后裙片：将正面裙片轮廓进行复制，利用3点曲线工具 和形状工具 ，调整后面裙片所需的形状。利用再制工具（Ctrl+D）复制一个连衣裙轮廓，选中选择工具 ，通过单击交互式属性栏的水平镜像图标 进行镜像操作，然后按住Shift键同时选择右侧裙片和左侧裙片，再在属性栏中选择合并图标 ，将左右裙片组合为一个整体（图7-37~图7-38）。

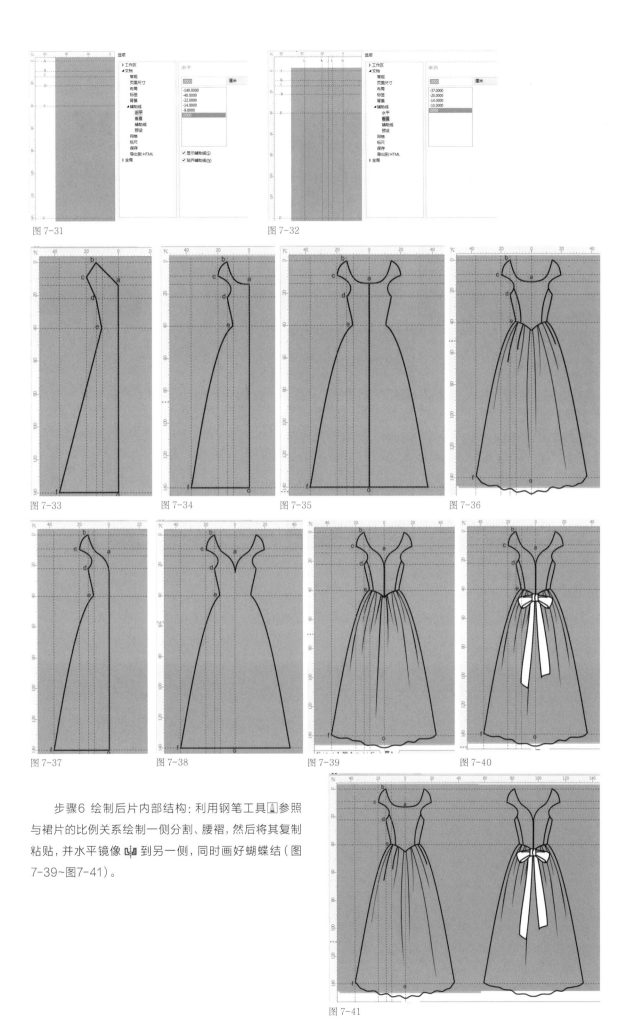

图 7-31   图 7-32

图 7-33   图 7-34   图 7-35   图 7-36

图 7-37   图 7-38   图 7-39   图 7-40

　　步骤6 绘制后片内部结构：利用钢笔工具 ▲ 参照
与裙片的比例关系绘制一侧分割、腰褶，然后将其复制
粘贴，并水平镜像 ▲▲ 到另一侧，同时画好蝴蝶结（图
7-39~图7-41）。

图 7-41

任务2 连衣裙拓展设计元素

2.1 廓形和分割变化（图7-42）

图 7-42

    1）廓形变化：通过改变领围、肩宽、胸围、腰围、臀围辅助线可以进行A型、H型、T型、I型、O型变化，结合3点曲线工具 🔧 和形状工具🖊调整，可得到不同廓形的连衣裙（图7-43~图7-46）。

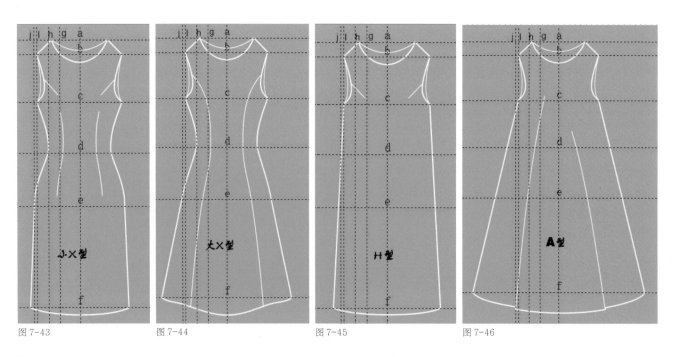

图 7-43   图 7-44   图 7-45   图 7-46

2）分割变化：可按照连衣裙的几条基本辅助线进行分割变化，可进行胸线分割、腰线分割、臀围线分割、下摆分割及不规则分割等（图7-47~图7-52）。

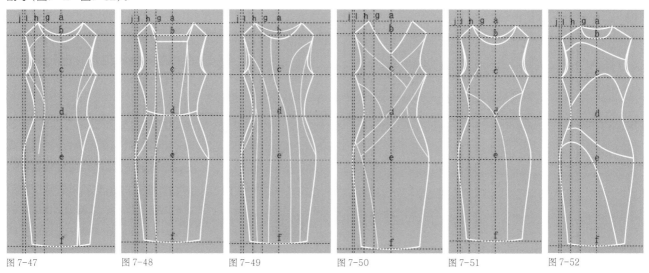

图 7-47　　　　　图 7-48　　　　　图 7-49　　　　　图 7-50　　　　　图 7-51　　　　　图 7-52

3）连衣裙拓展设计元素、廓形和分割范例绘制步骤（图7-53~图7-55）：

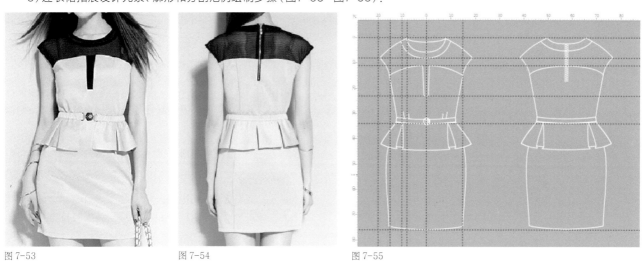

图 7-53　　　　　　　　　图 7-54　　　　　　　　　图 7-55

步骤1　设置图纸、原点和辅助线、绘制外框：在连衣裙原型基础上移动、调整辅助线，选择矩形工具□，设置线条粗细为1.5mm和线条颜色，根据辅助线的位置绘制如图7-56~图7-57所示的左侧裙片直线框图。

步骤2　调整裙片左侧轮廓：单击转换为曲线工具 ↻（快捷键Ctrl+Q；或选择矩形，右键单击选择转化为曲线选项），将矩形转化为曲线，利用形状工具 ↖，通过单击交互式属性栏的到曲线图标 ↜，将外型调整为所需形状（图7-58~图7-60）。

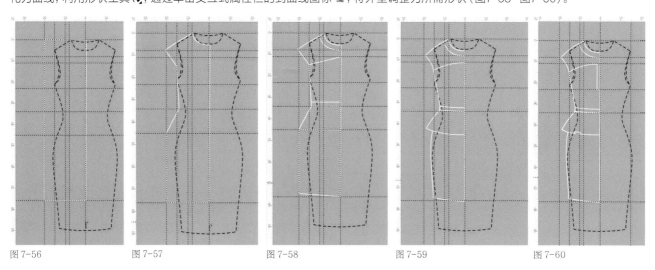

图 7-56　　　　　图 7-57　　　　　图 7-58　　　　　图 7-59　　　　　图 7-60

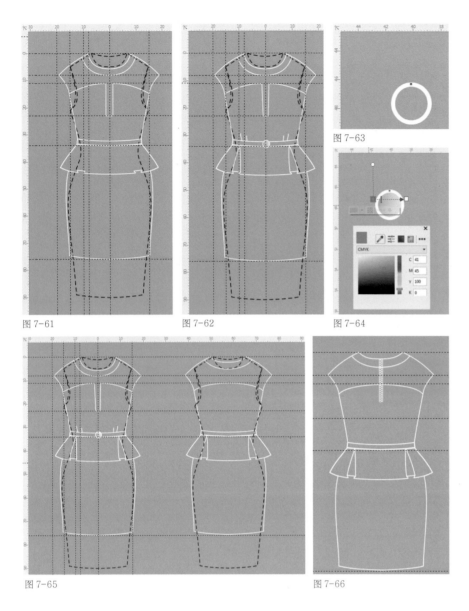

图 7-61

图 7-62

图 7-63

图 7-64

图 7-65

图 7-66

步骤3 镜像、组合：利用再制工具将右侧裙子轮廓复制一个到左侧，选中选择工具 ▶ ，通过单击交互式属性栏的水平镜像图标 ⊕ 进行镜像操作，并将其移动到合适的位置。选择右侧裙子和左侧裙子，在属性栏中选择合并图标 ⬚ ，将左右裙片组合为一个整体（图7-61～图7-62）。

步骤4 绘制裙片腰扣：选择工具栏里的椭圆形工具 ○ ，在绘制圆形的同时按住键盘上的Ctrl键（确保绘制出来的是正圆形），绘制出合适大小的圆形后，单击交互式填充工具 ◈ ，选择渐变填充 ◼ 为绘制的圆形增加立体感，并将其移动到合适的位置（图7-63～图7-64）。

步骤5 绘制裙子的后片及后中拉链：利用再制工具（Ctrl+D）复制一个前裙片轮廓，复制一个后片，选择形状工具 ▶ ，按款式调整领深和后片的分割线，完成裙子后片的绘制。利用钢笔工具 🖊 从后中线位置绘制一条直线，然后选择变形工具 ▢ ，在拉链振幅和拉链频率数值栏分别选择21和40 〰 21 ⬦ 〰 40 ⬦ ，并拖动方向拉杆到合适的位置绘制拉链齿轮（图7-65～图7-66）。

2.2 领口及领子（图7-67）

图 7-67

1）领口的变化：领口、领子是连衣裙款式变化的主要因素之一。领口分类有圆领、方领、V领等，主要用来修饰穿着者脸型、颈部及肩部等部位，起装饰作用（图7-68~图7-70）。

旗袍领口基本形态：圆领，V领，无领，方领，立领，水滴领，波浪领，元宝领，凤仙领，企鹅领，竹叶领，连立领，马蹄领等（图7-71~图7-75）。

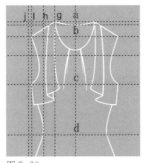

图 7-68

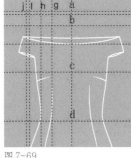

图 7-69

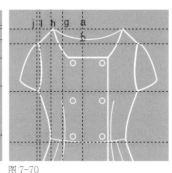

图 7-70

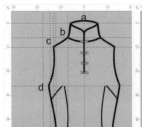

图 7-71

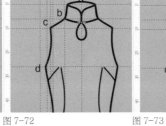

图 7-72

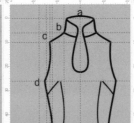

图 7-73

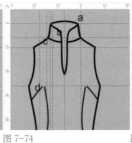

图 7-74

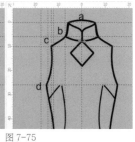

图 7-75

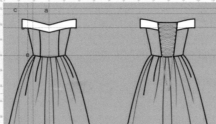

图 7-76

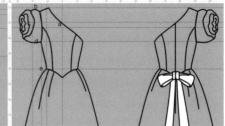

图 7-77

图 7-78

西式婚礼服领口基本形态：抹胸式领口，心形领口，卡肩式领口，小圆领，绕颈式领口，包肩式，大V字领，大圆领，一字领等（图7-76~图7-80）。

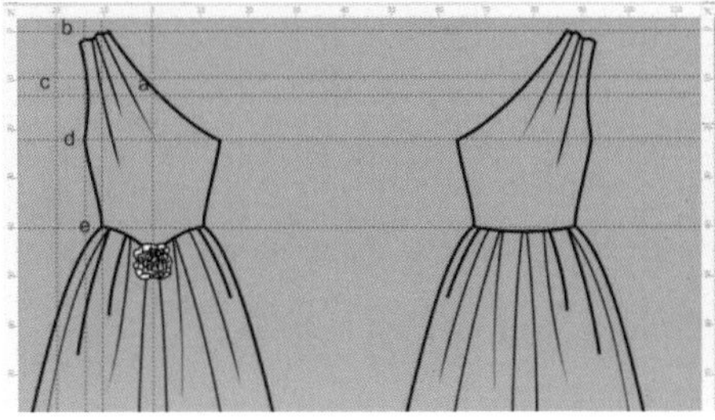

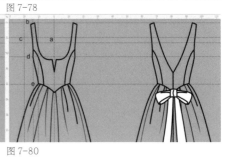

图 7-79

图 7-80

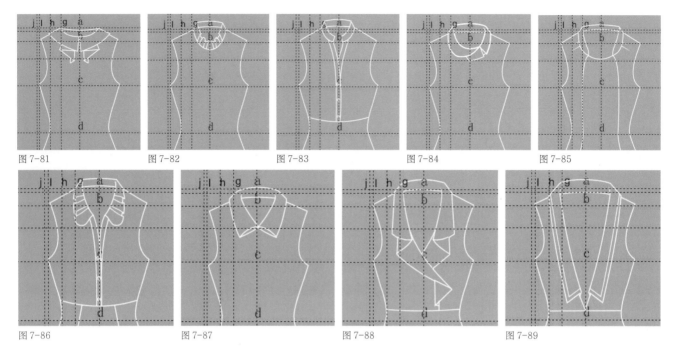

图 7-81 图 7-82 图 7-83 图 7-84 图 7-85

图 7-86 图 7-87 图 7-88 图 7-89

2）领子的变化：衣领是服装上式样变化最多的部件之一，基本领型立领、翻领、座领和驳领等；常用的女装领型有披肩领、飘带领、荷叶边领等（图7-81~图7-89）。

3）连衣裙拓展设计元素·领口及领子范例绘画步骤（图7-90·图7-91）：

步骤01 设置图纸、线条，在原型基础上绘制外框：在原型的基础上调整辅助线，选择矩形工具▭，设置线条粗细1.5mm和线条颜色，绘制如图所示的裙片直线框图（快捷方法：直接复制原型进行修改），并将矩形转化为曲线工具↻，形状工具▸，调整好造型，利用贝塞尔曲线工具▱或钢笔工具✎绘制肩部造型（图7-92~图7-93）。

步骤02 绘制前胸分割和腰部分割：选中绘制好的右半边裙片，快捷键CTRL+C和CTRL+V复制另一半，然后点击水平镜像▥，拖动到合适的位置后点击按住键盘上的Shift后选中两个裙片，并单击合并工具▣成一个完整的裙片。利用手绘工具▨和到曲线图标↳绘制胸前和腰部的分割线（图7-94~图7-95）。

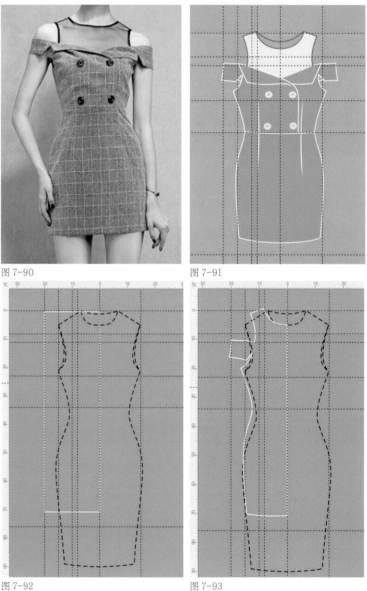

图 7-90 图 7-91

图 7-92 图 7-93

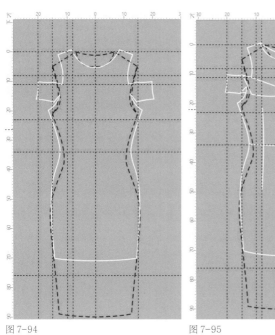

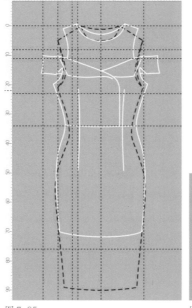

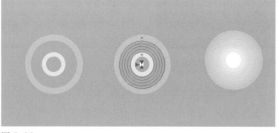

图 7-94   图 7-95   图 7-96

步骤03 扣子和后裙片的绘制：选择椭圆形工具 ◯ 绘画扣眼位置和大小。然后利用椭圆形工具 ◯ 绘画扣子的圆心和外圆，并填充不同颜色的轮廓线，然后选择调和工具 ◈，并在属性栏中设置步长数值 ▣ 5 ，将圆心渐变到外圆形成扣子的立体效果。将前裙片的轮廓复制一个，然后用钢笔工具 ▣ 根据款式绘制线条，最后用形状工具调节成合适的线条，完成后片的绘制（图7-96~图7-98）。

2.3 袖子及袖口（图7-99）

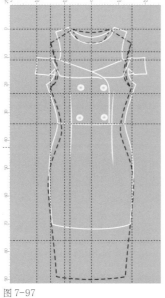

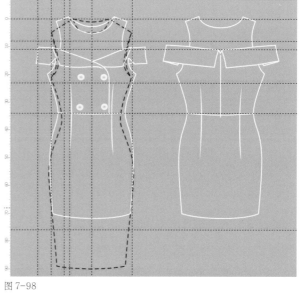

图 7-97   图 7-98

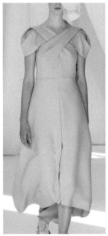

图 7-99

1）袖子变化：袖子分为装袖，插肩袖与连袖三种，装袖是袖子设计中应用最广泛、最规范的袖子（图7-100~图7-102）。

2）袖口变化：袖口可设计多种造型，如喇叭、波浪、装袖克夫等，还可利用花边、褶裥、蕾丝、钉珠等装饰（图7-103~图7-106）。

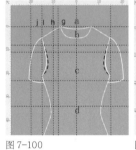 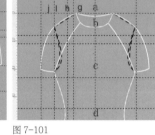 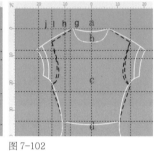

图 7-100　　　　　　图 7-101　　　　　　图 7-102

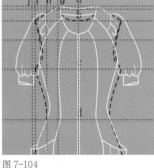 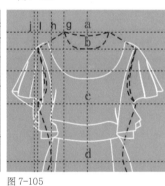 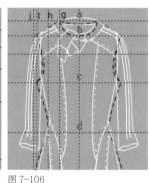

图 7-103　　　　图 7-104　　　　图 7-105　　　　图 7-106

3）连衣裙袖口及袖子元素拓展设计范例绘制步骤（图7-107~图7-108）：

步骤1 设置图纸、线条，在原型基础上绘制外框：在原型的基础上移动、调整辅助。选择矩形工具口，设置线条粗细为1.5mm和线条颜色，绘制如图7-109所示的裙片直线框图。将矩形转化为曲线，利用形状工具、，选择需要调整的线段，通过单击交互式属性栏的到曲线图标调整好袖子造型（图7-110）。

 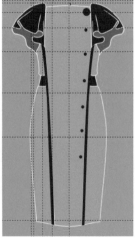 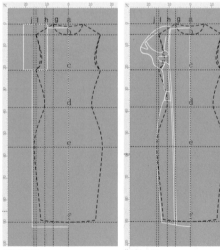

图 7-107　　　　图 7-108　　　　图 7-109　　　　图 7-110

步骤2 镜像、绘制扣子：使用快捷键Ctrl+C和Ctrl+V复制粘贴另一半裙片，然后点击水平镜像 ⬄，拖动到合适的位置后点击Shift键后选中两个裙片，并单击合并工具 ⬔ 将其合成一个完整的裙片。最后选择椭圆形工具 ◯ 绘制扣眼位置和大小（图7-111~图7-112）。

2.4 门襟和下摆（图7-113）

1）门襟变化：门襟指前正中的开襟或开缝、开衩部位。通常门襟要装拉链、纽扣、拷纽、暗合扣、搭扣、魔术贴等（图7-114~图7-116）。

2）下摆变化：连衣裙下摆主要有波浪形、不规则形、花边形、收紧形和带抽绳形（图7-117~图7-122）。

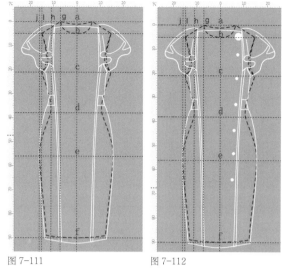

图 7-111　　　　　　　　图 7-112

图 7-113

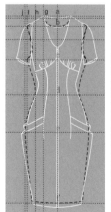 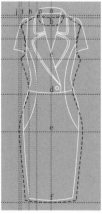 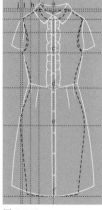 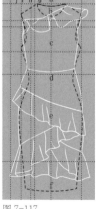 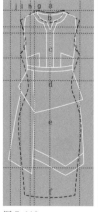 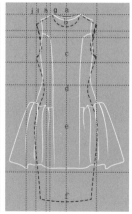

图 7-114　　　　　图 7-115　　　　　图 7-116　　　　　图 7-117　　　　　图 7-118　　　　　图 7-119

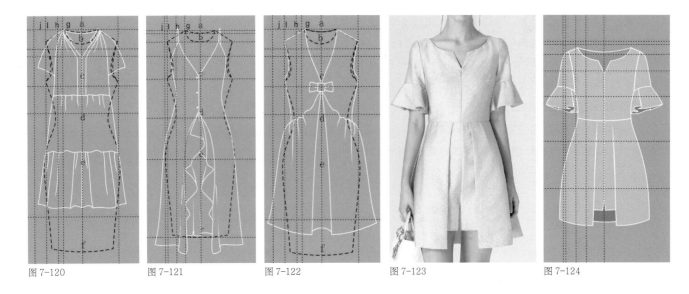

图 7-120　　　　　　图 7-121　　　　　　图 7-122　　　　　　图 7-123　　　　　　图 7-124

3）连衣裙门襟和下摆元素拓展设计范例绘制步骤（图7-123~图7-124）：

步骤1 设置图纸、线条，在原型基础上绘制左侧轮廓：在原型的基础上调整裙片直线框图。然后单击转换为曲线工具↻（快捷键Ctrl+Q；或选择矩形，右键单击选择转化为曲线选项），将矩形转化为曲线，利用形状工具✎，选择需要调整的线段，通过单击交互式属性栏的到曲线图标⤵，调整为所需形状（图7-125~图7-127）。

步骤2 绘制完整的裙子：复制粘贴右裙片，通过单击交互式属性栏的水平镜像❑❑图标进行镜像操作，并移动到合适的位置。利用形状工具✎，选择需要调整的线段，通过单击交互式属性栏的到曲线图标⤵，将其转换为曲线图形。按照人体形态和款式特点调整为所需形状，完成整条裙子的绘制（图7-128~图7-129）。

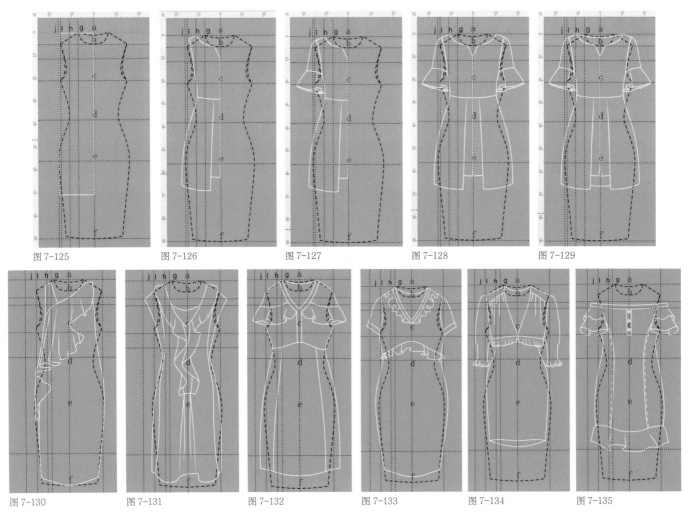

图 7-125　　　　　图 7-126　　　　　图 7-127　　　　　图 7-128　　　　　图 7-129

图 7-130　　　图 7-131　　　图 7-132　　　图 7-133　　　图 7-134　　　图 7-135

任务3 连衣裙拓展综合设计

3.1 以"荷叶边"为元素进行的系列拓展设计（图7-130~图7-135）

3.2 以"分割线"为元素进行的无袖连衣裙系列拓展设计（图7-136~图7-139）

3.3 "中西结合"改良式旗袍系列拓展设计（图7-140~图7-143）

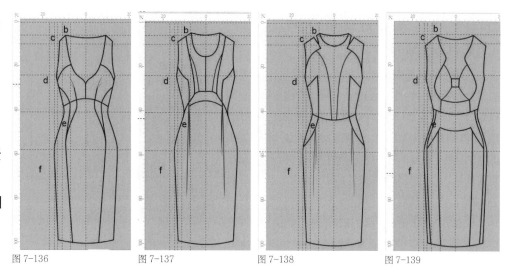

图 7-136　　　　　图 7-137　　　　　图 7-138　　　　　图 7-139

图 7-140

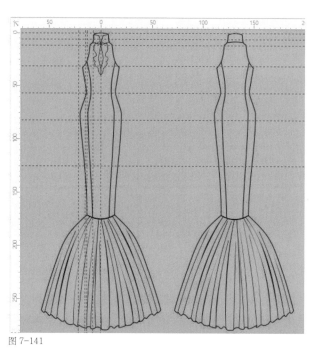

图 7-141

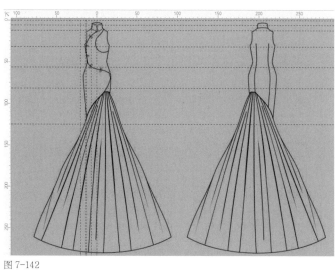

图 7-142

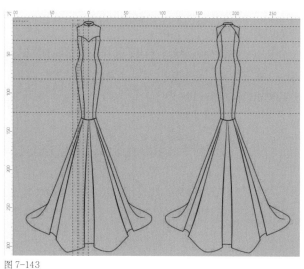

图 7-143

任务4 连衣裙综合设计案例

4.1 牛仔背带裙（图7-144）

步骤1 在原型基础上绘制左侧轮廓：在原型基础上调整裙片直线框图，然后单击转换为曲线工具 ⟳（快捷键Ctrl+Q；或选择矩形，右键单击选择转化为曲线选项），将矩形转化为曲线，利用形状工具 ⟍，选择需要调整的线段，通过单击交互式属性栏的到曲线图标 ⟋，将其转换为曲线图形后调整为所需形状（图7-144~图7-146）。

步骤2 镜像、合并裙片：复制粘贴右裙片，通过单击交互式属性栏的水平镜像图标 ⬚ 进行镜像操作，并将其移动到合适的位置（快捷方法：挑选裙子轮廓，按住

图 7-144

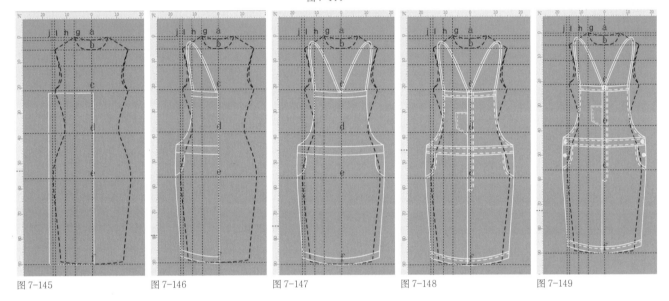

图 7-145   图 7-146   图 7-147   图 7-148   图 7-149

Ctrl键，移动到另一边合适的位置，按右键即可完成镜像）。在属性栏中选择合并图标 ⬚ 将左右裙片组合为一个整体。利用手绘工具 ⟋ 绘制细节与线条，点击曲线图标 ⟋，将其转换为曲线图形进行调整，然后选择工具栏当中的线条样式 ----- ▾ 为其添加明线线迹，最后添加扣子，完成裙子的绘制（图7-147~图7-149）。

步骤3 填充颜色和绘制后片：选择交互式填充工具 ⬚，为裙子的前片填充颜色。然后复制前片，根据款式调整绘制出后片（图7-150）。

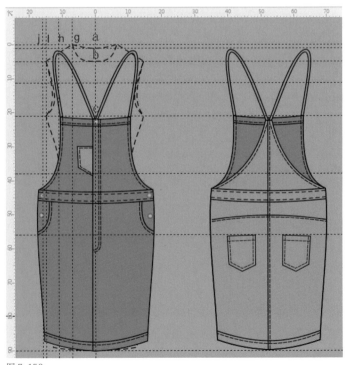

图 7-150

4.2 不对称连衣裙（图7-151）

步骤1 在原型基础上绘制左侧轮廓并镜像、合并裙片：在原型基础上调整裙片直线框图。然后单击转换为曲线工具 ↻（快捷键Ctrl+Q；或选择矩形，右键单击选择转化为曲线选项），将矩形转化为曲线，利用形状工具 ↖ 和交互式属性栏的到曲线图标 ↖，将其按照人体形态和款式特点调整为所需形状。复制粘贴右裙片，通过单击交互式属性栏的水平镜像图标 ◲ 进行镜像操作，然后选择右侧裙子和左侧裙子，在属性栏中选择合并图标 ◲ 将左右裙片组合为一个整体。

步骤2 绘制前片交叉褶皱效果：利用手绘工具 ✎，根据款式绘制细节与线条，单击交互式属性栏的到曲线图标 ↖，将其转换为曲线图形并调整

图 7-151

·不对称的前中褶皱设计
·衬衣领结合开到裙摆的门襟
·起点缀作用的撞色木扣子

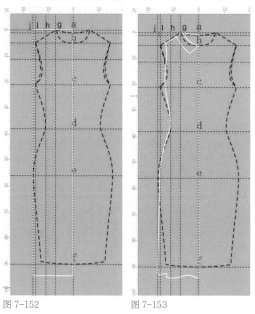

图 7-152　　　　图 7-153　　　　图 7-154　　　　图 7-155　　　　图 7-156

为所需形状。然后选中线条→将轮廓转换为对象（快捷键：Ctrl+Shift+Q）工具，并将其转换为可填充颜色的对象，利用形状工具 ↖ 调整褶裥消失的虚实效果（图7-152~图7-156）。

步骤3 绘制袖子、添加明线线迹：选择矩形工具 □，绘制一个大小合适的长方形，单击转换为曲线工具 ↻，利用形状工具 ↖ 结合到曲线图标 ↖，将其转换为曲线图形。绘制完成左袖子，复制粘贴并水平镜像 ◲ 到另一边。选择椭圆形工具 ○ 绘制扣眼位置和大小，并填充颜色。利用手绘工具 ✎ 结合到曲线图标 ↖，调整为所需形状。然后选择工具栏当中的线条样式 ----- ▾ 为其添加明线线迹，完成裙子的绘制（图7-157~图7-159）。

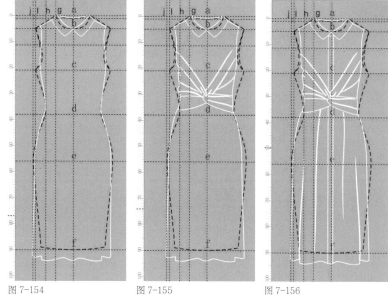

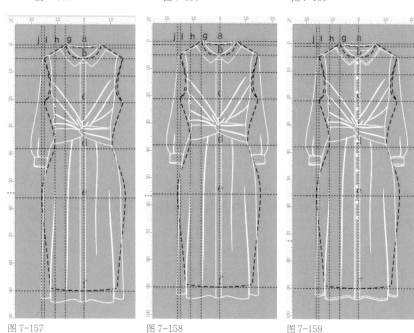

图 7-157　　　　　　　图 7-158　　　　　　　图 7-159

图 7-160

步骤4 填充颜色和绘制后片：选择交互式填充工具 ✎，为裙子的前片填充颜色。然后复制前片，根据款式调整，绘制出后片（图7-160）。

4.3 双排扣连衣裙（图7-161）

图 7-161

-别致的V领设计，海军风与连衣裙的完美结合

步骤1 在原型基础上绘制左侧轮廓：选择矩形工具 □，在原型基础上调整裙片直线框图，利用形状工具 ✎，选择需要调整的线段，通过单击交互式属性栏中的到曲线图标 ✎，将其转换为曲线图形，按照人体形态和款式特点调整为所需形状（图7-162~图7-163）。

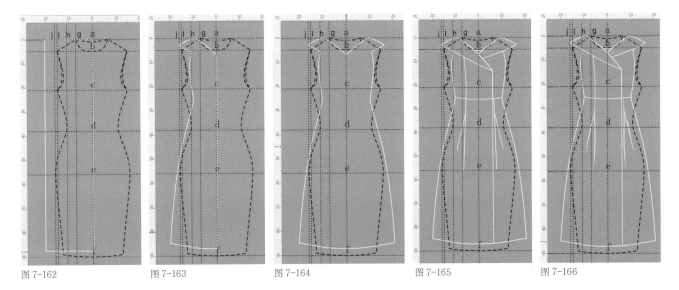

图 7-162　　图 7-163　　图 7-164　　图 7-165　　图 7-166

步骤2 绘制完整的裙片：复制粘贴右裙片，通过单击交互式属性栏的水平镜像图标 ⇄ 进行镜像操作，并选择左、右侧裙子，在属性栏中选择合并图标 ▣ 将左右裙片组合为一个整体。利用手绘工具 ✎ 和到曲线图标 ✎，绘制裙子内部细节。选择排列将轮廓转换为对象（快捷键：Ctrl+Shift+Q）工具，将裙的下部分转换为可填充颜色的对象，然后利用形状工具 ✎ 调整褶裥消失的虚实效果（图7-164~图7-166）。

步骤3 绘制扣子：选择椭圆形工具 ○ 绘制扣眼位置和大小。利用椭圆形工具 ○ 绘制扣子的圆心和外圆，并填充不同颜色的轮廓线，然后选择调和工具 ✎，并在属性栏中设置步长数值 ▥ 5 ，将圆心渐变到外圆形成扣子的立体效果（图7-167~图7-169）。

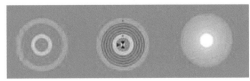

图 7-167

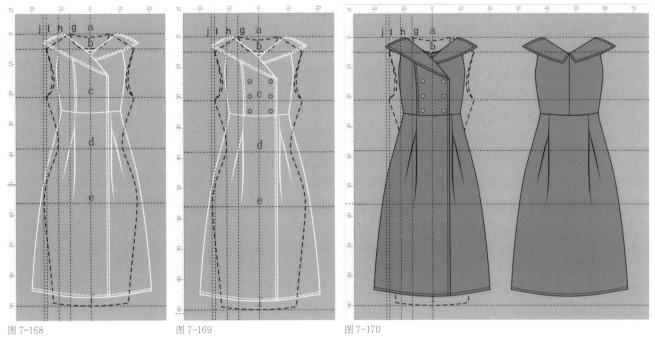

图 7-168　　　　　　　　　图 7-169　　　　　　　　　　　图 7-170

步骤4 填充颜色和绘制后片：选择交互式填充工具 ◇，为裙子的前片填充颜色。然后复制前片，根据款式调整，绘制出后片（图7-170）。

4.4 压褶无袖连衣裙（图7-171）

步骤1 在原型基础上绘制左侧轮廓：在原型基础上调整裙片直线框图。利用形状工具 ↖ 和到曲线图标 ↖，将其转换为曲线图形，按照人体形态和款式特点调整为所需形状（图7-172~图7-174）。

步骤2 处理底边效果及细节刻画：利用形状工具 ↖ 选择底边需添加节点的位置，单击添加节点工具 ☶ 在底边合适的位置添加节点，调整好底边效果，并用手绘工具 ✐ 和到曲线图标 ↖ 绘制裙子内部细节。复制粘贴右裙片，通过单击交互式属性栏中的水平镜

图 7-171

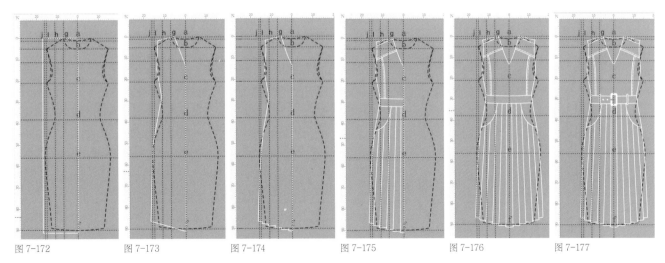

图 7-172　　　　　图 7-173　　　　　图 7-174　　　　　图 7-175　　　　　图 7-176　　　　　图 7-177

像图标 ⬄ 进行镜像操作，选择右侧裙子和左侧裙子，在属性栏中选择合并图标 ⬒，将左右裙片组合为一个整体。

腰扣绘制：用矩形工具 □ 绘制两个不同大小的矩形，并填充不同颜色的轮廓线，然后选择形状工具 ↖ 调整矩形的四个角边位

置成弧形。按住Shift键选中两个矩形，然后选择调和工具 🔗，并在属性栏中设置步长数值 🔳 5，将内矩形渐变到外矩形，形成腰扣的立体效果（图7-175～图7-177）。

步骤3 填充颜色和绘制后片：选择交互式填充工具 ◈，为裙子的前片填充颜色。然后复制前片，根据款式调整，绘制出后片（图7-178）。

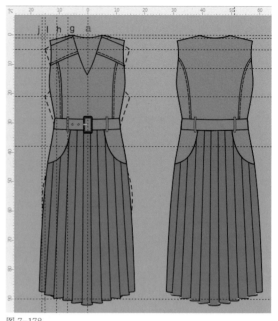

图 7-178

4.5 下摆不对称式连衣裙（图7-179）

步骤1 在原型基础上绘制左侧轮廓：在原型基础上调整裙片直线框图。利用形状工具 🔺，通过单击交互式属性栏的到曲线图标 ⌇，将其转换为曲线图形，按照人体形态和款式特点调整造型为所需形状（图7-180～图7-181）。

步骤2 绘制袖子和左下摆排褶效果：选择矩形工具 ▢ 和转换为曲线工具 ♺（快捷键Ctrl+Q；或选择矩形，右键单击选择转化为曲线选项），绘制袖子外框，然后利用形状工具 🔺 和到曲线图标 ⌇，调整好袖子的造型。选择手绘工具 🖊，绘制领子和口袋。单击添加节点工具 🔲 在底边合适的位置添加节点，利用手绘工具 🖊，对应相应的节点位置绘制线条，形成排褶的效果（图7-182～图7-183）。

图 7-179

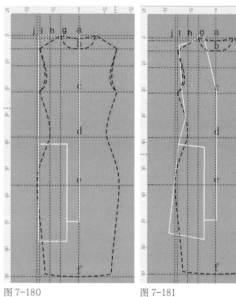

图 7-180　　　　图 7-181

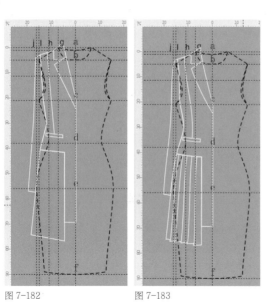

图 7-182　　　　图 7-183

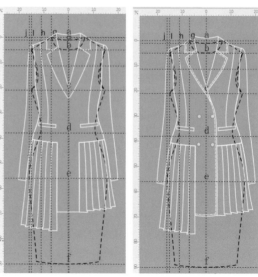

图 7-184　　　　图 7-185

步骤3 绘制完整的裙片、添加扣子：复制粘贴右裙片，通过单击交互式属性栏的水平镜像图标 进行镜像操作，在属性栏中选择合并图标 将左右裙片组合为一个整体。选择形状工具 调整左右裙片不对称的效果。利用椭圆形工具 绘制扣子的圆心和外圆，并填充不同颜色的轮廓线，然后选择调和工具 ，在属性栏中设置步长数值 5 ，将圆心渐变至外圆形成扣子的立体效果。复制粘贴绘制好的扣子到合适的位置，完成连衣裙的绘制（图7-184~图7-185）。

步骤4 填充颜色和绘制后片：选择交互式填充工具 ，为裙子的前片填充颜色。然后复制前片，根据款式调整绘制出后片（图7-186）。

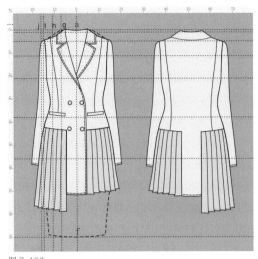

图7-186

4.6 泡泡袖连衣裙（图7-187）

步骤1 在原型基础上绘制左侧轮廓：在原型基础上绘制裙片直线框图。利用形状工具 ，通过单击交互式属性栏的到曲线图标 ，将其转换为曲线图形，按照人体形态和款式特点调整为所需形状（图7-188~图7-189）。

步骤2 镜像裙子、完善细节：利用手绘工具 和到曲线图标 ，绘制好底边褶的效果和肩部褶的效果。单击交互式属性栏的水平镜像图标 进行镜像操作，在属性栏中选择合并图标 ，将左右裙片组合为一个整体。

图7-187

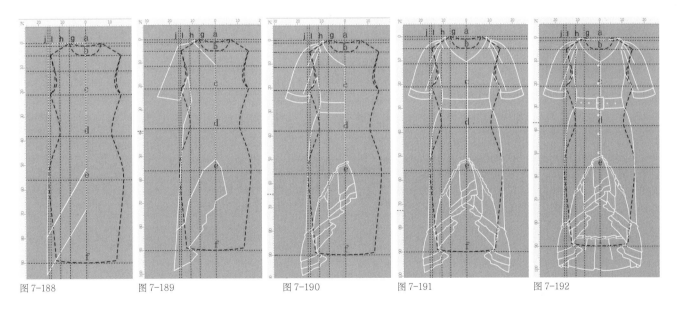

图7-188　　图7-189　　图7-190　　图7-191　　图7-192

扣子绘制：选择椭圆形工具 ，按住键盘上的Ctrl键绘制出大小合适的正圆，单击交互式填充工具 ，选择渐变填充工具 为绘制的扣子增加立体感，并将其移动到合适的位置。

腰扣绘制：选择矩形工具 ，绘制两个不同大小的矩形，并填充不同颜色的轮廓线；选择形状工具 调整矩形的四个角边位置成弧形。按住Shift键选中两个矩形，选择调和工具 ，并在属性栏中设置步长数值 5 ，最后将内矩形渐变至外矩形形成腰扣的立体效果（图7-190~图7-192）。

167

步骤3 填充颜色和绘制后片：选择交互式填充工具 ◇ ，为裙子的前片填充颜色。然后复制前片，根据款式调整，绘制出后片（图7-193）。

4.7 A型大摆无袖连衣裙（图7-194）

步骤1 在原型基础上绘制左侧轮廓：在原型基础上调整裙片直线框图。利用形状工具 ✎ ，选择需要调整的线段，通过单击交互式属性栏的到曲线图标 ⌇ ，将其转换为曲线图形，按照人体形态和款式特点调整为所需形状。并利用手绘工具 ⬚ 结合到曲线图标 ⌇ ，调整裙子腰部和下摆造型（图7-195~图7-197）。

步骤2 合并裙片、调整皱褶：复制粘贴右裙片，通过单击交互式属性栏的水平镜像图标 ⬚ 进行镜像操作，将其移动到合适的位置后选择右侧裙子和左侧裙子，在属性栏中选择合并图标 ⬚ 将左右裙片组合为一个整体。利用手绘工具 ⬚ 结合到曲线图标 ⌇ ，绘制好下摆的褶裥，然后选中将轮廓转换为对象（快捷键：Ctrl+Shift+Q）工具，将其转换为可填充颜色的对象，并利用形状工具 ✎ ，通过删除节点和调整节点达到褶的虚实效果（图7-198~图7-199）。

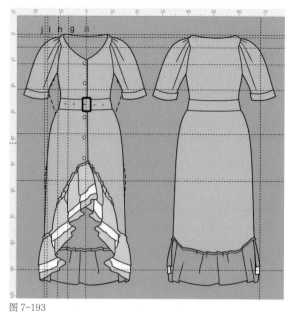

图 7-193

图 7-194

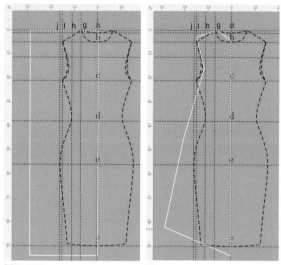

图 7-195　　　图 7-196

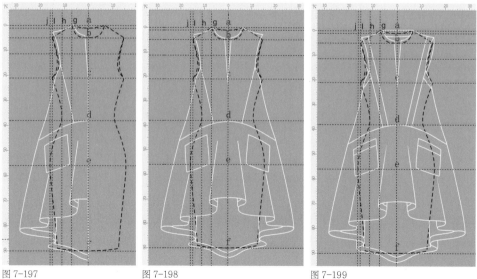

图 7-197　　　图 7-198　　　图 7-199

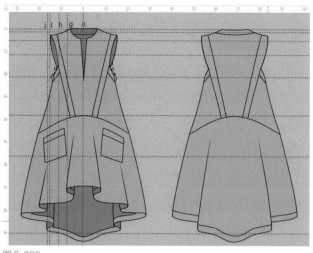

图 7-200

步骤3 填充颜色和绘制后片: 选择交互式填充工具◇，为裙子的前片填充颜色。然后复制前片，根据款式调整，绘制出后片（图7-200）。

4.8 垂褶晚礼服

款式概述: 收腰合体长礼服，垂褶式挂脖，腰部细褶，臀部左右重复塔褶（图7-201）。

步骤1 根据原型造型绘制外框: 选择矩形工具□，设置线条粗细为1.5mm ⌀ [1.5 mm ▾]，颜色为白色。结合转换为曲线图标 ℧ ，在原型的基础上调整各个部位的造型，得到礼服半边造型效果，并在合适的位置添加节点 ⊞，根据款式调整臀部和下摆的轮廓线（图7-202~图7-203）。

步骤2 绘制前片腰部细褶、围脖: 利用钢笔工具 ⍒ 及3点曲线工具 ⍟ 和形状工具 ⌁ ，绘制一侧裙子臀部的塔褶和挂脖效果（图7-204~图7-205）。

图 7-201

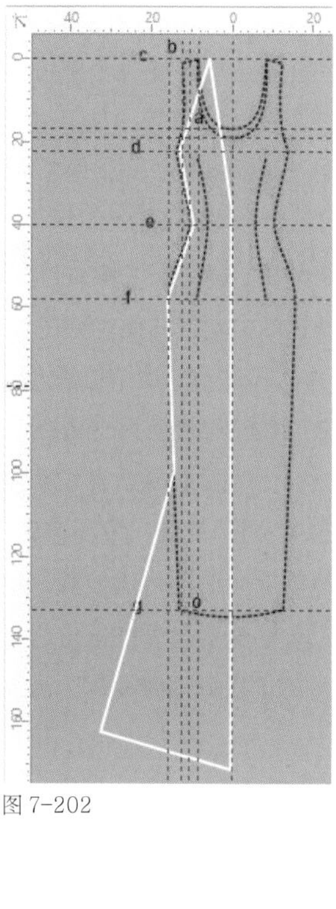

图 7-202 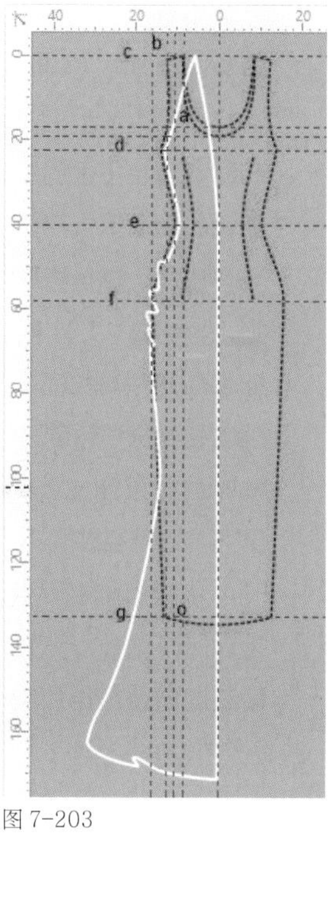   图 7-203 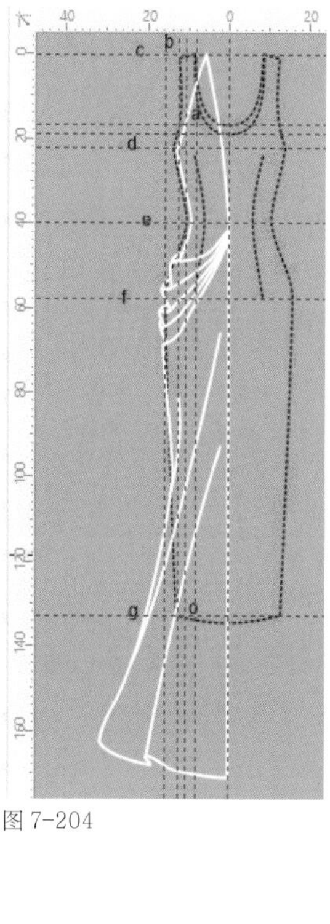   图 7-204 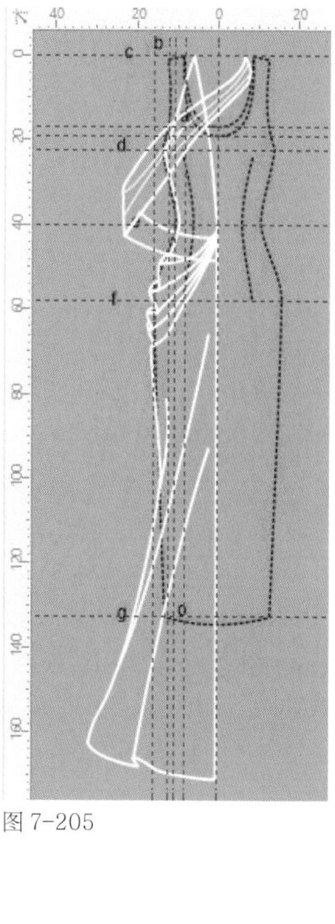   图 7-205

步骤3 镜像合并：用再制工具复制一个礼服轮廓，选中选择工具 ▶，通过单击交互式属性栏的水平镜像图标 ⊡⊡ 进行镜像操作，并将其移动到合适的位置（快捷方法：挑选礼服裙片轮廓，按住Ctrl键，移动到另一边合适的位置，按右键即可完成复制粘贴）。利用钢笔工具 ⬜ 参照与裙片的比例关系绘制腰部细褶（图7-206~图7-207）。

步骤4 绘制后片：将前片拖动到合适位置，点击右键再得到一个前片，用选择工具 ▶ 选择需要的区域进行修改，然后右键调整好裙片与领片的前后顺序关系即为后片造型（图7-208）。

步骤5 填充颜色：用选择工具 ▶ 分别选择前后片，左键单击调色颜色为内部填充色，右键单击黑色为轮廓填充色（图7-209）。

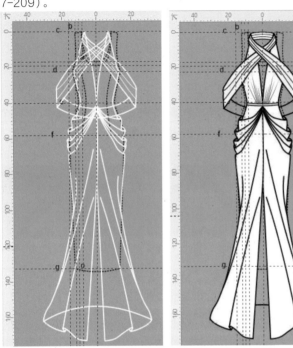

图 7-206　　　　　图 7-207　　　　　图 7-208

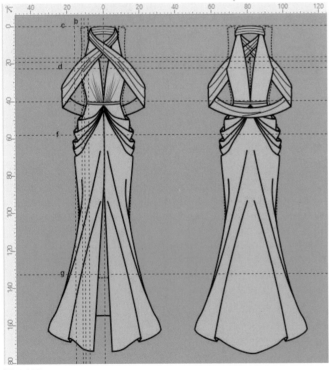

图 7-209

4.9 鱼尾长礼服

款式概述：膝盖部位收紧的鱼尾外形，无领、贴袖，礼服上下部分均采用弧线分割，两种面料拼接（图7-210）。

步骤1 根据原型造型绘制外框：选择矩形工具 ⬜，设置线条粗细为1.5mm ⬜ 1.5 mm ▾，线条颜色为白色。结合转换为曲线图标 ⟳ 在原型的基础上调整各个部位的造型，得到礼服半边造型效果，并在合适的位置添加节点，根据款式调整臀部和下摆的轮廓线。用钢笔工具 ⬜ 将内部的结构一起画好（图7-211~图7-213）。

步骤2 镜像合并：用再制工具 ⬚ （Ctrl+D）复制礼服轮廓，选中选择工具 ▶，通过单击交互式属性栏的水平镜像图标 ⊡⊡ 进行镜像操作，并将其移动到合适的位置（快捷方法：挑选礼服裙片轮廓，按住Ctrl键，移动到另一边合适的位置，按右键即可完成复制粘贴）。然后选择所有轮廓，用合并工具 ⬚ 将后片合并为一个整体（图7-214~图7-215）。

步骤3 绘制后片：将前片拖动到合适位置，点击右键再得到一个前片，用选择工具 ▶ 选择需要的区域进行修改，然后右键调整好裙片与领片的前后顺序关系即为后片造型（图7-216）。

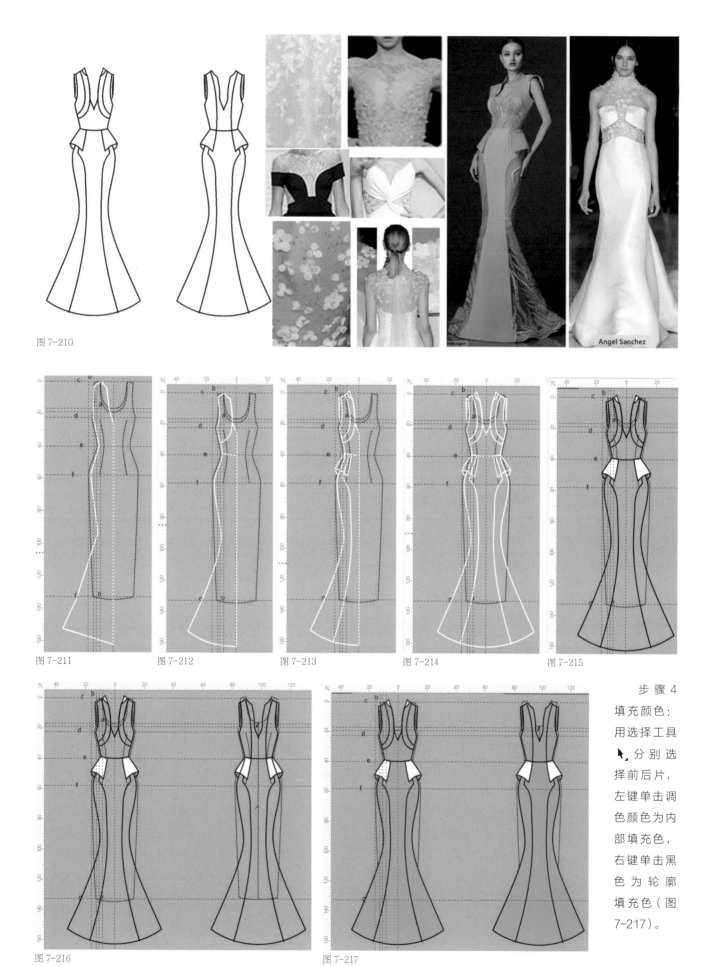

图 7-210

图 7-211　　　图 7-212　　　图 7-213　　　图 7-214　　　图 7-215

图 7-216　　　图 7-217

步骤 4

填充颜色：

用选择工具

分别选

择前后片，

左键单击调

色颜色为内

部填充色，

右键单击黑

色为轮廓

填充色（图

7-217）。

4.10 木耳边长裙

款式概述：大V领，羊腿袖，领口、裙子分割线嵌入木耳边装饰（图7-218）。

图 7-218

步骤1 根据原型造型绘制外框：选择矩形工具 □，设置线条粗细为1.5mm ✑ ，1.5 mm ▼ ，颜色为白色。结合转换为曲线图标 ○ 在合适的位置添加节点 ，根据款式调整臀部和下摆的轮廓线，得到礼服半边的造型（图7-219～图7-220）。

步骤2 绘制前片分割、袖子、木耳边：利用钢笔工具 ✐ 及3点曲线工具 ⌒ 和形状工具 ↖ ，绘制一侧裙子内部分割部分，羊腿袖造型以及领口、分割线和底摆上的木耳装饰边（图7-221～图7-223）。

步骤3 镜像合并：用再制工具复制一个礼服轮廓，选中选择工具 ↖ ，通过单击交互式属性栏的水平镜像图标 ◫ 进行镜像操作，并将其移动到合适的位置（快捷方法：挑选礼服裙片轮廓，按住Ctrl键，移动到另一边合适的位置，按右键即可完成复制粘贴），用合并工具 ⬔ 将前片合并为一个整体（图7-224～图7-225）。

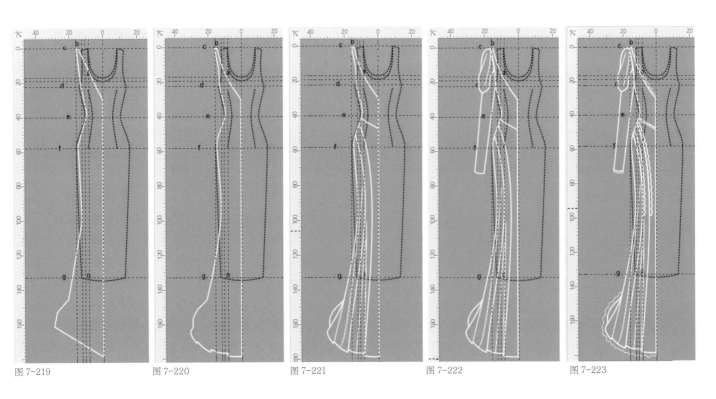

图 7-219   图 7-220   图 7-221   图 7-222   图 7-223

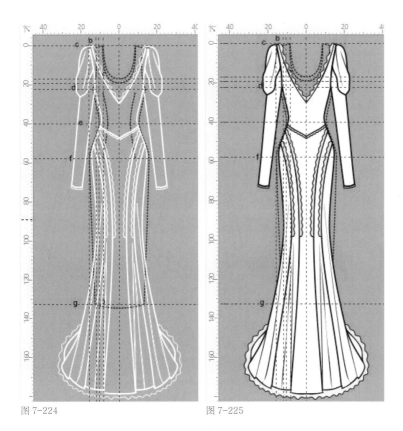

图 7-224   图 7-225

步骤4 绘制后片：将前片拖动到合适位置，点击右键再得到一个前片，用选择工具 ➤ 选择需要的区域进行修改，然后右键调整好裙片与领片的前后顺序关系即为后片造型（图7-226）。

步骤5 填充颜色：用选择工具 ➤ 分别选择前后片，左键单击调色颜色为内部填充色，右键单击黑色为轮廓填充色（图7-227）。

4.11 吊带式小礼服

款式概述：吊带深V领，腰部设计腰带，后片腰部蝴蝶结，波浪A型下摆（图7-228）。

步骤1 根据原型造型绘制外框：选择矩形工具 ☐，设置线条粗细为1.5mm ✐ ⌷1.5 mm ☑ ，颜色为白色。结合转换为曲线图标 ↺ ，在合适的位置添加节点 ⊞ ，根据款式调整臀部和下摆的轮廓线，得到礼服半边的造型。用再制工具 ⧉ （Ctrl+D）复制一个半边礼服轮廓，选中选择工具 ➤ ，通过单击交互式属性栏的水平镜像图标 ◱ 进行镜像操作，并将其移动到合适的位置用合并工具 ⌷ 将前片合并为一个整体，并画出肩带绑带和底摆的造型（图7-229~图7-230）。

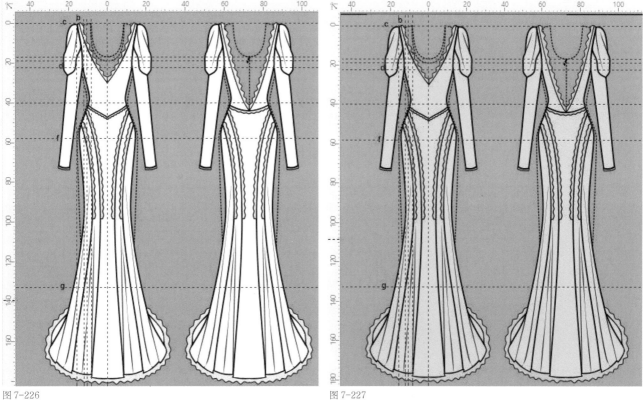

图 7-226   图 7-227

步骤2 绘制腰带、底摆波浪产生的褶裥效果：利用钢笔工具 ✎ 及3点曲线工具 ♣ 和形状工具 ⬿ ，绘制腰带造型、底边和腰部产生的褶裥效果，然后将绘制好的褶裥Ctrl+Shift+Q转换为对象，调整褶裥的虚实效果（图7-231~图7-232）。

步骤3 绘制后片：将前片拖动到合适位置，点击右键再得到一个前片，用选择工具 ➤ 选择需要的区域进行修改，然后右键调整好裙片与领片的前后顺序关系即为后片造型（图7-233）。

步骤4 填充颜色：用选择工具 ➤ 分别选择前后片，左键单击调色颜色为内部填充色，右键单击黑色为轮廓填充色（图7-234）。

图 7-228

图 7-229　　　　　　　图 7-230　　　　　　　图 7-231　　　　　　　图 7-232

图 7-233　　　　　　　　　　　　图 7-234

4.12 立体羽毛拼贴

款式概述：A型礼服，小圆领，胸部和腰部拼贴羽毛，宽大下摆加褶（图7-235）。

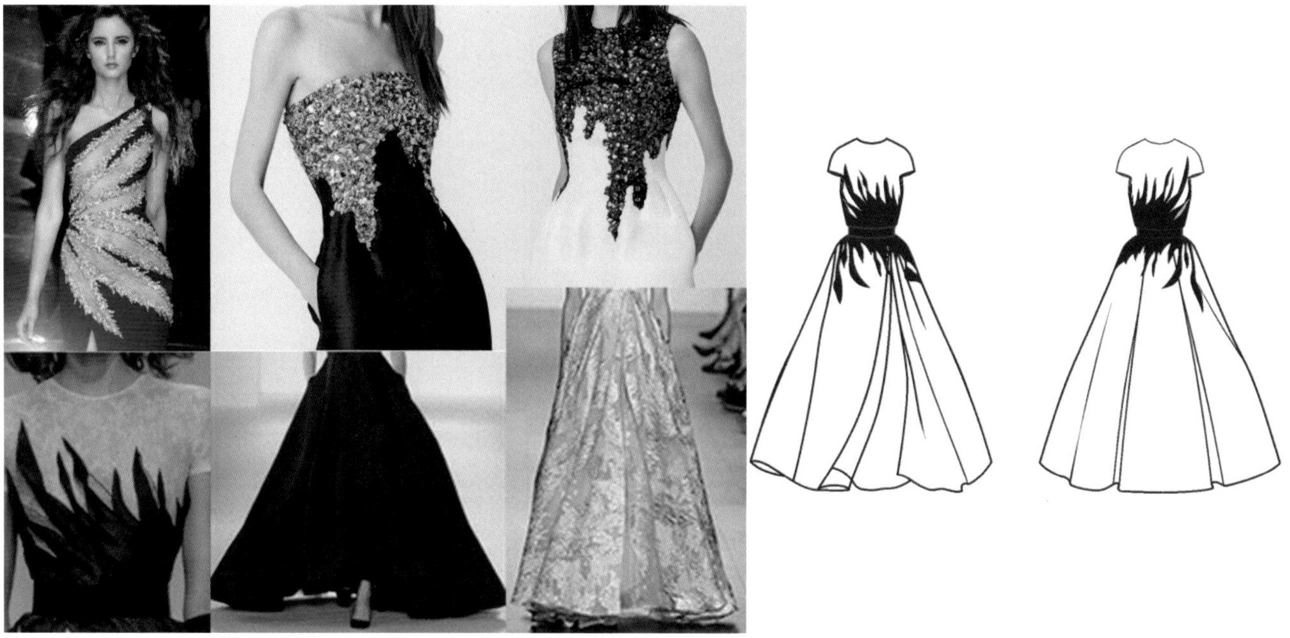

图 7-235

步骤1 根据原型造型绘制外框：选择矩形工具，设置线条粗细为1.5mm 1.5 mm，颜色为白色。结合转换为曲线图标，在合适的位置添加节点，根据款式调整臀部和下摆的轮廓线，得到礼服半边的造型（图7-236）。

步骤2 镜像合并：用再制工具将礼服轮廓复制一个，选中选择工具，通过单击交互式属性栏的水平镜像图标进行镜像操作，并将其移动到合适的位置（快捷方法：挑选礼服裙片轮廓，按住Ctrl键，移动到另一边合适的位置，按右键即可完成复制粘贴）。用合并工具将前片合并为一个整体，并利用钢笔工具参照与裙片的比例关系绘制腰褶和裙摆（图7-237~图7-238）。

步骤3 绘制羽毛造型：利用钢笔工具及3点曲线工具和形状工具，绘制腰部和胸部羽毛造型，然后选择各部分填充相应的颜色（图7-239~图7-240）。

步骤4 绘制后片，填充颜色：将前片拖动到合适位置，点击右键再得到一个前片，选择工具选择需要的区域进行修改，然后右键调整好裙片与领片的前后顺序关系即为后片造型。用颜色滴管工具选择前片的颜色，用填色工具填充到背面款式中（图7-241~图7-242）。

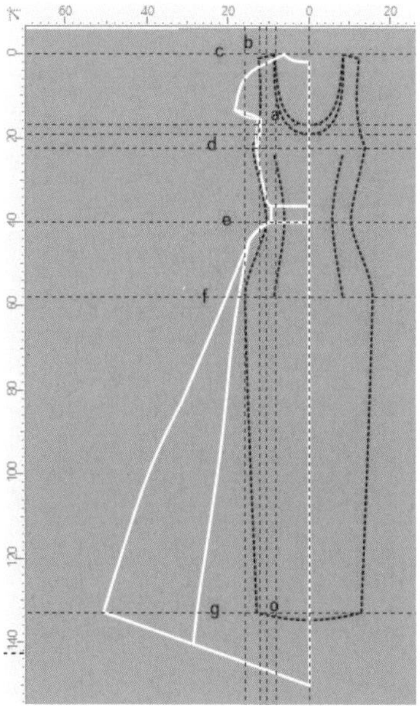

图 7-236

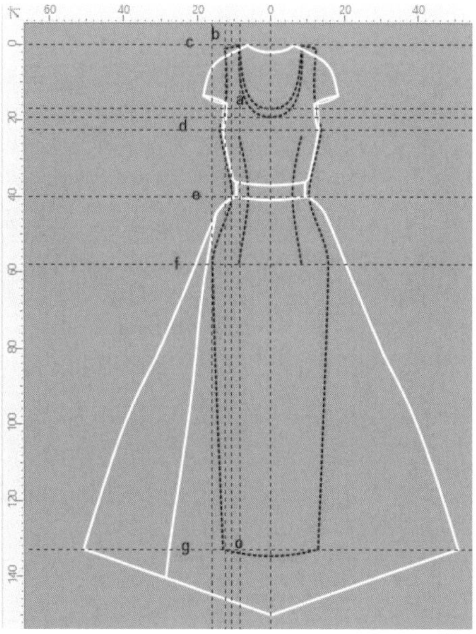

图 7-237

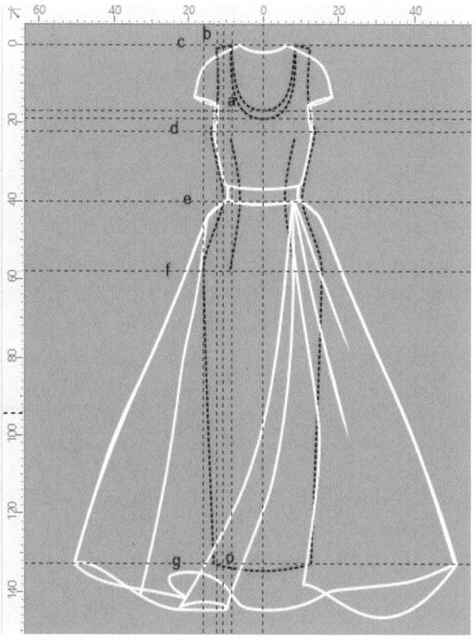

图 7-238

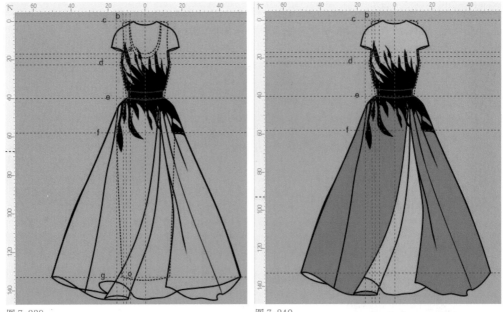

图 7-239

图 7-240

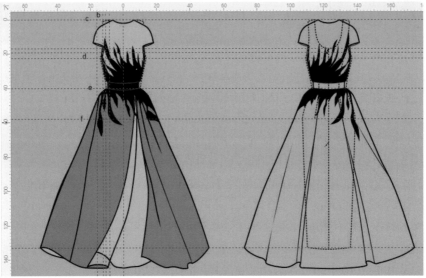

图 7-241

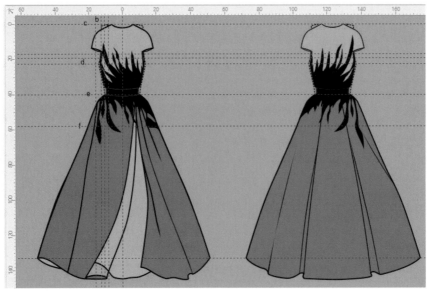

图 7-242

任务5 连衣裙、礼服课后练习（图7-243~图7-262）

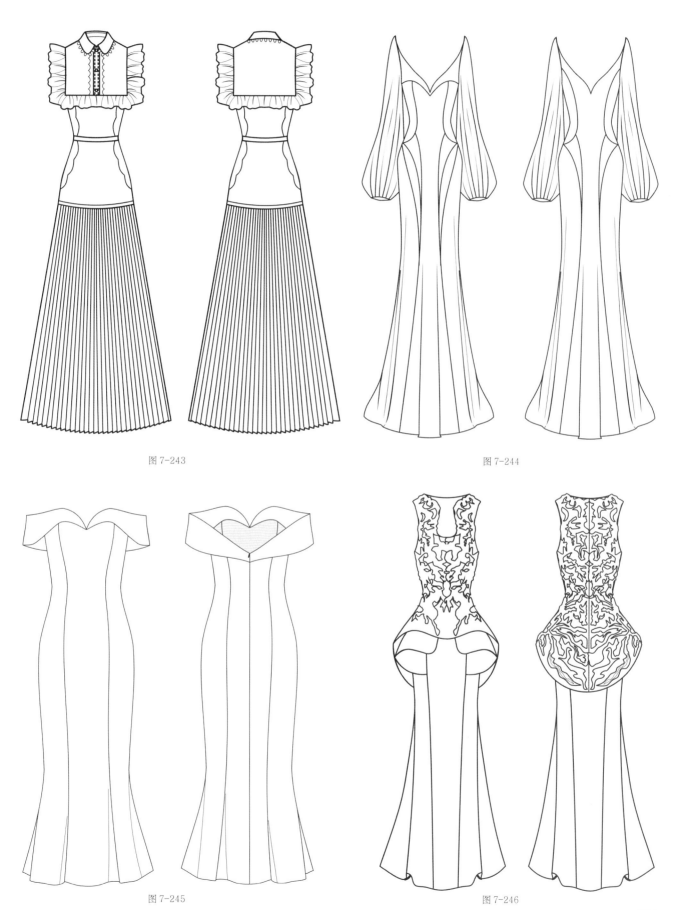

图 7-243

图 7-244

图 7-245

图 7-246

图 7-247

图 7-248

图 7-249

图 7-250

图 7-251

图 7-252

图 7-253

图 7-254

图 7-255

图 7-256

图 7-257

图 7-258

图 7-259

图 7-260

图 7-261

图 7-262

项目八 内衣款式设计

图 8-1

广义的内衣，是指穿着在里层的服装，一般与皮肤直接接触。按照穿着场合和目的，内衣可分为是日常内衣、家居内衣和沙滩服。其中，日常内衣可分为基础内衣（包括文胸和内裤）、塑型内衣（骨衣、束腰、束裤等）、运动型内衣和保暖内衣；家居内衣是指可在家里穿着的休闲装和睡衣，可分为日常家居服（背心、短裤、各式家居休闲装等）和睡衣（睡衣裤、睡袍、睡裙等）；沙滩服包括游泳衣、沙滩袍、沙滩装等（图8-1）。

任务 1 内衣基本原型绘制

1）文胸的基本结构（图8-2）：

罩杯：文胸的最重要部分，有保护双乳、改善外观的作用。

后背片（后肶）：帮助罩杯承托胸部并固定文胸位置，一般用弹性和强度大的材料。

鸡心（心位）：文胸的正中间部位，起定型作用。

肩带：长度可以调节，利用肩膀吊住罩杯，起到承托作用。

下趴：支撑罩杯，以防止乳房下垂，并可将多余的赘肉慢慢移入罩杯。

侧肶：属于后背片结构，但采用的面料不同，主要功能是固定罩杯，与后背片之间缝合，用胶骨固定。

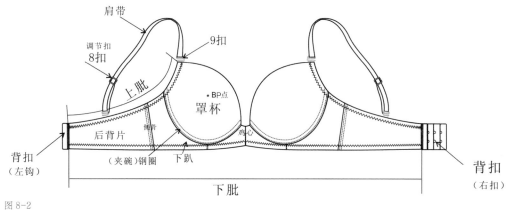

图 8-2

2）文胸绘制步聚（以胸围32/75码，3/4杯基础杯为原型绘制）：

步聚1 设置图纸、原点、辅助线：设置图纸为A4，图纸方向为横向，绘图单位为cm，绘图比例为1:5，并设置原点和相应的辅助线（图8-3~图8-4）。

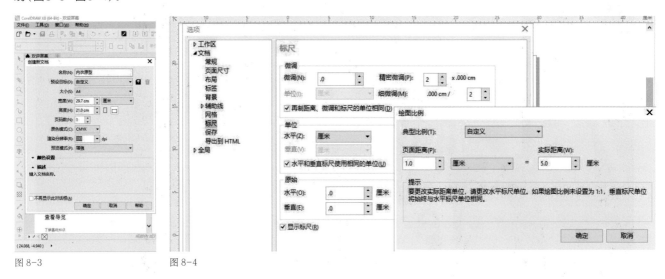

图8-3　　　　　　　　　图8-4

设置原点为BP点（X=0，Y=0）。

水平辅助线设置：点击主菜单工具→选项→辅助线→水平，根据罩杯高度尺寸设置数值依次点击添加，设置X=6cm为上杯线t线，X=8.5cm添加下杯线l线。f线为BP点水平辅助线（图8-5）。

垂直辅助线设置：点击主菜单工具→选项→辅助线→垂直，根据罩杯宽度与尺寸设置数值依次点击添加，设置Y=-8cm为左杯侧线p线，Y=-6cm为鸡心线g线。s线为BP点垂直辅助线（图8-6）。

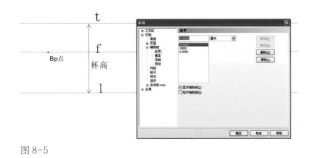

图8-5

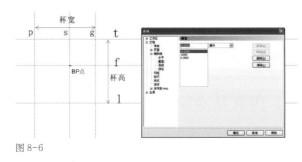

图8-6

步聚2 绘制罩杯轮廓（图8-7~图8-8）：

① 定位杯宽杯高点：即肩点c，杯侧点b，杯底点d，鸡心点a。

肩点c：即肩带衔接位置点，在水平上上杯线t线上，左杯宽p线往右2.5cm，定位c点（会根据杯型不同而变化，比如1/2杯，5/8杯等，都不在此位置上）。

杯侧点b：在左杯宽p线上，f线（BP点线）水平往上约0.7cm，定位b点（会根据钢圈的开度变化）。

杯底点d：在下杯线上，垂直BP线的交点定位为d。

鸡心点a：在鸡心线g上，下杯线水平往上约3cm，定位a点（鸡心点会随鸡心杯高低的变化而变化）。

② 连接4个控制点：选择贝塞尔工具 ，设置线条粗细为1.5cm，线条颜色为黑色。连接a、b、c、d4个点，绘制以下直线外框。

③ 调整罩杯轮廓：选择形状工具 ，通过交互式属性栏的转换曲线图标 ，将所有直线转为曲线，并按照罩杯形状，调整曲线到所需形状。

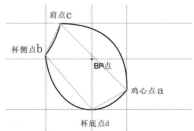

图8-7

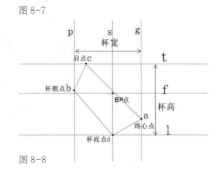

图8-8

绘制罩杯轮廓放大演示图如图 8-9 所示：

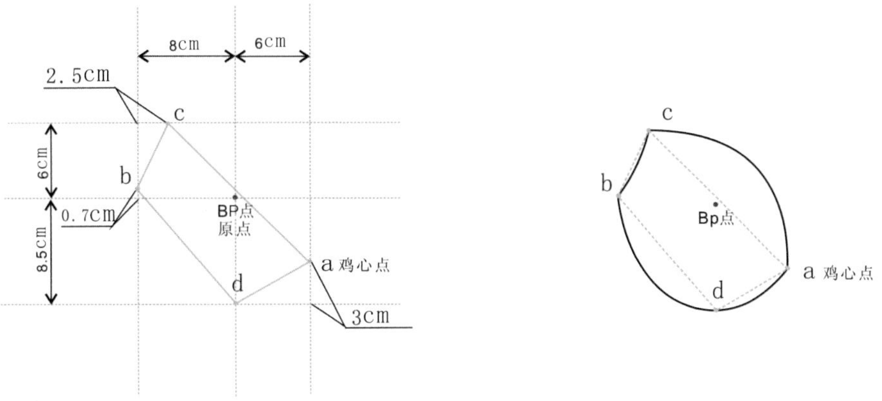

定位杯宽及杯高点　　　　罩杯轮廓图

图 8-9

步聚3 绘制后片轮廓图

① 半胸宽辅助框（图8-10）：

选取矩形工具，画出一个32cmX10cm的矩形框；（矩形高度根据款式而定，大都会在杯底d线以下，也有款式刚好在杯底线上；宽度32cm为1/2半胸宽尺寸）。

水平垂直定位：选择贝塞尔工具，按住Ctrl键上下两点画一垂直线辅助线，位于a点水平线往右0.6cm；左右两点画一水平辅助线需经过b点；

对齐定位：用选择工具，先选择矩形框，按住Shift键同时再选择水平辅助线，然后通过交互式属性栏的对齐与分布对话框，勾选上对齐。再以同样的方法完成右对齐。

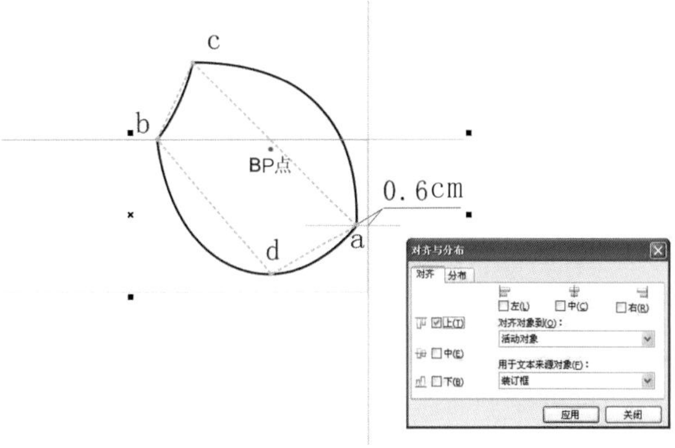

图 8-10

流程图示（图 8-11）：

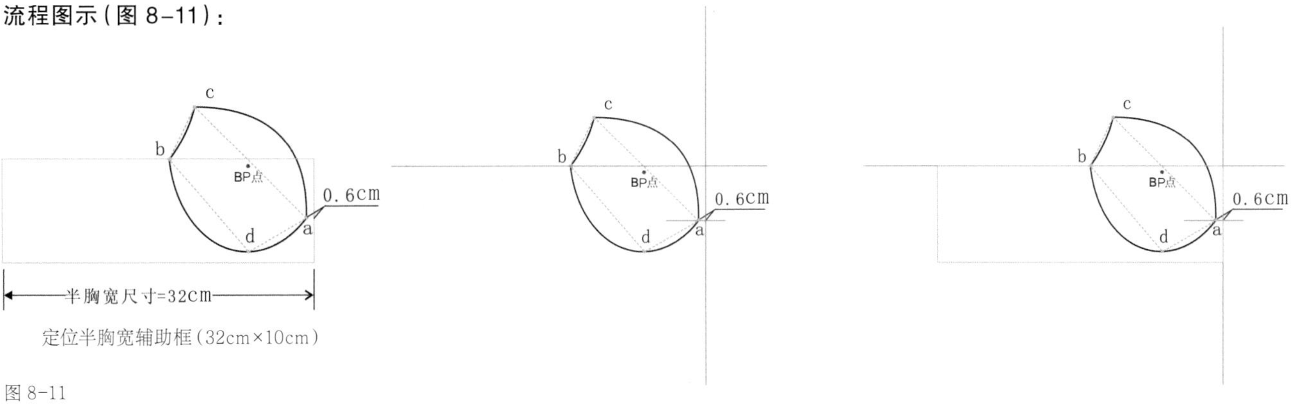

定位半胸宽辅助框（32cm×10cm）

图 8-11

② 定位背扣高度：根据背扣的排数来定，一排扣，两排扣，三排扣……五排扣，扣数越多，高度越高。此基础型设定为两排扣，高度为5cm。然后将矩形框通过交互式属性栏的转换成曲线图标，并用形状工具，在b点通过双击添加节点，在低于a点的位置双击添加节点，在d点垂直下方双击添加节点，在最左侧胸宽线上，根据背扣宽度的设定双击添加两个节点，完成后片的直线框图（图8-12）。

③ 后片曲线轮廓：选择形状工具，并通过交互式属性栏的转换曲线图标，将所有直线转为曲线，并按照肶位形状，调整曲线到所需形状（图8-13）。

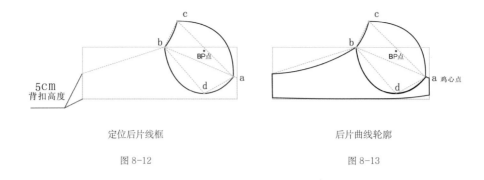

定位后片线框

图 8-12

后片曲线轮廓

图 8-13

步聚4 绘制前侧下趴轮廓：

选择贝塞尔工具 ✎，按住Ctrl键画一垂直线，然后用选择工具 ➤，先点击直线，再按住Shift键，一同选取半胸围辅助框，最后通过交互式属性栏的对齐与分布对话框 ▤，勾选垂直居中，作为侧骨辅助线（图8-14）。选取矩形工具 ▢，贴齐侧骨辅助线，往右拉一个矩形框，宽度、高度均需超出1/2半胸围（图8-15）。用选择工具 ➤，先点击方框部分，然后按住Shift键，一同选取后片图形，点击交互式属性栏的相交 ▢，删除方框，完成效果（图8-16）。

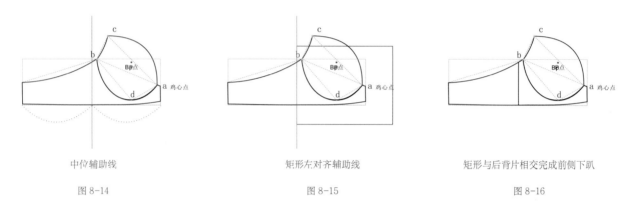

中位辅助线

图 8-14

矩形左对齐辅助线

图 8-15

矩形与后背片相交完成前侧下趴

图 8-16

步聚5 绘制肩带：

辅料8扣、9扣的绘制（图8-17）：

① 选取矩形工具 ▢，根据肩带宽度（比肩带宽0.5cm左右），拉出一矩形方框。

② 用形状工具 ➤，拖动一节点把方框拉成圆角，然后将矩形框通过交互式属性栏的图标转换成曲线 ↻，并用形状工具 ➤，调整好圆角弧度；

③ 用同样的方法画一内圆角主方框，注意内框与外框的距离，因为这是上半部，要与下半部结合，所以下边距相对要窄；

④ 同时选择内外框，再制下半部，中间需重叠0.1cm左右。

⑤ 用选择工具 ➤，先点击上半外框，按住Shift键，复选下半外框，点击交互式属性栏的合并工具图标 ▢，将两外框合成一个图形。再同时选择两内框、大外框三个图形，点击交互式属性栏的移除前面对象图标 ▢，形成新的如图中5所示的8字图形。

⑥ 选取矩形工具 ▢，宽度等于肩带宽度，在8扣内中拉出一矩形方框，然后用选择工具 ➤，同时选择8扣及小框两图形，点击交互式属性栏的移除前面对象图标 ▢，完成8扣的绘制。

9扣的绘制：方法同8扣，仅在第⑥步时，前面修剪对象的图形不一样。选择贝塞尔工具 ✎，在合适的位置上画出一图形，然后用选择工具 ➤，同时选择8扣及前面新图形，点击交互式属性栏的移除前面对象图标 ▢，完成9扣的绘制。

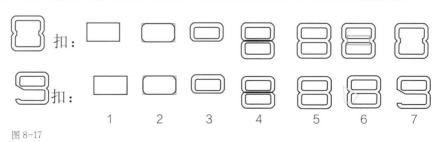

图 8-17

肩带的绘制：

① 定位前后肩带位，前肩带点c即前肩带位，后肩带位于上肽离后背6~7cm处。选择贝塞尔工具✐连接两点（图8-18）。

② 选择形状工具‍‍，通过交互式属性栏的转换曲线图标ᗡ，将所有直线转为曲线，并按照肩带视觉形状，调整曲线到所需形状（图8-19）。

③ 再制该曲线，并平移1cm的距离（根据肩带宽度而定）（图8-20）。

④ 用选择工具‍，选择两曲线，并通过交互式属性栏的结合图标 ⬚（或快捷键Ctrl+L），点击形状工具‍，选择后肩带开口处两节点，然后通过交互式属性栏的延长曲线闭合图标 ⅅ闭合后肩带，同样的方法闭合前肩带（图8-21）。

⑤ 把已画好的9扣移至前后肩带衔接处，8扣移至后肩带位调节肩带长度用，并都根据肩带走向调整好8、9扣的角度。最后选择贝塞尔工具✐，画出从后肩带的9扣到8扣之间的调节带透视线（图8-22）。

肩带绘制步骤：

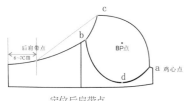

定位后肩带点

图 8-18

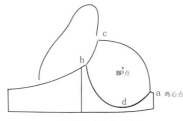

调整肩带曲线弧度

图 8-19

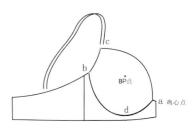

再制1肩带曲线，约为1 cm 平行距离根据肩带宽度而定

图 8-20

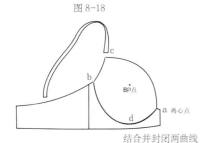

结合并封闭两曲线

图 8-21

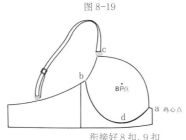

衔接好 8 扣，9 扣

图 8-22

步骤6 镜像右半片并绘制完成背扣：用选择工具‍全选左部所有对象，通过交互式属性栏组合 ⬚（快捷键Ctrl+G），点击编辑→再制 ⬚（快捷键Ctrl+D），再通过交互式属性栏水平镜像⬚，将对象移动到中心线对称位置上（快捷操作：全选需镜像对象，按住Ctrl键不松手，同时鼠标左键拖动对象左中间控制点至右边合适位置，同时单击右键，完成镜像再制后，再松开左键及Ctrl键）（图8-23）。

背扣绘制步骤：

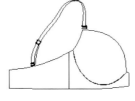

图 8-23

左扣：选择矩形工具□，画一个宽度1.5cm（基本不变），高度为后肽高度的竖形方框（会根据排扣的多少而变化）。

右扣里贴片：选择矩形工具□，同左扣高度，绘制宽度为1cm的竖形方框；然后再制一宽度为1.5cm的框，水平对齐，并用形状工具‍，拖动一节点把方框拉成圆角，两对象中间重叠0.5cm；最后用选择工具‍选择两对象，点击交互式属性栏的合并工具图标⬚，将两对象合成一个新的左方右小圆角的图形。

右扣：复制左扣图形，然后选择矩形工具□，根据钩扣大小画一小框，与大框部分重叠，位于右侧1/3的高度上；选择形状工具‍，拖动一节点把方框拉成圆角；用选择工具‍先选取大框，按住Shift键同时再选择小框，通过交互式属性栏的修剪工具⬚，修剪小框重叠部分；再复制此钩扣于2/3处，完成一循环

右扣绘制步骤：

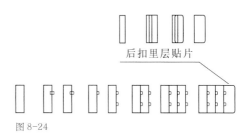

后扣里层贴片

图 8-24

单位,将此单位循环复制三个,水平对齐。最后将已画好的右扣里贴片水平与最右侧对齐,然后,用选择工具 ↖ 先选取大框三循环框及右扣里贴片框4个对象,通过交互式属性栏的结合图标 ▣ (或快捷键Ctrl+L),合成一个新的图形,并把此图形通过右键—顺序—点击到图层后面(图8-24)。

把画好的左扣及右扣移至左右片后背位置上,初步完成3/4杯一字肚双排扣文胸原型图,以后的杯型、肚位、鸡心、肩带的变化都将在此原型图上进行。所有的文胸设计、变化都会以此原型图为依托(图8-25)。

3)文胸的工艺缝制线绘制步骤:

文胸外观轮廓设计画好后,对缝制的工艺线也会有一定的标注绘制要求。用得最多的有以下两种工艺针迹线:

平车普通针迹:直接设置线条为虚线即可 ------------ 。

三针人字车针迹:此工艺一般运用在文胸上下肚拉橡筋,内裤裤头,裤肚拉橡筋等 _____ ⟶ 变形 ⟶〰〰〰〰 。

画法:选取线条曲线,点击工具栏中的交互式变形工具 ❀ 的拉链变形 ❀ ,并设置拉链失真振幅与频率 〰4⬍ 〰14⬍ (数值根据形状来调整),完成效果如图8-26所示。

针法在文胸上的运用及表现: 变形。 _____ 〰〰〰 。

上下肚位:用贝塞尔工具 ✎ ,在上下肚位置根据外轮廓,画出等距线条,点击工具栏中的交互式变形工具 ❀ 的拉链变形 ❀ ,将线条变形为三针人字线。

钢圈:用贝塞尔工具 ✎ ,在罩杯底部,画出两条等距双线,并设置线条为虚线。

侧骨:复制两条等距双线,并设置线条为虚线。

4)文胸的前后视图及前幅、后幅款式图的画法步骤(图8-27~图8-28):

① 从画好的展开原型图中,用选择工具 ↖ 先选取罩杯部分,按住Shift键同时再选择下趴部分,点击编辑→再制 ▣ (快捷键Ctrl+D),复制出罩杯及下趴;

② 肩带(前视图):选择贝塞尔工具 ✎ 在肩点位置画出肩带形状,高度为13.5cm,并把9扣移到肩点处。

③ 后视图及肩带:复制前视图,并用浅色线框虚化前图,再复制原型展开图的后片,并对齐前左右侧骨;把背扣复制到后中(扣上后效果)。然后用画肩带的方法,完成后肩带。

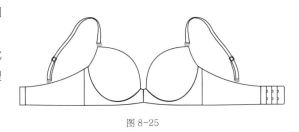

图 8-25

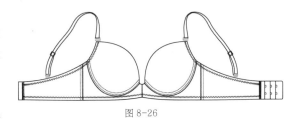

图 8-26

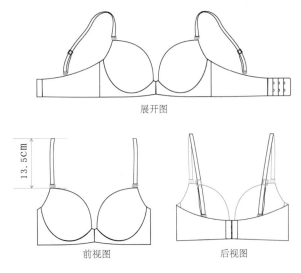

展开图

13.5cm

前视图

后视图

图 8-27

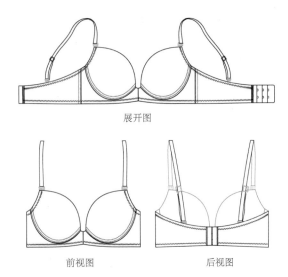

展开图

前视图

后视图

图 8-28

任务 2 内衣拓展设计元素

2.1 杯型和分割

1）文胸的杯型分类：以罩杯覆盖胸部的面积来划分，可分为全罩杯、3/4罩杯、5/8罩杯、1/2罩杯等；以形状划分，还有三角杯与四角杯等特殊杯型；以工艺来分，可分为夹棉杯、模杯、水晶杯等（图8-29~图8-34）。

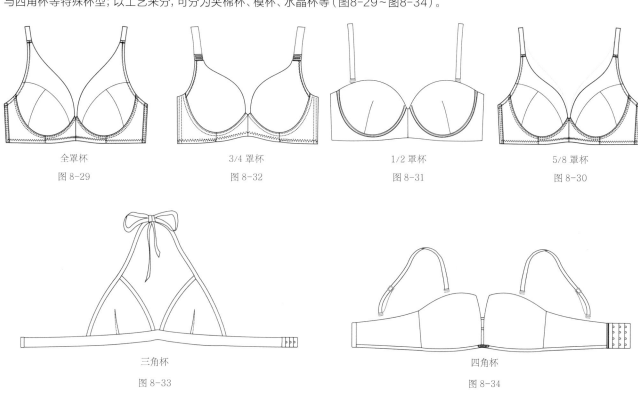

全罩杯
图 8-29

3/4 罩杯
图 8-32

1/2 罩杯
图 8-31

5/8 罩杯
图 8-30

三角杯

图 8-33

四角杯

图 8-34

2）文胸罩杯（5/8杯）变化实例绘制步聚（在原型基础上）：

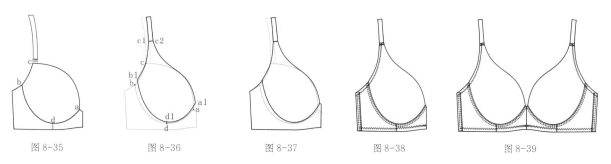

图 8-35

图 8-36

图 8-37

图 8-38

图 8-39

步聚1 复制原型左前幅视图，标好a、b、c、d影响罩杯形状的4个控制点。主变化点为肩点c（图8-35）。

步聚2 点击形状工具，根据罩杯形状分别移动a、b、c、d 4个控制点至a1、c1、b1、d1位置上（由于加高了杯位耳仔长度，新增c2节点以便连接肩带），调整罩杯新的曲线形状并调整肩带位置（图8-36）。

步聚3 根据罩杯形状，用形状工具调整鸡心与侧胁曲线，使各部位线条衔接流畅（图8-37）。

步聚4 用画原型的画法画出各部位车缝工艺线条（图8-38）。

步聚5 镜像再制右幅（同以上原型步聚）（图8-39）。

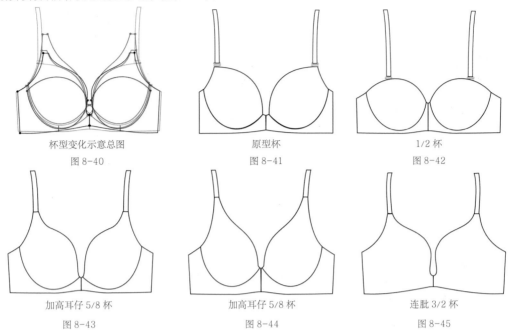

杯型变化示意总图

图 8-40

原型杯

图 8-41

1/2 杯

图 8-42

加高耳仔 5/8 杯

图 8-43

加高耳仔 5/8 杯

图 8-44

连肶 3/2 杯

图 8-45

3）文胸的罩杯分割及结构：罩杯可分为单省杯、上下杯、左右杯、字杯等，结构线分为纵向、横向、斜向的分割线，也可将杯面设计成其他分割线和褶皱等。按照服装结构设计的原理，分割线设置得越多，越有利于罩杯的形态圆顺、合体。还有一种光面杯没有分割线，根据模杯形状，用特制的模具压制成型（图8-46~图8-54）。

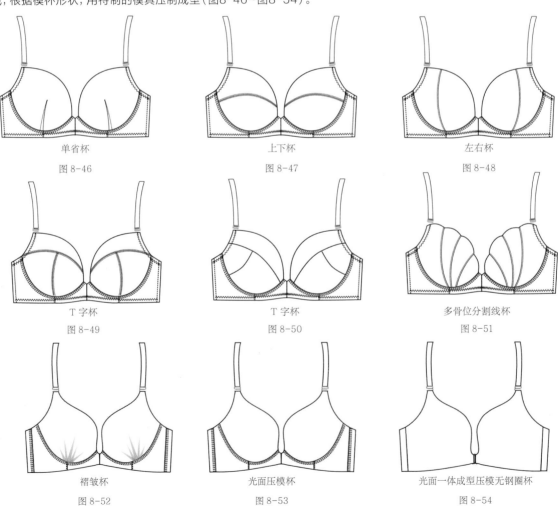

单省杯

图 8-46

上下杯

图 8-47

左右杯

图 8-48

T 字杯

图 8-49

T 字杯

图 8-50

多骨位分割线杯

图 8-51

褶皱杯

图 8-52

光面压模杯

图 8-53

光面一体成型压模无钢圈杯

图 8-54

4）文胸罩杯分割变化实例绘制步骤（在原型基础上）：

步骤1 复制原型左半图，画T字骨上分割线：在原型的罩杯内，用贝塞尔工具 ✐ 从杯侧起至鸡心位的合适位置上画出一上下杯的分割曲线，并用形状工具 ✎ 调整到所需曲线弧度（图8-55~图8-56）。

步骤2 画T字骨下分割线：继续用贝塞尔工具 ✐ 从上下分割骨起至杯里的合适的位置上，绘制出左右分割曲线，并用形状工具 ✎ 调整到所需曲线弧度（图8-57）。

步骤3 画出工艺缝制线：分别复制两分割曲线离开原线0.1cm的距离，并把曲线设置为虚线（图8-58）。

步骤4 镜像再制右幅（同以上原型步骤），把右扣移至后肶位置（图8-59）。

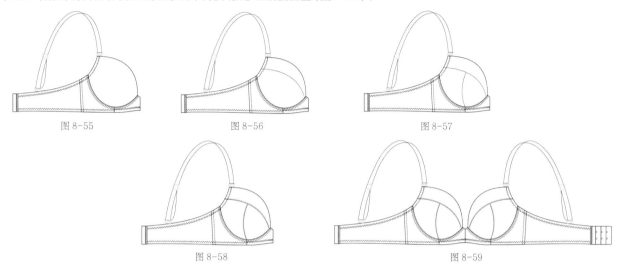

图 8-55　　　　　　　图 8-56　　　　　　　图 8-57

图 8-58　　　　　　　　　　图 8-59

2.2 肶位和鸡心

1）文胸的肶位设计：主要是后背片的变化。后背片主要与肩带一起，起到固定罩杯、收紧背部脂肪的作用。常见的后背片是上边和下边都水平的一字形，也有U字形后背片，同时与肩带搭配设计，得出各种创新款式（图8-60~图8-61）。

一字形肶

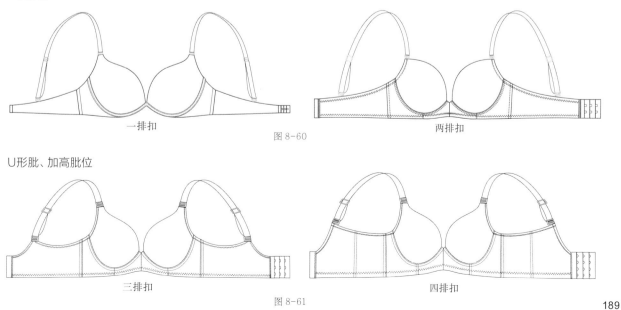

一排扣　　　　　　　图 8-60　　　　　　　两排扣

U形肶、加高肶位

三排扣　　　　　　　图 8-61　　　　　　　四排扣

2）文胸肶位变化实例绘制步聚（在原型基础上）。

步聚1 复制原型左半图，找出后肩带关键点a（图8-62）。

步聚2 设计小U肶位点，位于a点上方的a1点，并点击形状工具 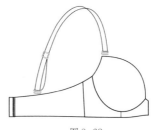 ，把后肶肩带点a移动至a1点上，形成新的后肶线图（图8-63）。

步聚3 继续用形状工具 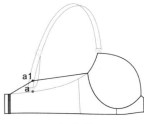 ，调整好后上肶轮廓形状，并留好肩带位（图8-64）。

图 8-62　　　　　图 8-63

步聚4 调整好后肩带长度与衔接位置，完成左半图（图8-65）。

步聚5 镜像再制右幅（同以上原型方法），并把右扣移至后肶位置（图8-66~图8-72）。

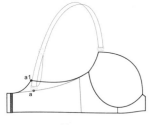 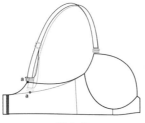

图 8-64　　　　　图 8-65

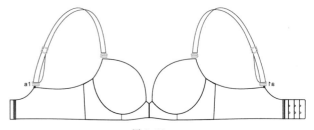

图 8-66

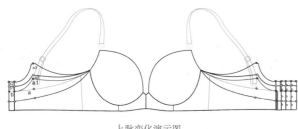

上肶变化演示图

图 8-67

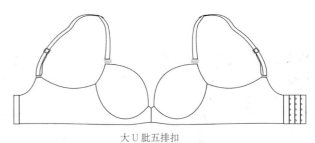

大U肶五排扣

图 8-68

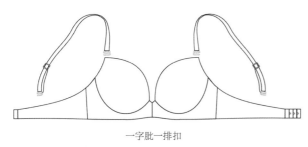

一字肶一排扣

图 8-69

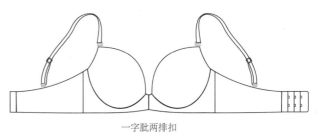

一字肶两排扣

图 8-70

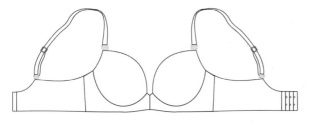

小U肶两排扣

图 8-71

大U肶四排扣

图 8-72

3）文胸的鸡心设计：鸡心是根据人体在文胸上分割出的一小片部件，使罩杯更加符合人体，同时也起到固定左右罩杯的作用。也有一种没有鸡心部分的叫连鸡心文胸。鸡心的位置可高可低，还有一种后背没有钩扣，而将鸡心作为微型开口的前扣式文胸（图8-73~图8-80）。

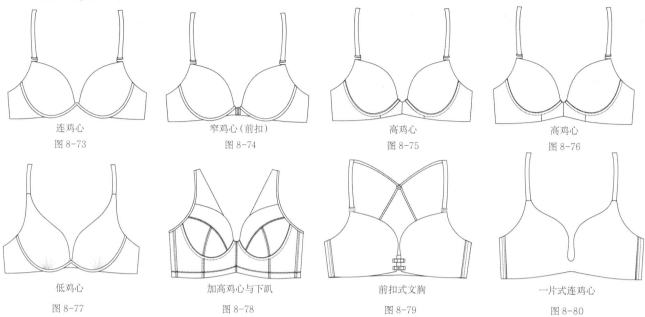

| 连鸡心 | 窄鸡心（前扣） | 高鸡心 | 高鸡心 |
| 图 8-73 | 图 8-74 | 图 8-75 | 图 8-76 |

| 低鸡心 | 加高鸡心与下趴 | 前扣式文胸 | 一片式连鸡心 |
| 图 8-77 | 图 8-78 | 图 8-79 | 图 8-80 |

4）文胸鸡心变化实例绘制步聚（在原型基础上）：

鸡心的变化，最直接的是影响钢圈的形状（即杯底的形状）及下趴的变化，是整个文胸的核心。图8-81~图8-85为鸡心变化演示步聚：

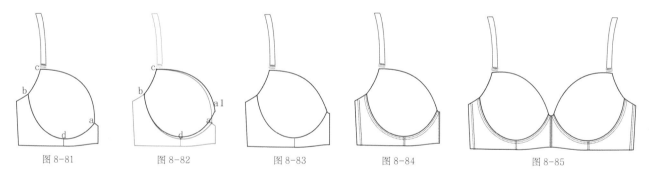

| 图 8-81 | 图 8-82 | 图 8-83 | 图 8-84 | 图 8-85 |

步聚1 复制原型左前幅视图，并找出a、b、c、d 4个控制点，主控制点为a点的变化（图8-81）。

步聚2 定位提高的鸡心点a1，然后用形状工具，把原型的鸡心点a 移动至a1上，由于心点的变化，调整好c-a1的杯边曲线，b-d-a1的下杯曲线（图8-82）。

步聚3 根据新的鸡心点及罩杯形状，用形状工具，调整下趴、下肢及鸡心的曲线，使各部位线条衔接流畅（图8-83）。

步聚4 用画原型的画法画出各部位车缝工艺线条（图8-84）。

步聚5 镜像再制右幅（同以上原型步骤）（图8-85~图8-89）

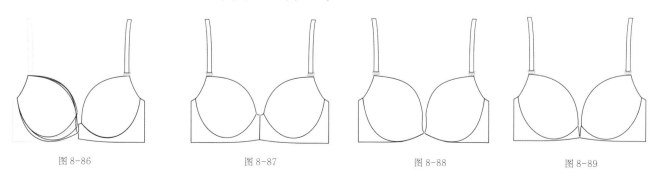

| 图 8-86 | 图 8-87 | 图 8-88 | 图 8-89 |

2.3 肩带

肩带常规可分为连接式、半连接式和可拆分式三种，还有一种新型的创新式花样肩带（图8-90~图8-95）。连接式肩带直接缝合在文胸罩杯和后背片上，半连接式肩带一端（一般是前端）缝合在罩杯上，另一端是挂钩式的，可调节肩带长度；可拆分式肩带完全可以从文胸上摘掉，也可自由组装。花式肩带在背部交叉、在颈部吊带等。

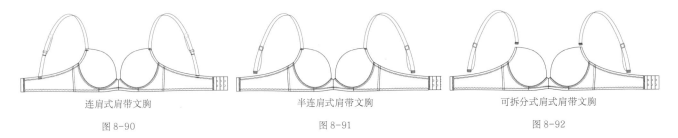

连肩式肩带文胸	半连肩式肩带文胸	可拆分式肩式肩带文胸
图 8-90	图 8-91	图 8-92

花式肩带：

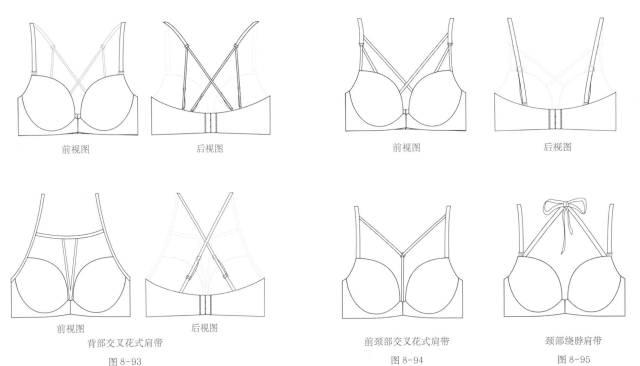

前视图　　后视图　　　　　前视图　　后视图

背部交叉花式肩带　　　　　前颈部交叉花式肩带　　颈部绕脖肩带

图 8-93　　　　　　　　　　图 8-94　　　　　图 8-95

1）文胸肩带变化实例绘制步聚：

步聚1 复制原型前视图，将前肩带通过形状工具 定好在前胸（图8-96）。

步聚2 选择椭圆形工具 ，画内外两个圆，然后用选择工具 ，先选择内圆，按住Shift键，再选外圆两个对象，点击交互式属性栏的移除前面对象 图标，形成一个新的对象，此为圈扣，用于肩带断开后的衔接。将此圈扣移至鸡心上方所需位置，然后在肩带上设置一控制点（图8-97）。

步聚3 用贝塞尔工具 ✐，连接圈扣及肩带控制点，画好左前带（图8-98）。

步聚4 镜像复制右前带，再用同样的方法画好圈扣带鸡心位带（图8-99）。

步聚5 以前视图为依托，用画肩带的方法画好后视肩带图，并把已画好的9扣移至前后肩带衔接处（图8-100）。

花式肩带绘制步骤：

图 8-96　　　　　　　图 8-97　　　　　　　图 8-98　　　　　　　图 8-99　　　　　　　图 8-100

2.4 装饰

装饰是内衣设计一个很重要的点睛部份，材料上可以用蕾丝花边、刺绣花边、水溶花边装饰罩杯及胁位。工艺上褶皱、荷叶、印花、烫钻、订珠等都可以装饰在文胸上（图8-101~图8-105）。

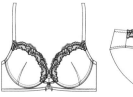   

花边装饰

图 8-101

褶皱装饰

图 8-102

橡筋印花装饰

图 8-103

烫钻装饰

图 8-104

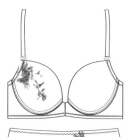

印、绣花装饰

图 8-105

任务3 内衣系列拓展设计（图106～图109）

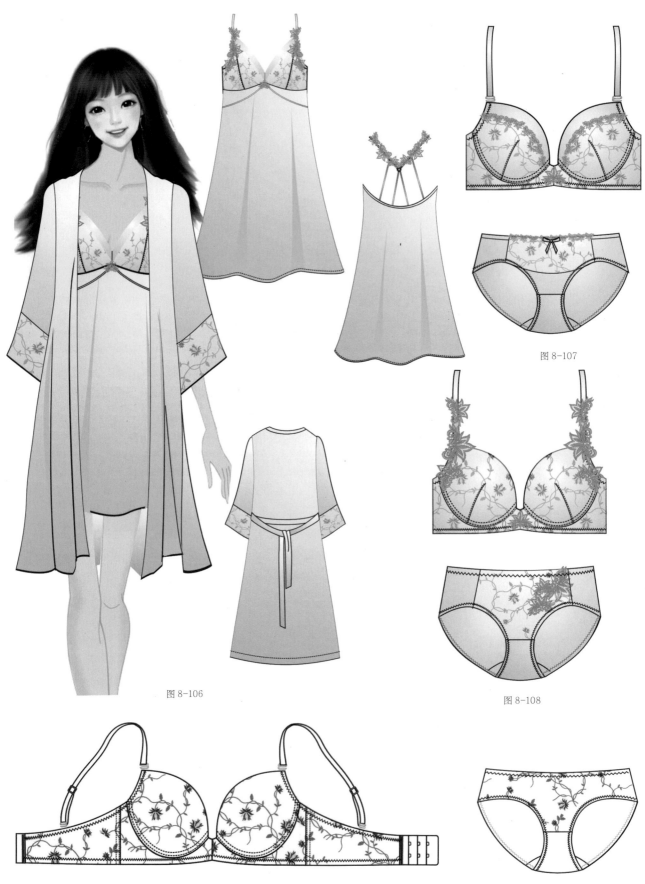

图 8-106

图 8-107

图 8-108

图 8-109

任务4 内衣综合案例

1）原型图颜色填充：

颜色是内衣设计关键元素之一，由于罩杯的球面结构，一般采用射线的渐变填充方式，高光点位于BP点上。

罩杯的填充：用选择工具 ↖ 选取对象，点击交互式填充工具 ◈ 选择合适的颜色进行填充，然后选择渐变填充 ▨ 中的椭圆形渐变填充 ▨ ，设计好相关参数进行调整至所需效果（图8-110）。

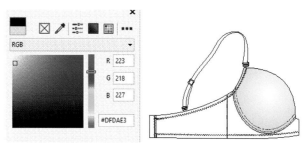

图 8-110

肥位、后片、肩带的填充：用选择工具 ↖ 左键点击罩杯，然后右键不松手拖动至后片位置，松手后弹出对话框，点击复制填充，再点击交互式填充工具 ◈ ，通过移动中心点位置及控制圆圈的大小来完成后片的光感填充效果。以同样的方式完成下趴，肩带其他部位的填色，最后复制镜像右侧（图8-111）。

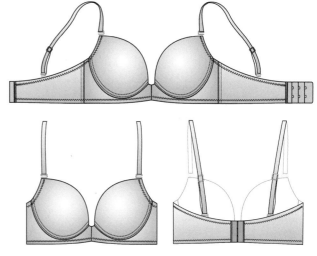

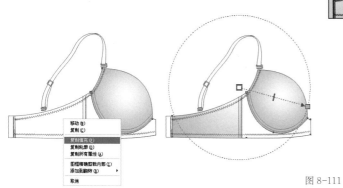

图 8-111

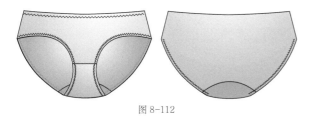

图 8-112

同样的方法，复制填充颜色到内裤。通过交互式填充工具 ◈ ，通过移动中心点位置，及控制圆圈的大小来完成内裤的光感填充效果（图8-112）。

4.1 压膜光杯连鸡心基础文胸（图 8-113）

步聚1 绘制杯型、侧口及钢圈结构外框。在原型图的基础上（灰色部分为原型图）复制外框（快捷键，数字键盘+），用形状工具调整外框至所需杯型形状（图8-114）。

步聚2 填充渐变颜色。在工具栏点击交互式填充工具 ◈ ，在弹出的属性栏中，选择渐变填充 ▨ 中的椭圆形渐变填充 ▨ ，调整中心线和渐变范围得到需要的效果（图8-115）。

步聚3 绘制完成肩带及缝制工艺线。运用贝塞尔工具 ✐ 画好肩带，并渐变填充好颜色，再画好上肥及下肥线。用变形工具 ⬭ 中的拉链变形工具 ✿ ，调整好失真振幅与频

图 8-113

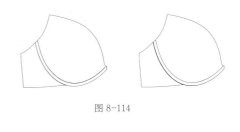

图 8-114

图 8-115

率，将曲线调整成人字工艺线。钢圈车线则用虚线表示（图8-116）。

吊坠绘制方法：用圆形工具 ○ 及贝塞尔工具 ╱ 画出吊坠结构，然后采用渐变填充工具 ▨，最后用贝塞尔工具 ╱ 画出闪光轮廓，并填充白色（图8-117）。

步聚4 完成背面效果图。设置透明、虚化前视图。运用贝塞尔工具 ╱ 画出后背片及肩带轮廓，然后画出后肷工艺线。用变形工具 ❀ 中的拉链变形工具 ❀ 将线条调整为人字线（图8-118）。

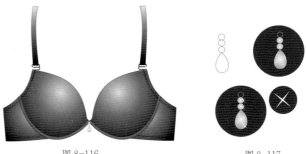

图 8-116   图 8-117

图 8-118

4.2 网眼透色文胸

步聚1 根据原型，调整杯型曲线完成新的轮廓图：并给罩杯及下肷填充颜色。选取合适的颜色进行填充后，点击渐变填充工具中的椭圆形渐变填充工具 ▨ 进行渐变填充（颜色调和从R159，G141，B132到浅色R230，G216，B202）（图8-119~图8-120）。

步聚2 再制文胸杯及下肷面层色：叠加面层渐变颜色，从80%黑R77，G73，B72到10%黑R222，G222，B221进行渐变填充，然后把面层设置透明（图8-121）。

步聚3 完成肩带及钢圈色，绘制好鸡心装饰吊坠。面层与底层图形运用对齐工具，完全重叠好，肩带填充从面层色到底层色的椭圆形渐变填充。根据罩杯底形状，运用贝塞尔工具，画好钢圈图复制肩带的填充色，将画好的吊坠移至鸡心位（图8-122）。

图 8-119

图 8-120

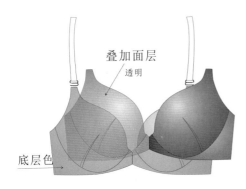

叠加面层
透明

底层色

图 8-121

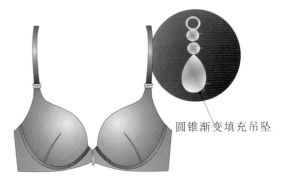

圆锥渐变填充吊坠

图 8-122

196

4.3 前扣式花样肩带光面一体成型杯文胸

步聚1 绘制杯型结构外框：在原型图（灰色显示）的基础上复制外框（快捷键，数字键盘+），然后用形状工具 ↖ 调整外框至所需杯型形状。选取对象，选择渐变填充工具 ◢ 中的椭圆形渐变填充工具 ▦ 填充所需颜色（颜色调和从R217, G203, B189到白色进行渐变）（图8-123）。

步聚2 绘制侧肌，并镜像右片：选用矩形工具，根据侧肌高度，拉出一矩形，然后通过交互式属性栏的转换为曲线图标 ⟳，将矩形转换为曲线，并通过形状工具 ↖ 将矩形调整至合适的位置并填充好颜色，最后水平镜像 ⊡ 到右侧，前中留前扣开口（图8-124）。

步聚3 绘制前扣：在前中鸡心位置，按照9扣的绘制方法，绘制出前扣，并按结构调整图层顺序，把前扣移至两鸡心图层后面（图8-125）。

步聚4 绘制肩带：用贝塞尔工具 ✐，在耳仔位置绘制出前肩带，然后基于前幅上画出后背图及后背交叉的肩带，并把8扣和9扣连接好放在合适的位置，渐变填充相同颜色（图8-126）。

光杯拓展综合设计（后扣式）（图8-127）。

光杯拓展综合设计（纹理填充）（图8-128）。

图 8-123

图 8-124

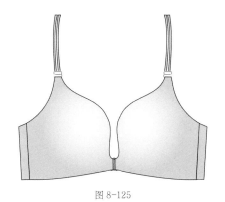

图 8-125

后视图　　　　　　　　前视图

图 8-126

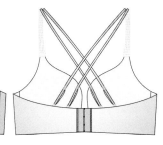

图 8-127

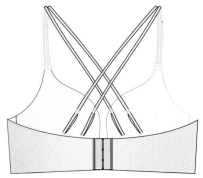

图 8-128

197

步骤1 绘制底层效果（图8-129）。

步骤2 绘制面层效果（图8-130）。

步骤3 底层与面层完全重叠一起，完成前视图（图8-131）。

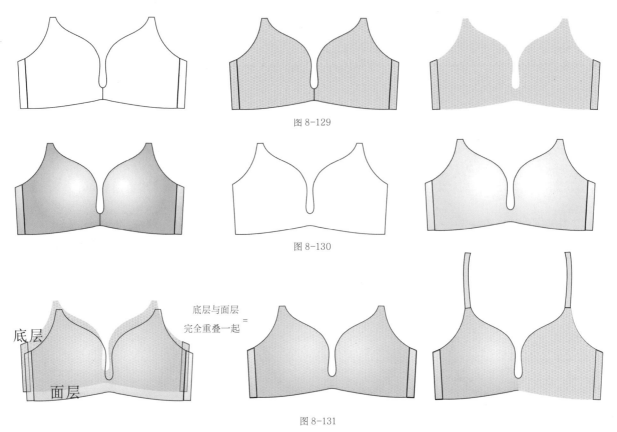

图 8-129

图 8-130

图 8-131

4.4 刺绣花边 3/4 杯文胸

步骤1 复制原型，然后在原型的基础上调整后肷为一排扣，减少罩杯及形状，加高鸡心位并设计为小V型，肩带至杯边设计一条带（图8-132）。

步骤2 渐变填充颜色：选取对象，选择渐变填充工具 ■ 中的椭圆形渐变填充工具 ■ 填充所需颜色，高光位于BP点，8扣和9扣设计为金色配件（图8-133）。

步骤3 导入扫描好的蕾丝花边，用Photoshop将底色调整为透明，裁剪出一循环花位，调整角度并修剪形状以达到所需形状，然后在上下肷位人字车线，钢圈位双虚线表示，下杯收省（图8-134）。

步骤4 镜像完成右边，绘制好背扣（图8-135）。

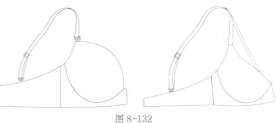

图 8-132

图 8-133

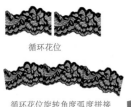

循环花位

循环花位旋转角度弧度拼接

图 8-134

图 8-135

4.5 实物蕾丝花边文胸

步骤1 导入位图花边（Photoshop去除底色）将花边拆分成4段（以便于杯位弧度的拼接），先分两段，选用矩形工具□拉出一个边框，然后同时选择矩形框与花边位图，通过交互式属性栏的相交工具⬚，拆分出一部分右侧花边，同时选择矩形框与花边位图。再通过交互式栏的修剪工具⬚，拆分出左侧花边。最后，用同样的方法，拆分左半花边与右半花边（图8-136）。

步骤2 循环复制花边，通过重叠拆开花边，得到弧度花边。然后选择单个花边，根据不同弧度及方向，调整角度，拼接花边成所需弧度（图8-137）。

步骤3 根据原型画法，画好一个光杯文胸，然后把画好的弧度蕾丝复制到杯边处，再根据杯边形状，结合形状工具⬚把花边调整到合适位置（图8-138）。

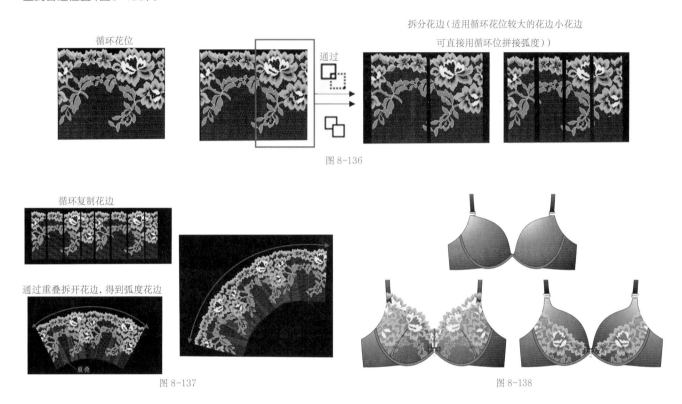

图 8-136

图 8-137

图 8-138

4.6 3/4 杯蕾丝 / 网眼美背文胸

步骤1 根据原型调整杯型曲线完成新的轮廓图，并用渐变填充工具▨中的圆锥形渐变填充工具▨进行填充（颜色调和从R77，G73，B72到浅色R230，G216，B202）。然后点选已填好色的罩杯对象，右键拖动至下趴位置，复制填充，同样方法填充好肩带的颜色（图8-139）。

步骤2 导入或画出网眼图，底色需透明，然后点击菜单栏的对象→PowerClip（W）→置于图文框内部，完成罩杯的图案填充（图8-140）。

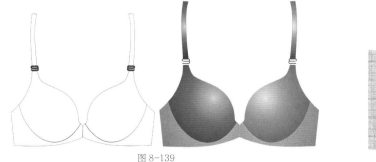

图 8-139

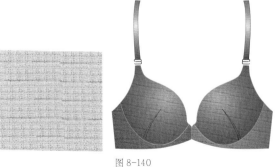

图 8-140

步聚3 调整修剪花边。导入Photoshop底色为透明的花边,通过拼贴修剪花边以适合杯形(图8-141)。

步聚4 外杯装饰。运用贝塞尔工具 ✎ 画出杯底钢圈线图,并设置线条为虚线,线条颜色为10%黑,并点击工具栏透明度工具 ▨,设为透明色,内边加黑色边线(图8-142)。

步聚5 绘制工艺线及后视图。运用变形工具 ✿ 中的拉链变形工具 ✿ 将上肷、下肷线条调整为人字线,线条颜色为10%黑色,吊坠装饰鸡心,同样的方法画出后视图(图8-143)。

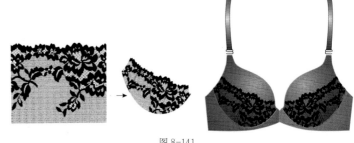

图 8-141

图 8-142

图 8-143

4.7 杯位及下趴蕾丝装饰全罩杯文胸

步聚1 选取已导入的去底花边,点击菜单栏的效果—调整—颜色平衡,调整参数至所需颜色,然后拆剪重叠弧度花边,循环复制长度(图8-144)。

步聚2 复制原型轮廓图,运用形状工具 ✎ 调整节点及曲线至所需形状,并运用贝塞尔工具 ✎ 画出外杯形状,然后用椭圆形渐变填充工具 ▨,填充杯位及各部位的颜色,最后选择透明度工具 ▨ 设计罩杯的光感和立体感(图8-145)。

步聚3 调整杯位花边及下趴花边,把弧形位图花边移至杯边所需位置,运用下趴修剪杯位多出的花边,结合形状工具 ✎ 调整位图花边以适合杯位,然后把花边移至下趴位,运用罩杯结构修剪多余出的花边,并结合形状工具 ✎ 调整位图花边以适合下趴形状(图8-146)。

步聚4 画上缝制工艺线、结构线,复制并水平镜像 ▥ 右侧完成文胸的绘制,并把右扣按比例画好,鸡心位点缀吊饰,完成文胸的效果(图8-147)。

图 8-144

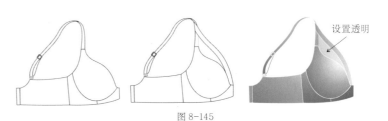

设置透明

图 8-145

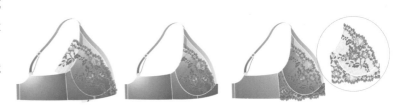

图 8-146

图 8-147

4.8 背心式文胸

步聚1 根据原型图画出背心式文胸的前视轮廓图，然后点击工具栏交互式填充工具 ◈，利用渐变填充工具 ▨ 中的椭圆形渐变填充工具 ▨ 填充好颜色（颜色调和从R77，G73，B72到浅色R222，G222，B221）（图8-148）。

步聚2 导入蕾丝花边，Photoshop底色为透明，然后拼贴调整修剪花边于杯位及下趴，鸡心位用贝塞尔工具 ✐ 画好装饰蝴蝶结，完成款式图的正面效果（图8-149）。

步聚3 复制前面款式效果，通过形状工具 ◤ 进行适当的调整，完成背面款式效果（图8-150）。

附：前幅和后幅变化设计方案（图8-151）

图 8-148

导入蕾丝花边，PS 底色透明

图 8-149

图 8-150

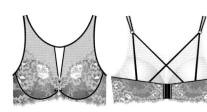   

前幅蕾丝花边变化方案　后背设计方案变化1　后背设计方案变化2　后背设计方案变化3

图 8-151

4.9 刺绣花朵装饰文胸

步聚1 根据原型图画出文胸的前视线图（闭合图形以便填色），然后点击工具栏交互式填充工具 ◈，利用渐变填充工具 ▨ 中的椭圆形渐变填充工具 ▨ 填充好颜色（图8-152）。

步聚2 用贝塞尔曲线 ✐ 依照底图画出外框图，填充颜色后并用透明度工具 ▨ 设置好透明度（图8-153）。

步聚3 画杯边工艺及夹弯车缝工艺：用贝塞尔曲线 ✐ 画出并复制半圆图，外框线设置为虚线，然后用调和工具 ✑ 设置好合适的数值进行调和，点击属性栏中路径属性 ⟿→新路径，并调整好方向（图8-154）。

步聚4 用贝塞尔曲线 ✐ 画出下趴外框，并填充好颜色，然后点击菜单栏文件→导入图案，并将颜色遮罩底色（图8-155）。

步聚5 将扫描好的花朵放置于罩杯合适的位置，同时绘制好鸡心出吊坠，完成文胸的款式图正面效果（图8-156）。

图 8-152　　　　图 8-153

图 8-154

图 8-155

图 8-156

4.10 刺绣花边 3/4 杯文胸

步聚1 复制原型并调整好轮廓,同时调整好鸡心轮廓(图8-157)。

步聚2 导入刺绣花边,并分割拼贴成弧度(图8-158)。

步聚3 刺绣花边应用于罩杯,修剪工具 ⬚ 适用于杯的形状,然后点击工具栏交互式填充工具 ◈,利用渐变填充工具 ▰ 中的椭圆形渐变填充工具 ▦ 填充好颜色(图8-159)。

步聚4 水平镜像完成前面款式图绘制,并添加鸡心装饰吊坠(图8-160)。

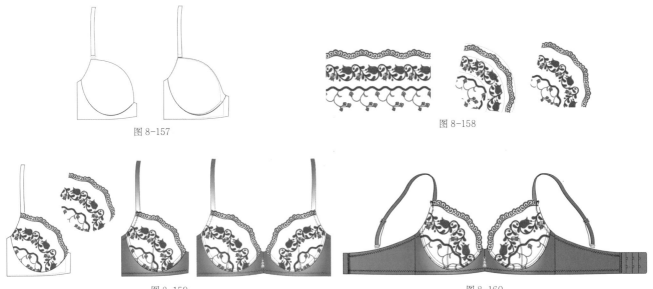

图 8-157　　　　　　　　　图 8-158

图 8-159　　　　　　　　　图 8-160

任务 5 内衣款式课后练习(图 8-161~图 8-193)

图 8-161

图 8-164

图 8-162

图 8-163

图 8-165

图 8-166　　　　　　　图 8-167　　　　　　　图 8-168　　　　　　　图 8-169

图 8-170　　　　　　　　　图 8-171　　　　　　　　　图 8-172

图 8-173　　　　　　　　　图 8-174　　　　　　　　　图 8-175

图 8-176　　　　　　　　　图 8-177　　　　　　　　　图 8-178

图 8-179

图 8-180

图 8-181

图 8-182

图 8-183

图 8-184

图 8-185

图 8-186

图 8-187

图 8-188

图 8-189

图 8-190

图 8-191

图 8-192

图 8-193

项目九 服装款式面料绘制及效果处理

任务1 面料肌理制作

1.1 网眼面料制作（图9-1）

步骤1 新建文件，通过工具箱矩形工具口，绘制长30cm、宽20cm的长方形并填充颜色，去除轮廓线。然后点击菜单栏位图 位图(B) 选项，将长方形转换为位图形式，分辨率选择最大值300dpi，颜色模式选择CMYK（32位）光滑处理（图9-2）。

步骤2 在菜单栏位图 位图(B) →创造性→彩色玻璃，密度越大数值越小，焊接颜色可根据需要的颜色选择（图9-3）。

步骤3 继续菜单栏位图 位图(B) →位图颜色遮盖，在右侧弹出的对话框中选择颜色滴管工具，数值选择最大值100，点击底色灰色"应用"将底色去掉，保存即可。通过工具箱贝塞尔工具，绘制好结构图，利用调色板填充颜色（图9-4）。

步骤4 单击网眼面料，通过菜单栏对象 对象(C) →PowerClip(W)→置于图文框内部(P)，将网眼面料放置于合适的位置（图9-5）。

图9-1

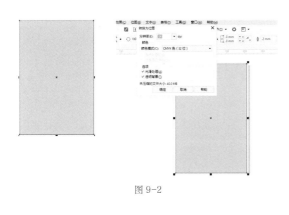

图9-2

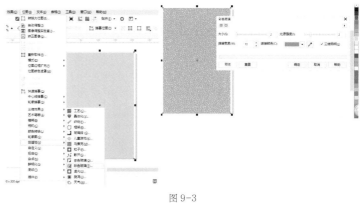

图9-3

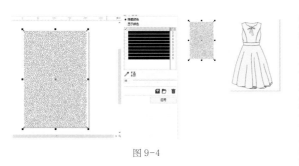

图9-4

图9-5

1.2 针织面料制作 (图 9-6)

步骤1 新建文件，通过工具箱椭圆形工具 ⬭，绘制长9.3cm，宽2.8cm的椭圆形，利用属性栏旋转角度工具 ↻，旋转45°。通过菜单栏编辑 编辑(E)→复制粘贴一个椭圆形，利用属性栏水平镜像工具 ⬄，翻转对象并移到合适的位置，框选两个对象鼠标右键组合对象（图9-7）。

步骤2 将对象缩小并复制一个移到合适的位置，通过工具箱调和工具 ◔，调和对象。然后通过工具箱贝塞尔工具 ✐，按住Shift键绘制一条直线，单击步骤3调和好的对象，利用属性栏路径属性工具 ↳→新路径到直线上，通过更多调和选项工具 ◔，沿全路径调和（图9-8）。

步骤3 属性栏上19cm宽的调和对象 ⬓ 步数为22个，鼠标右键拆分路径群组上的混合（B）将直线删除，填充颜色并去除边框色（图9-9）。

步骤4 通过工具箱交互式填充工具 ◈，属性栏的渐变填充工具 ▨，编辑填充工具 ▥，弹出的对话框里调和过度类型选择椭圆形渐变填充工具 ▦，变化填充宽度为130，填充高度为130，选择确定（图9-10）。

步骤5 复制，同步骤4，属性栏上24.6cm高的调和对象 ⬓ 步数为120个，鼠标右键拆分路径群组上的混合（B）将直线删除，再将绘图页面所有图像框选群组（图9-11）。

步骤6 通过菜单栏位图 位图(B)→将对象转换为位图，弹出的对话框分辨率为100dpi，颜色模式为CMYK色（32位）（图9-12）。

步骤7 通过菜单栏位图 位图(B)→高斯模糊，弹出的对话框半径为1.0像素（图9-13）。

步骤8通过工具箱贝塞尔工具 ✐，绘制好结构图（图9-14）。

图 9-6

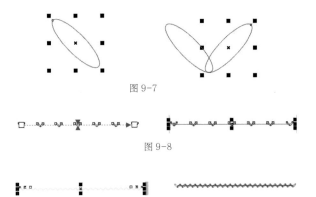

图 9-7

图 9-8

图 9-9

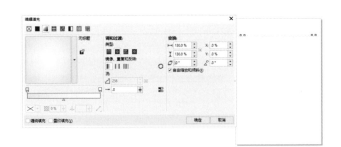

图 9-10

图 9-11

图 9-13

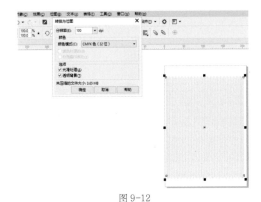

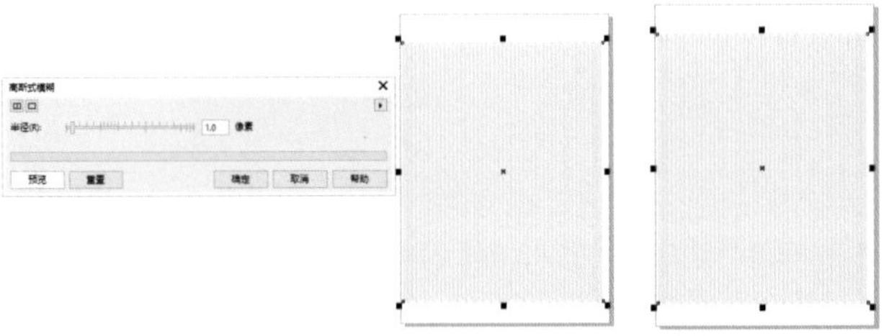

图 9-12

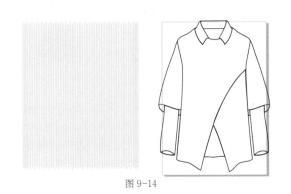

图 9-14

步骤9 复制针织面料，通过工具箱矩形工具▢，如图9-15所示拖拉绘制一个长方形并填充调色板黄色（C:0, M:0, Y:100, K:0），利用菜单栏编辑**编辑(E)**→复制粘贴一个长方形并移到合适位置。

步骤10 通过工具箱的调和工具⬡，调和长方形，利用属性栏调和对象⬚，调和步长数为7，框选，鼠标右键群组对象（图9-16）。

步骤11 单击针织面料复制粘贴，通过菜单栏对象**对象(C)**→PowerClip（W）→置于图文框内部（P），分别将面料置于合适的位置（图9-17）。

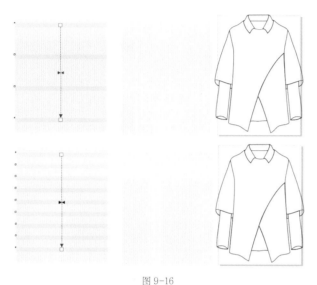

图 9-16

图 9-15

图 9-17

1.3 牛仔面料制作（图 9-18）

步骤1 新建文件，通过工具箱矩形工具▢绘制长30cm、宽20cm的长方形，右侧默认调色板填充蓝色。通过工具箱贝赛尔工具✐绘制直线，线条颜色设置为调色板默认海军蓝（点击线条，鼠标右键调色板上的颜色可直接设置线条颜色）（图9-19）。

步骤2 复制一条直线（单击直线，在不松开鼠标左键的情况下按住Ctrl键，将直线移到合适的距离，单击鼠标右键可水平复制），通过工具箱交互式调和工具⬡，属性栏菜单调和对象⬚，调整步长间距（31cm步长数为150）（图9-20）。

步骤3 通过菜单栏对象**对象(C)**→PowerClip，将线条置图文框内部于长方形，鼠标右键编辑PowerClip旋转至斜线（图9-21）。

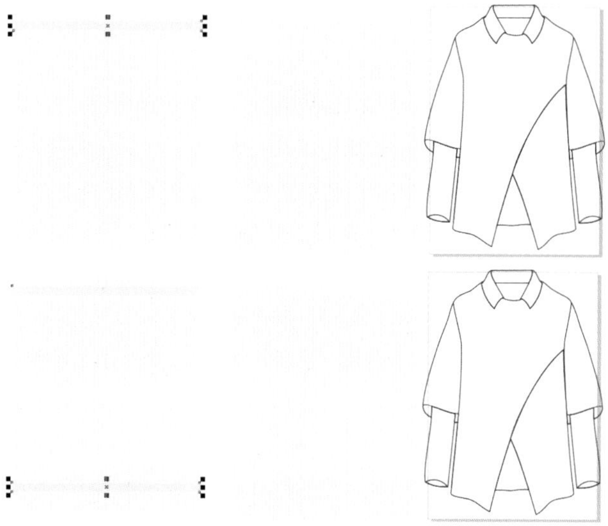

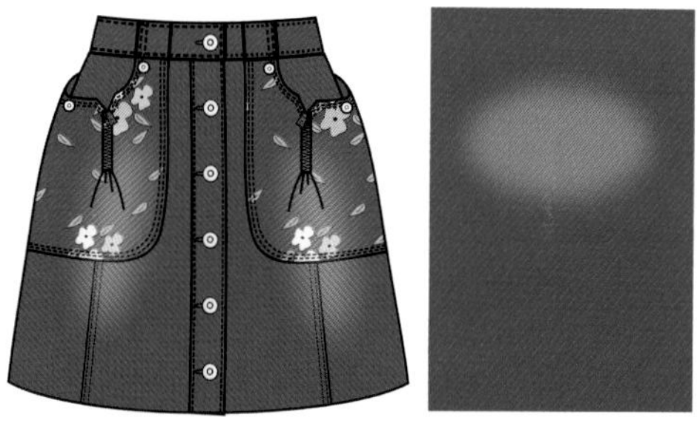

图 9-18

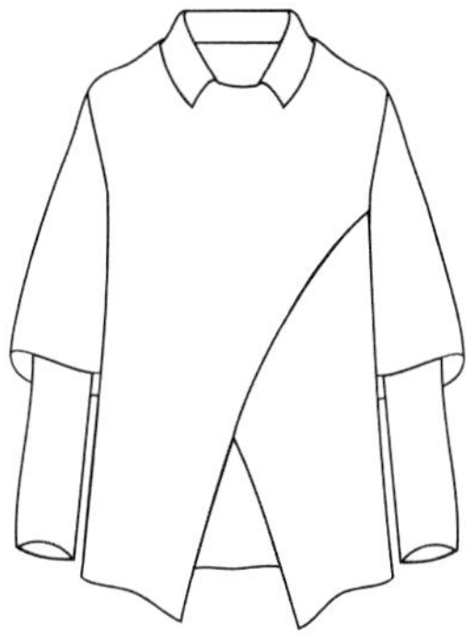

图 9-19

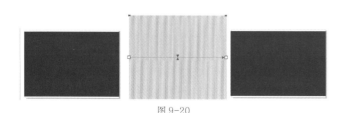

图 9-20

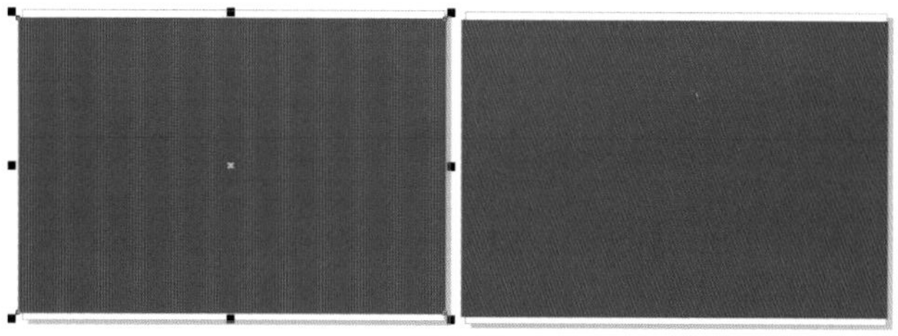

图 9-21

步骤4 通过菜单栏位图位图(B)→将图形转换为位图，分辨率为300dpi（图9-22）。

步骤5 继续菜单栏位图位图(B)→模糊→高斯模糊，半径为1.5像素（图9-23）。

步骤6 通过工具箱椭圆形工具〇,绘制圆形，任意填充颜色。通过工具箱交互式阴影工具□,属性栏中阴影角度为270°，阴影延伸为50，阴影淡出为0，阴影的不透明度为45，阴影羽化为45，阴影颜色选择白色，合并模式为添加（图9-24）。

步骤7 通过对象对象(C)→拆分阴影群组，删除粉蓝色椭圆形留下阴影（图9-25）。

步骤8 合并图层转换为位图并高斯模糊半径5像素（转换位图同步骤5，高斯模糊同步骤6）。通过位图位图(B)，三维效果的浮雕，弹出的对话框如图9-26所示，深度10，层次160，方向45，浮雕色为原始色。

步骤9 通过矩形工具□绘制一个长方形，如图9-27所示放置在合适的位置，框选长方形和绘制好的面料，通过属性栏修剪工具□修剪面料四边。

步骤10 通过工具箱贝塞尔工具✗,绘制好结构图（图9-28）。

步骤11 复制牛仔面料，调整大小，通过工具箱贝塞尔工具✗,绘制花朵图案并填充颜色，群组花朵图案。将花朵图案复制并粘贴到合适的位置，用叶子做点缀，组合对象（图9-29）。

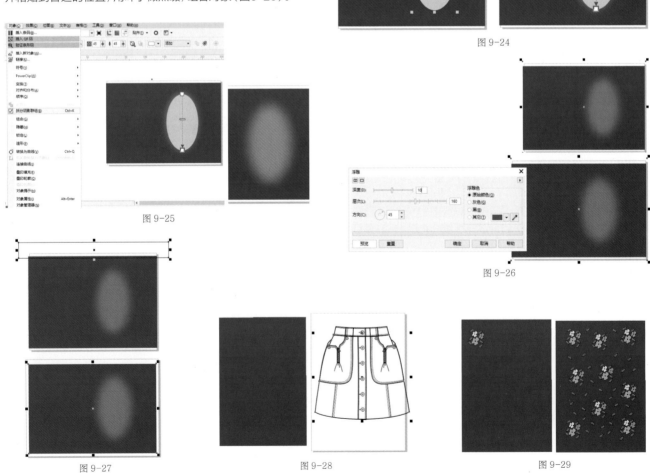

图 9-22

图 9-23

图 9-24

图 9-25

图 9-26

图 9-27

图 9-28

图 9-29

步骤12 单击牛仔面料复制粘贴，通过菜单栏对象 对象(C)→PowerClip（W）→置于图文框内部（P），分别将面料放置于合适的位置。同步骤7、步骤8、步骤9绘制裙子磨白位置（图9-30）。

图 9-30

步骤13 将阴影通过菜单栏位图 位图(B)→转换为位图，分辨率为300dpi，高斯模糊95像素（图9-31）。

图 9-31

1.4 毛料制作（图 9-32）

步骤1 新建文件，通过工具箱矩形工具□，单击拖拉出一个正方形并填充颜色。通过工具箱变形工具⛤，在属性栏选择拉链变形⚙，拉链振幅为17，拉链频率为7（图9-33）。

步骤2 继续属性栏的推拉变形➕，推拉振幅为9。然后拉链变形⚙，拉链振幅为5，拉链频率为4。继续推拉变形➕推拉频率为5（图9-34）。

步骤3 通过菜单栏位图 位图(B)→将对象转换为位图，分辨率为最大值300dpi，颜色模式为CMYK（32位）（图9-35）。

步骤4 通过菜单栏位图 位图(B)→艺术笔触→素描笔，铅笔类型为颜色，样式为2，压力为4，轮廓为6（图9-36）。

图 9-32

图 9-33

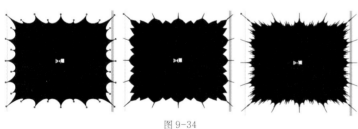

图 9-34

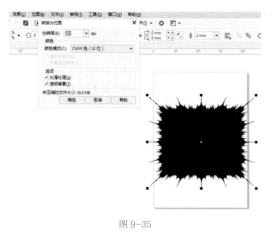

图 9-35

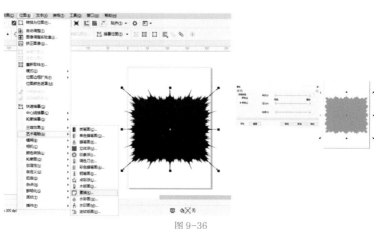

图 9-36

209

步骤5 继续选择菜单栏位图 位图(B)→模糊→锯齿状模糊，宽度为1，高度为1（图9-37）。

步骤6 通过工具箱贝塞尔工具 ✐，绘制好结构图（图9-38）。

步骤7 单击面料复制粘贴，通过菜单栏对象 对象(C)→PowerClip（W）→置于图文框内部（P），分别将面料放置于合适的位置（图9-39）。

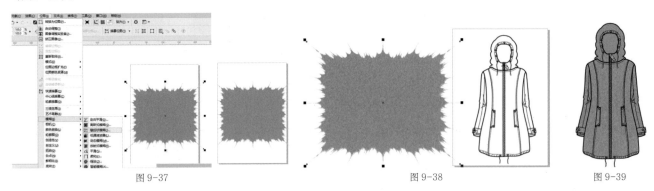

图9-37　　　　　　　　　　　图9-38　　　　　　图9-39

1.5 皮革面料制作（图9-40）

步骤1 通过工具箱矩形工具□，绘制长29cm、宽21cm的长方形。将长方形通过菜单栏位图 位图(B)→转换为位图，分辨率为100dpi，颜色模式为RGB（24位），选择确定（图9-41）。

步骤2 通过菜单栏位图 位图(B)→杂点→添加杂点，弹出如图9-42所示的对话框，杂点类型为高斯式，层次、密度均为100，颜色模式为强度。

步骤3 通过菜单栏位图 位图(B)→创造性→彩色玻璃，弹出如图9-43所示的对话框，大小为2，光源强度为2，焊接宽度为5，焊接颜色为红色C:22，M:100，Y:100，K:0。

步骤4 通过菜单栏位图 位图(B)→三维效果→浮雕，弹出如图9-44所示的话框，深度15，层次40，方向45，浮雕色为原始色（图9-44）。

步骤5 通过菜单栏位图 位图(B)→图像调整实验室，弹出如图9-45所示的对话框，温度为5000，对比度为50，高光为100，阴影为50（图9-45）。

图9-40

图9-41

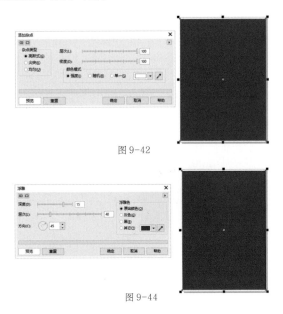

图9-42

图9-43

图9-44

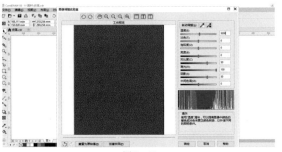

图9-45

步骤6 通过菜单栏位图 位图(B)→模糊→高斯模糊,半径为2.0像素(图9-46)。

步骤7 继续菜单栏位图 位图(B)→自动调整。然后通过工具箱椭圆形工具 ○,如图9-47所示随意绘制几个圆形。通过工具箱阴影工具 ▢,为各圆形拖拉出阴影,在属性栏上设置各阴影参数,阴影不透明度为10,阴影羽化为80,阴影颜色为淡红色(C:25,M:73,Y:65,K:0),合并模式为添加。

步骤8 通过菜单栏对象 对象(C)→拆分阴影群组对象,将黑色圆圈删除,留下阴影为皮革面料增添了光泽感(图9-48)。

步骤9 通过工具箱矩形工具 □,绘制一个同样大小的长方形,填充红色。通过工具箱透明工具 ▨,在属性栏选择渐变透明工具 ▨→椭圆形渐变透明工具 ▨(单击节点,弹出如图9-49对话框可调节透明度,中心节点透明度为100%,侧边节点透明度为60%)。

步骤10 通过工具箱矩形工具 □,绘制一个长方形并放到合适的位置。框选所有图形,通过属性栏修剪工具 ▢,依次修剪四边(图9-50)。

步骤11 绘制款式图,同本项目1.1网眼面料制作的步骤4填充面料(图9-51)。

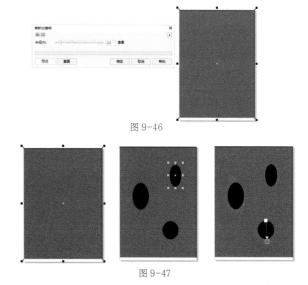

图 9-46

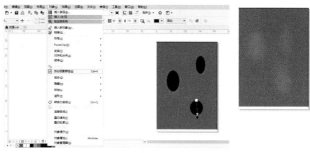

图 9-47

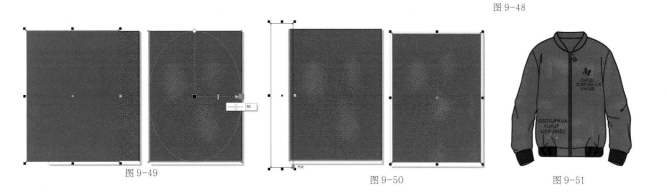

图 9-48

图 9-49

图 9-50

图 9-51

1.6 貂皮面料制作(图 9-52)

步骤1 通过工具箱矩形工具 □,如图9-53所示绘制一个长方形。通过菜单栏位图 位图(B),将长方形转换为位图,分辨率为100dpi,颜色模式为CMYK(32位)。继续位图→艺术笔触→素描,如图9-53所示铅笔类型为颜色,样色为2,压力为83,轮廓为50。

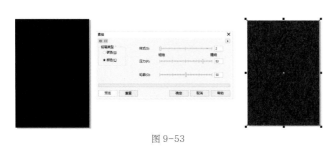

图 9-53

图 9-52

步骤2 通过工具箱艺术笔工具 ⌐，在属性栏上利用笔刷 ⅰ，类别选择书法 书法 ▼ ，笔刷笔触 ━━━ ▼ ，根据毛发的走向绘制线条。将线条组合，颜色设置为90%黑 ，复制并移到合适的位置（图9-54）。

步骤3 同上将线条设置为黑色，复制调整位置。同上线条设置为白色，复制调整（图9-55）。

步骤4 继续同上，线条设置为90%黑色，复制调整。框选所有利用鼠标右键群组对象，通过菜单栏位图 位图(B)，转换为位图，分辨率为300dpi，颜色模式为CMYK（32位）（图9-56）。

步骤5 继续以上步骤菜单栏位图 位图(B)→杂点→添加杂点，弹出如图9-57所示对话框，杂点类型均匀，层次为90，密度为94，颜色模式为强度，选择确定。

步骤6 通过工具箱矩形工具囗，绘制一个正方形放在合适位置，利用菜单栏效果 效果(C)→透镜，如图9-58所示调整正方形角度，勾选冻结，应用，鼠标右键取消组合对象，将正方形删除。

步骤7 通过菜单栏位图 位图(B)→扭曲→平铺，如图9-59所示水平平铺为6，垂直平铺为6，重叠为35%。

步骤8 通过菜单栏效果 效果(C)→调整→调和曲线，如图9-60所示调整曲线。

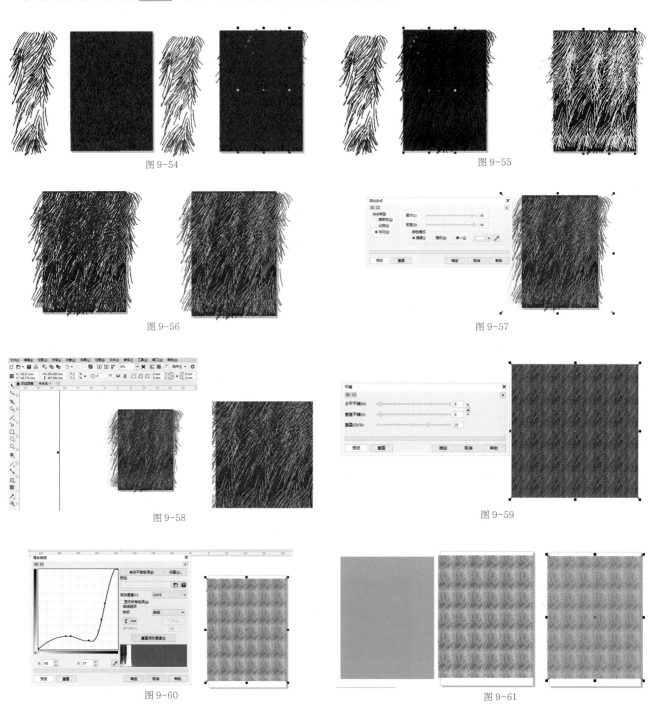

图 9-54

图 9-55

图 9-56

图 9-57

图 9-58

图 9-59

图 9-60

图 9-61

步骤9 将位图调整大小,通过工具箱矩形工具口,绘制一个一样大小的长方形,填充颜色(调色板粉色),利用工具箱透明度工具▨,调节长方形的透明度为70%,放置在位图的最上方(图9-61)。

步骤10 通过工具箱贝塞尔工具⚲,绘制好结构图。然后复制领子(同步骤1)(图9-62)。

步骤11 通过工具箱艺术笔工具⌇,在属性栏上利用笔刷▮,类别选择书法 书法 ▾,笔刷笔触 ▭ ▾,根据毛发的走向绘制线条(图9-63)。

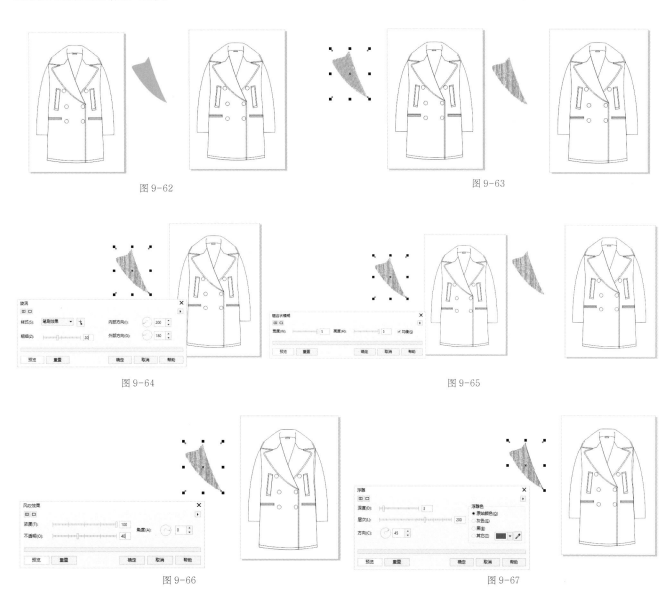

图 9-62

图 9-63

图 9-64

图 9-65

图 9-66

图 9-67

步骤12 通过位图 位图(B)→创造性的旋涡,如图9-64所示样式选择笔刷效果,粗细为20,内部方向200,外部方向180。

步骤13 继续位图 位图(B)→模糊的锯齿状模糊,如图9-65所示,宽度为5,高度为5,勾选均衡,再重复一遍锯齿状模糊(图9-65)。

步骤14 继续位图 位图(B)→扭曲→风吹效果(图9-66)。

步骤15 继续位图 位图(B)→三维效果→浮雕(图9-67)。

步骤16 按右领的方法完成剩余的领子部分效果制作(图9-68)。

图 9-68

1.7 棉花布制作（图9-69）

步骤1 通过工具箱贝塞尔工具 ✐，如图9-70所示描绘出玫瑰花。通过工具箱交互式填充工具 ◈，属性栏上的渐变填充 ◪、线性渐变填充 ▦，对玫瑰花应用渐变填充，去除轮廓线（鼠标右键调色板上⊠，可直接去除轮廓色）。

步骤2 同步骤1绘制叶子，缩小移到合适的位置。通过工具箱矩形工具口，绘制一个长方形（图9-71）。

步骤3 通过菜单栏窗口 窗口(W)→泊坞窗→对象属性，如图9-72所示对话框。选择交互式填充工具 ◈，选择位图图样填充▨，单击下方从文档新建 ⌂，当鼠标箭头变成裁剪形状 ⊁时在绘图页面绘制好的图像处拖拉一个正方形并接受转换为位图，分辨率为300dpi，CMYK色（32位），关闭泊坞窗（图9-72）。

步骤4 通过工具箱交互式填充工具 ◈，将填充图案缩小（图9-73）。

步骤5 去除轮廓色。然后将制作好的面料填充到款式图中（同本项目1.1网眼面料制作）（图9-74）。

图 9-69

图 9-70

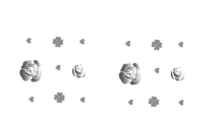
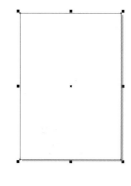

图 9-71

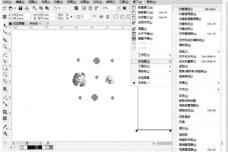
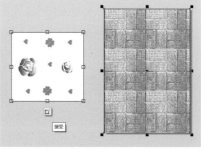
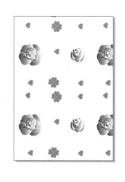

图 9-72

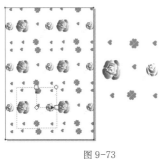
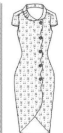

图 9-73

图 9-74

任务 2 款式图的工艺处理

2.1 烧花工艺（图 9-75）

步骤1 通过工具箱矩形工具 口，随意绘制一个矩形。通过工具箱贝赛尔工具 ✎，绘制一条直线，利用属性栏调整线条宽度为0.75mm；继续操作工具箱变形工具 ❀ 的拉链变形 ❀，利用属性栏调整拉链振幅为15，拉链频率为40，平滑变形（图9-76）。

步骤2 复制上一步变形好的曲线平移到合适的位置，组合。通过工具箱的调和工具 ❀ 调和对象（图9-77）。

步骤3 通过工具箱贝赛尔工具 ✎，绘制如图9-78所示图案，并调整到合适的位置，组合。通过菜单栏对象 对象(C)→PowerClip（W），将制作好的图形精确裁剪到矩形中。

步骤4 通过菜单栏位图 位图(B)→转换为位图（图9-79）。

步骤5 继续位图 位图(B)→杂点，如图9-80所示添加杂点。

步骤6 继续位图 位图(B)→模糊，如图9-81所示动态模糊15个像素。

步骤7 通过工具箱贝塞尔工具 ✎，绘制好款式图，并填充面料（图9-82）。

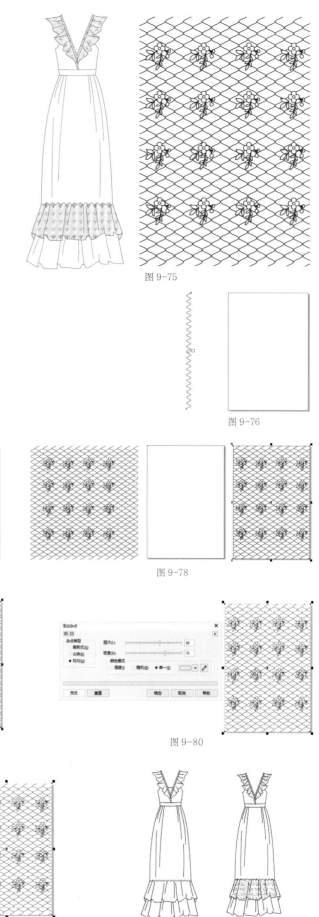

图 9-75

图 9-76

图 9-77

图 9-78

图 9-79

图 9-80

图 9-81

图 9-82

2.2 印染工艺（图9-83）

步骤1 先在网络上找一张树枝图作为肌理图。通过矩形工具
口，随意绘制一个长方形并填充黄色（图9-84）。

步骤2 通过菜单栏位图 位图(B)→将图片转换成位图，分辨率
为300dpi，颜色模式为CMYK（32位）（图9-85）。

步骤3 继续菜单栏的位图 位图(B)→位图颜色遮罩，如图9-86
所示，在对话框里选择颜色滴管 🖊，设置数值为90，用小颜色
滴管单击图片上蓝色地方，单击应用。关闭颜色遮罩对话框。

步骤4 用属性栏上的描摹位图工具 🗹 描摹位图(T)→轮廓描
摹→线条图，描摹类型为轮廓，图像类型为线条图，细节为+，平滑
25，拐角平滑度为0，移除背景选择自动选择颜色（图9-87）。

步骤5 将底图删除，并留下描摹的位图，缩小放在黄色的长
方形上。然后在网络上找一张人像照片通过菜单栏位图 位图(B)→
转换为位图，分辨率为300dpi，颜色模式为CMYK（32位）（图
9-88）。

图 9-83

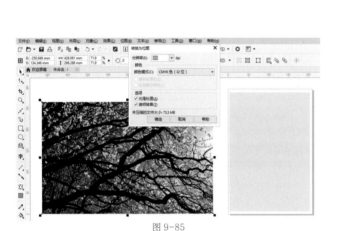

图 9-84

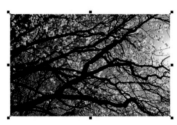

图 9-85

图 9-86

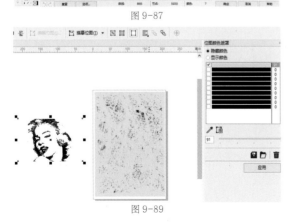

图 9-87

图 9-88

图 9-89

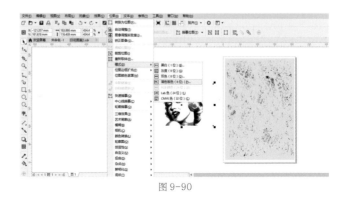

图 9-90

步骤6 通过菜单栏的位图位图(B)→位图颜色遮罩,如图9-89所示,在出现的对话框中选择颜色滴管 ✎ ,设置数值为90。用颜色滴管单击图片上淡灰色地方,单击应用。关闭颜色遮罩对话框。

步骤7 继续菜单栏位图位图(B)→模式→调色板色(8位)(图9-90)。

步骤8 同步骤4,平滑50,选项里勾选删除原始图像(图9-91)。

步骤9 按鼠标右键取消组合对象,将嘴角多余的部分删除,填充为黑色。缩小头像并移到合适的位置。通过工具箱贝塞尔工具 ✐ ,绘制玫瑰花,属性栏上的轮廓宽度 ◊ 调整为0.25mm(图9-92)。

步骤10 玫瑰花填充颜色并组合对象,缩小移到合适的位置。通过工具箱字体工具 字 ,编辑三排英文字并调节到合适的字体(图9-93)。

步骤11 通过工具箱贝塞尔工具 ✐ ,绘制好结构图,利用调色板填充颜色(图9-94)。

步骤12 将肌理图通过菜单栏对象对象(C)→PowerClip(W)→置于图文框内部(P),将肌理图放置于合适位置。将余下的图案缩小并移到合适的位置(图9-95)。

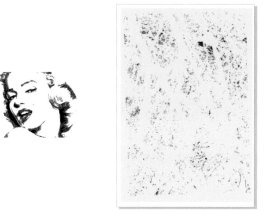

图 9-91

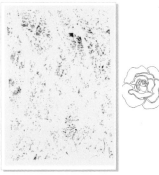

图 9-92

图 9-93

图 9-94

图 9-95

2.3 刺绣工艺（图9-96）

步骤1 通过工具箱贝塞尔工具 ✒️，描绘出要刺绣的图案，调整线条大小。并用贝塞尔工具 ✒️，绘制两条直线（图9-97）。

步骤2 通过工具箱调和工具 ✎，调和两线间的步数为120，缩小复制并移到合适的位置（图9-98）。

步骤3 不断复制如图9-99所示形状，然后调整颜色。

步骤4 通过菜单栏对象对象(C)→PowerClip→置于图文框内部，去除轮廓色，并调节线条颜色填充各部位（图9-100）。

步骤5 通过工具箱贝塞尔工具 ✒️，绘制好结构图，利用调色板填充颜色。将原先绘制好的图案缩小并移到合适的位置（图9-101）。

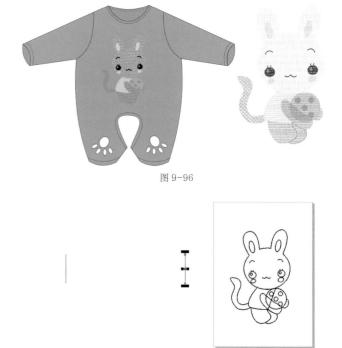

图 9-96

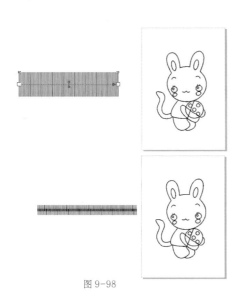

图 9-97

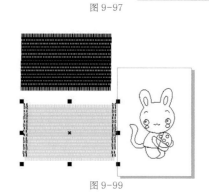

图 9-98

图 9-99

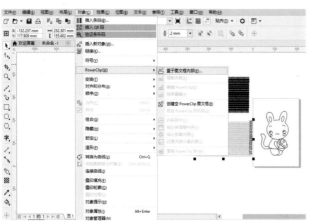

图 9-100

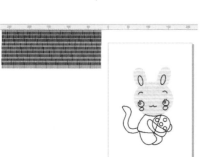

图 9-101

218

2.4 钉珠工艺（图9-102）

步骤1 通过工具箱贝塞尔工具 ✐，绘制如图9-103所示由8小块组成的菱形。通过工具箱交互式填充工具 ◈，点击属性栏上的渐变填充工具 ▣→线性渐变填充工具 ▦，填充颜色，鼠标右键组合对象。

步骤2 复制四小块，然后组成菱形，调节颜色。并通过工具箱矩形工具 □，绘制一个四边形，利用菜单栏效 效果(C)→透镜，如图9-104所示选择鱼眼，移动四边形至合适角度，勾选冻结，应用。

步骤3 右键拆分曲线，将四边形删除，利用菜单栏位图 位图(B)→将对象→转换为位图，分辨率为100dpi，继续菜单栏位图 位图(B)→杂点→添加杂点，如图9-105所示杂点类型为均匀，层次为30，密度为94，颜色模式为单一白色。

步骤4 通过菜单栏位图 位图(B)→模糊→高斯模糊，如图9-106所示半径为4像素。通过工具箱椭圆形工具 ○，绘制针孔。

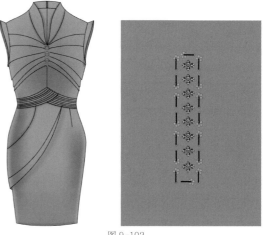

图 9-102

图 9-103

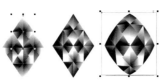

图 9-104

图 9-105

图 9-107

图 9-106

步骤5 通过工具箱矩形工具 □，绘制一个长方形，继续通过工具箱椭圆形工具 ○，按住Ctrl键绘制一个正圆形，如图9-107所示放在合适位置。框选两个图形，利用属性栏修剪工具 ⬚，对长方形进行修剪。通过工具箱形状工具 ⬝，对长方形的另一侧进行调整。

图 9-108

步骤6 对圆形进行填充黑色，通过工具箱交互式填充工具 ◈，渐变填充工具 ▣、椭圆形渐变填充工具 ▦，调节中心节点颜色（R:130，G:127，B:127），填充长条形为黑色。复制长条形，调整长度，通过工具箱阴影工具 ▢。如图9-108所示属性栏上阴影的不透明度 ▨为50，阴影羽化 ▮为60，调节阴影颜色（C:78，M:78，Y:77，K:56），合并模式为乘。通过菜单栏对象 对象(C)→拆分阴影群组将阴影拆分并移到合适位置。

图 9-109

步骤7 设置阴影的不透明度 ▨为20，阴影羽化 ▮为50，调节阴影颜色（C:26，M:23，Y:21，K:0），合并模式为添加。通过工具箱椭圆形工具 ○，按住Ctrl键绘制一个正圆形，填充洋红色，通过交互式填充工具 ◈，渐变填充工具 ▣，椭圆形渐变填充工具 ▦，中心节点透明度为76（图9-109）。

步骤8 通过工具箱贝塞尔工具 ✐，绘制如图9-110所示的图形。

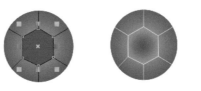

图 9-110

219

中心图形同步骤1，设置轮廓线为白色（选中线条右键颜色可直接改变轮廓色）。继续采用工具箱椭圆形工具 ⬭，绘制中间线孔。

步骤9 将绘制好的珠子排列成合适的图像。通过工具箱贝塞尔工具 ✐，绘制好结构图，利用调色板填充颜色。将绘制好的珠钻图案放在合适的位置（图9-111）。

图 9-111

任务3 款式图效果处理

3.1 线条图与面料的综合处理效果（图9-112）

步骤1 通过工具箱贝塞尔工具 ✐，制作前片左半部位。复制左边，通过属性栏水平镜像 ⬚⬚，并移到合适的位置（图9-113）。

步骤2 选中中间左右部位，通过菜单栏对象工具 对象(C)→连接曲线，如图9-114所示选择延伸，差异容限为1.0mm，应用。连接后领线，完成上衣的线条图。

步骤3 绘制面料，通过工具箱矩形工具 ▭，拖拉绘制一个长方形并填充颜色。同样方法绘制两个长方形并填充颜色。通过工具箱调和工具 ✎，点击第一条蓝色长方形拖拉到底下蓝色长方形，调节调和对象为10（图9-115）。

步骤4 群组黄色跟蓝色长方形，通过菜单栏位图 位图(B)→将长方形转换为位图，分辨率为300dpi，颜色模式为CMYK（32位）（图9-116）。

步骤5 通过菜单栏位图 位图(B)→扭曲→龟纹（图9-117）。

图 9-112

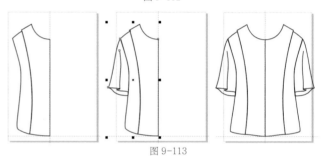

图 9-113

图 9-114

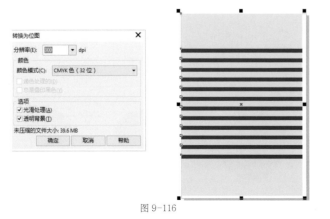

图 9-115

图 9-116

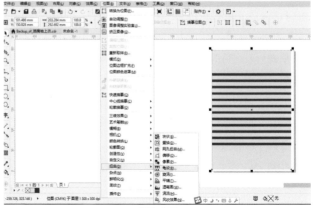

图 9-117

图 9-118

图 9-119

图 9-120

步骤6 弹出的对话框主波纹周期为40，振幅为6，优化速度（图9-118）。

步骤7 通过工具箱椭圆形工具 ○，按住Shift键拖拉绘制一个正圆形并填充颜色（图9-119）。

步骤8 通过工具箱贝塞尔工具 ✐，绘制中间图案，面料绘制完成。然后通过菜单栏对象 对象(C)→PowerClip→置于图文框内部，填充各部位颜色（图9-120）。

步骤9 复制前片，调节领子成后片。用相同方法绘制后中面料花纹，并对上衣进行烫钻效果处理（图9-121）。

图 9-121

3.2 款式图中的文字处理（图 9-122）

步骤1 通过工具箱文本工具 字，在文档空白处打出一行英文字。通过属性栏字体列表 Arial，转换字体，调整字体大小，然后用封套工具 调整曲线（图9-123）。

步骤2 将"85"转换为曲线并拆分曲线。通过工具箱贝塞尔工具 ✐，绘制一条直线，选转45°，复制一条45°斜线。通过调和工具 ◌ 调和对象 步长数为65，在右边调色板设置轮廓线为黄色。复制调和好的斜线，设置为一个为蓝色一个为黄色并移到合适的位置，组合（图9-124）。

步骤3 通过菜单栏对象 对象(C)→PowerClip→置于图文框内部。通过工具箱立体化工具 ◉，设置灭点坐标X轴为33mm，Y轴为-47mm，利用工具箱矩形工具 □，拖拉出一个长方形填充颜色并置于页面后面。寻找一张蝴蝶的图片作为底图（图9-125）。

步骤4 通过菜单栏位图 位图(B)，将图片转换为位图，分辨率为100dpi。继续位图 位图(B)→模式→灰度（8位）去色（图9-126）。

图 9-122

图 9-123

图 9-124

图 9-126

图 9-125

图 9-127

图 9-128

图 9-129

图 9-130

步骤5 通过属性栏描摹位图，描摹位图(T)→轮廓描摹，如图9-127所示细节为"+"，平滑为25，拐角平滑为0。

步骤6 删除底图，将描摹图取消组合对象，将不需要的部分删除。通过工具箱文本工具 字，编辑文字"H"，并将其填充为白色。通过菜单栏对象 对象(C)→PowerClip→置于图文框内部，将蝴蝶放置在字母里（图9-128）。

步骤7 同步骤1 编辑字母"A"，将其转换为曲线，通过工具箱变形工具，扭曲变形工具，属性栏上的附加度数为50°。通过工具箱交互式填充工具→渐变填充工具→椭圆形渐变填充工具，属性栏设置节点颜色，复制一个到右边（图9-129）。

步骤8 同步骤1编辑字母"B"，将其转换为曲线，设置轮廓宽度为0.75mm，将其转换为曲线。通过工具箱变形工具，拉链变形工具，设置拉链振幅为5，拉链频率为5，通过再推拉变形工具，设置推拉振幅为3。通过菜单栏位图 位图(B)，将"B"转换为位图，分辨率为300dpi。继续位图的创造性、散开效果，弹出的对话框水平为8，垂直为8（图9-130）。

步骤9 同步骤1 编辑字母"C"，填充同底纹一样的灰色并转换为位图，分辨率设为300dpi。通过菜单栏位图 位图(B)→三维效果→浮雕，弹出的对话框深度为10、层次为200，浮雕色为原始颜色。调整大小并移到合适的位置。通过工具箱贝塞尔工具，绘制平面图并填充颜色。将绘制好的图案缩小并移到合适的位置（图9-131）。

3.3 款式图立体感处理（图9-132）

步骤1 通过工具箱贝塞尔工具，绘制平面图。然后通过工具箱网状填充工具，调和网格填充袖子阴影（图9-133）。

步骤2 通过工具箱阴影工具，在门襟处应用阴影，在属性栏调节阴影颜色。通过菜单栏对象 对象(C)→拆分阴

图 9-131

图 9-132

图 9-133

影群组，点击阴影，右击鼠标弹出对话框的顺序，将阴影置于页面前面，调节并移到合适的位置（图9-134）。

步骤3 通过工具箱贝塞尔工具 ✐，绘制一个三角形，调节弧度，做三角形阴影，调节阴影颜色，删除三角形，复制调整大小移到合适的位置。通过工具箱交互式填充工具 ◇，渐变填充工具 ▨、椭圆形渐变填充工具 ▨，应用填充口袋增加立体感（图9-135）。

步骤4 通过工具箱阴影工具 ▢，在领子和腰节应用阴影。同时给袖子增加立体感。继续利用工具箱阴影工具 ▢，对衣身应用阴影，如图9-136所示阴影不透明度设置为20，阴影羽化为15，合并模式为乘。利用属性栏对象 对象(C)→拆分阴影群组，将阴影放置在页面前面。

3.4 位图处理各种已有图片效果（图9-137）

步骤1 将已有的图片，通过菜单栏文件 文件(F)→导入，利用位图 位图(B)→转换为位图，分辨率为100dpi，通过工具箱形状工具 ✎，单击图片移动节点可对图片进行修剪（图9-138）。

步骤2 通过菜单栏位图 位图(B)→底纹→浮雕，弹出如图9-139所示对话框，数值可根据需要调节。

步骤3 通过菜单栏位图 位图(B)→位图颜色遮罩，弹出的对话框，利用颜色滴管工具 ✐，单击黄色部位，应用删除黄色底色，关闭颜色遮罩。通过属性栏的描摹位图 ⊾ 描摹位图(T) ▾ →轮廓描摹线条图，弹出如图9-140所示对话框，跟踪控件的细节"+"，平滑25，拐角平滑度为0，确定，将底图删除。

步骤4 按鼠标右键取消组合对象，可根据需要调整颜色（图9-141）。

步骤5 通过工具箱贝塞尔工具 ✐，绘制平面图并填充颜色，将调整好的位图缩小并移到合适的位置（图9-142）。

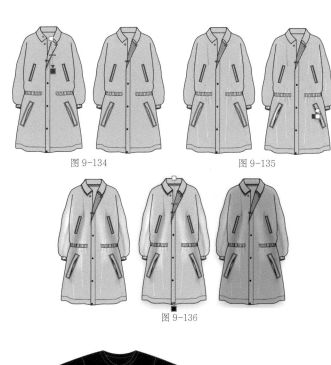

图 9-134　　　　　　　　图 9-135

图 9-136

图 9-137

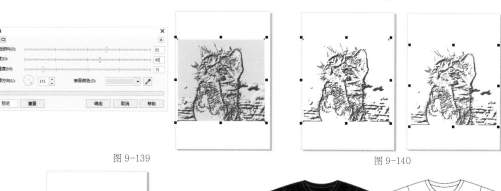

图 9-138

图 9-139

图 9-140

图 9-141　　　　　　　　图 9-142

任务4 各种效果处理课后练习（图9-143~图9-154）

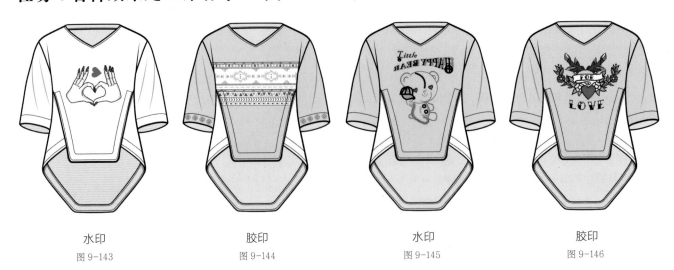

水印

图 9-143

胶印

图 9-144

水印

图 9-145

胶印

图 9-146

定位印花

图 9-147

定位印花

图 9-148

立体绣花

图 9-149

立体绣花

图 9-150

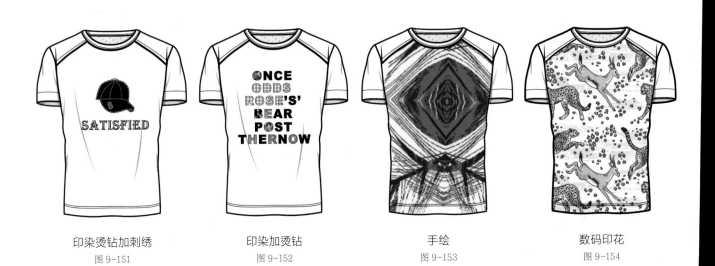

印染烫钻加刺绣

图 9-151

印染加烫钻

图 9-152

手绘

图 9-153

数码印花

图 9-154